数控加工中心编程与操作

主　编　宋凤敏　李　敏　赵金柱

副主编　时培刚　宋祥玲　高晓萍　吕宜美　孙永芳

参　编　解直超　郭勋德　李学营　马春燕　任成良

主　审　殷镜波

北京理工大学出版社

BEIJING INSTITUTE OF TECHNOLOGY PRESS

内容简介

本书是在《国家职业教育改革实施方案》提出“建设一大批校企双元合作开发的国家规划教材，倡导使用新型活页式、工作手册式教材并配套开发信息化资源”的强力推动下编写的工作手册式教材。本书以产教融合、校企合作、工学结合、学做合一为原则，又将1+X数控车铣加工职业技能等级证书人才培养要求和教学规律相结合，对任务内容进行编排。

本书基于FANUC 0i数控系统，全面地介绍了数控加工中心编程与操作知识，主要内容包括加工中心概述，面类零件的编程与加工，腔、槽类零件的编程与加工，孔类零件的编程与加工，复杂轮廓零件的编程与加工，典型零件的数控铣削等项目。每个项目设置若干个任务，每个任务包含任务描述、学前准备、学习目标、素养目标、预备知识、任务实施和任务评价等环节，将数控加工工艺、仿真和实训等融入任务之中，提高读者的数控加工中心编程能力和加工技能。

此外，本书还配备了丰富的图表、示例和参考程序，以帮助读者更好地理解和掌握所学内容。通过本书的学习，读者将全面掌握数控加工中心编程与操作技能，为实际生产中的数控加工工作提供有力支持。本书适合作为高等院校、高职院校、技工学校和培训机构机电一体化技术、数控技术和模具设计与制造等专业的教学用书，也适合作为从事数控技术研究与开发的工程技术人员的参考用书。

图书在版编目（CIP）数据

数控加工中心编程与操作 / 宋凤敏，李敏，赵金柱主编. -- 北京 ：北京理工大学出版社，2024. 7.

ISBN 978-7-5763-4384-7

Ⅰ. TG659

中国国家版本馆CIP数据核字第2024NA7696号

责任编辑：赵　岩　　文案编辑：孙富国
责任校对：周瑞红　　责任印制：李志强

出版发行 / 北京理工大学出版社有限责任公司
社　　址 / 北京市丰台区四合庄路6号
邮　　编 / 100070
电　　话 / （010）68914026（教材售后服务热线）
（010）68944437（课件资源服务热线）
网　　址 / http：//www. bitpress. com. cn

版 印 次 / 2024年7月第1版第1次印刷
印　　刷 / 河北盛世彩捷印刷有限公司
开　　本 / 787 mm×1092 mm　1/16
印　　张 / 13. 75
字　　数 / 296千字
定　　价 / 79. 80元

前　言

党的二十大报告明确提出，要推动制造业高端化、智能化、绿色化发展，加强关键核心技术攻关，加快实现高水平科技自立自强。数控技术作为现代制造业的核心技术之一，其发展和应用对于推动制造业转型升级、提升国家竞争力具有重要意义。

本书为工作手册式新形态教材，以培养新型数控加工技能型人才和现场工程师为目标，遵循“以应用为目的，以必需、够用为度”的原则，结合编者多年的教学实践与行业经验，坚持项目引领、任务驱动，以实际加工任务为载体，深入浅出地讲解了数控加工中心编程基础、加工工艺、操作技巧及维护保养等方面的知识。本书具备以下特点。

（1）实用性与专业性并重，校企合作“双元”开发教材。本书紧密结合生产实际，对数控加工中心编程与操作技术进行了深入剖析，邀请了山东五征集团有限公司和山东豪迈机械科技股份有限公司的专家对项目进行论证，校企合作开发教材。本书不仅介绍了编程基础知识和操作技能，还基于工作过程对内容进行编排，涉及实际生产中的案例分析，使读者能够更好地将理论知识应用于实际生产中，提高解决实际问题的能力。

（2）注重技能培养与创新能力提升，同时将知识、技能、价值观的多元目标融入教学项目中，与课程素养教学有效融合。除了介绍基本的编程与操作技能外，本书还特别强调了创新思维和实践能力的培养。同时，鼓励读者在掌握基础技术的基础上，积极探索新的编程方法、优化加工流程、提高生产效率，对质量意识、效率意识和精益求精的工匠精神提出更高的要求。

（3）紧跟时代步伐，关注前沿技术，与信息化教学有效结合。本书紧密结合数控技术的最新发展趋势，介绍了数控加工中心宏程序的应用、CAM 软件自动编程等前沿技术。同时本书还提供了相应的视频资源，丰富了教学资源，适应多种学习情境。这些内容的引入，使读者能够更好地适应未来制造业的发展需求，提升自己的职业竞争力。

本书由山东水利职业学院宋凤敏、李敏、赵金柱任主编，山东水利职业学院时培刚、宋祥玲、高晓萍、青岛工程职业学院吕宜美、陕西国防工业职业技术学院孙永芳任副主编，山东水利职业学院解直超、郭勋德、李学营、山东五征集团有限公司马春燕和山东豪迈机械科技股份有限公司任成良参编，山东水利职业学院殷镜波任主审。具体分工为：山东水利职业学院解直超编写项目一；宋凤敏编写项目二；赵金柱编写项目三；时培刚编写项目四；宋祥玲编写项目五；李敏编写项目六；青岛工程职业学院吕宜美和山东水利职业学院郭勋德整理了加工中心操作工国家职业标准，陕西国防工业职业技术学院孙永芳和山东水利职业学院李学营整理了技能鉴定实训题；高晓萍、马春燕和任成良对项目任务提出建议和指导。全书由宋凤敏和赵金柱负责统稿。在本书的编写过程中，编者查阅了数控加工相关的技术文献、教材和机床使用说明书，在此对本书出版给予支持帮助的单位和个人表示衷心的感谢！

由于编者水平有限，书中难免存在疏漏和不足，恳请广大读者批评和指正。

编　者

目　录

学习笔记

项目一　加工中心概述

任务1　加工中心的结构和功能概述

任务描述

学习实训车间加工中心的结构组成和类型。

学前准备

（1）查阅加工中心使用说明书。

（2）学习加工中心操作规程。

学习目标

（1）掌握加工中心的基本结构和分类。

（2）了解加工中心的功能特点。

素养目标

（1）培养学生主动学习的意识。

（2）提高学生的问题探究能力。

预备知识

加工中心是在生产中使用非常广泛的一种数控机床，能够加工平面类、轮廓类和孔类等零件。要利用加工中心加工复杂零件，就必须掌握它的结构和功能特点，图1-1所示为加工中心外观。

图1-1　加工中心外观

1. 加工中心的组成

加工中心是在生产中使用非常广泛的一种数控机床，由铣床本体和数控系统组成。再细分，加工中心是由输入/输出装置、数控装置、伺服单元、驱动装置、测量装置、电气控制装置、辅助装置和机床本体等部分组成的，主要部分介绍如下。

1）输入/输出装置

输入/输出装置是连接机床数控系统和操作人员、实现人机对话的交互设备。

2）数控装置

数控装置是计算机数控（computer numerical control，CNC）系统的核心，由硬件和软件两部分组成。它接收输入装置送来的脉冲信号，并经过系统软件或逻辑电路进行编译、运算处理，然后交给输出装置输出信号和指令。

数控装置主要包括微处理器、存储器、局部总线、外围逻辑电路，以及与CNC系统其他组成部分联系的接口等。

3）伺服单元

伺服单元接收来自数控装置的速度和位移指令。这些指令经伺服单元变换和放大后，通过驱动装置转变成机床进给运动的速度和位移。因此，伺服单元是数控装置与机床本体的联系环节。

4）驱动装置

驱动装置把经过伺服单元放大的指令信号转变为机械运动，通过机械连接部件驱动机床工作台，使工作台精确定位或按规定的轨迹做严格的相对运动，加工出形状、尺寸符合要求的零件。

5）机床本体

机床本体形式多样，不同类型的加工中心在机械组成上有所差别，但大部分相同。以XK714B型数控立式铣床为例，其组成包括床身、主轴、主轴箱、立柱、电气柜、工作台、控制面板、切削液箱等，如图1-2所示。

与普通机床相比，加工中心的传动装置更简单，但对精度、刚度、抗振性等方面要求更高，而且其传动和变速系统要更利于实现自动化。

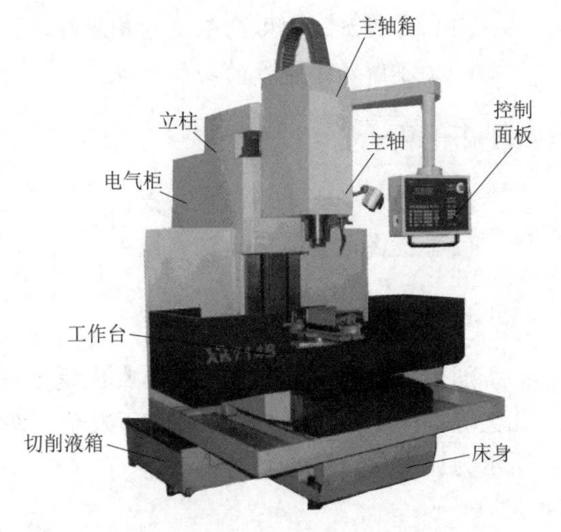

图1-2　XK714B型数控立式铣床的组成

2. 加工中心的分类

加工中心可根据主轴的位置、构造和联动坐标轴数量进行分类，具体分类如下。

1）按主轴的位置分类

（1）立式加工中心。立式加工中心的主轴轴线与机床工作台面垂直，工件装夹方便，加工时便于观察，但不便于排屑，如图1-3所示。

（2）卧式加工中心。卧式加工中心的主轴轴线平行于水平面。为了扩大加工范围和扩充功能，卧式加工中心通常采用增加数控转盘或万能数控转盘来实现4坐标、5坐标加工。这样，不但可以加工工件侧面上的连续回转轮廓，而且可以实现在一次安装中，通过转盘改变工位，进行“四面加工”，如图1-4所示。

（3）立卧两用加工中心。由于这类加工中心的主轴方向可以更换，所以在一台加工中心上既可以进行立式加工，又可以进行卧式加工，如图 1-5 所示。其使用范围更广，功能更全，可加工对象的范围更大，但价格较贵。

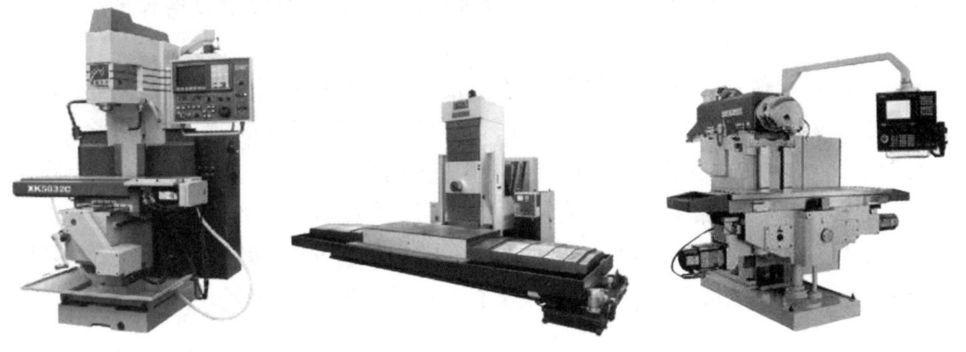

图 1-3　立式加工中心　　图 1-4　卧式加工中心　　图 1-5　立卧两用加工中心

2）按构造分类

（1）工作台升降式加工中心。工作台升降式加工中心采用工作台升降，而主轴不动的方式。小型加工中心一般采用此种方式。

（2）主轴头升降式加工中心。主轴头升降式加工中心采用工作台纵向和横向移动，且主轴沿垂直方向上下运动的方式。该加工中心在精度保持、承载质量、系统构成等方面具有很多优点，已成为加工中心的主流。

（3）龙门式加工中心。对于大尺寸的加工中心，一般采用对称的双立柱结构，以保证机床的整体刚性和强度，这就是龙门式加工中心。龙门式加工中心有工作台移动和龙门架移动两种方式，适用于加工飞机整体结构零件、大型箱体零件和大型模具等。

3）按联动坐标轴数量分类

按数控系统控制的联动坐标轴数量，加工中心可分为 2.5 轴、3 轴、4 轴和 5 轴。目前 3 轴联动数控铣床应用最为广泛，也有部分加工中心只能进行 3 个坐标轴中的任意 2 个坐标轴联动加工（称为 2.5 轴加工中心）。此外，部分加工中心的主轴还可以绕 X 轴、Y 轴、Z 轴中的 1 个或 2 个轴做数控摆角运动，一般称为 4 轴或 5 轴加工中心。

3. 加工中心的主要功能及加工对象

加工中心具有丰富的加工功能和较广泛的加工工艺范围，因此，其面对的工艺性问题也较多。加工中心不仅可以进行平面铣削、平面型腔铣削、外形轮廓铣削、三维及三维以上复杂型平面铣削，还可以进行钻削、镗削、螺纹切削等孔加工。作为精益制造生产线核心的柔性制造单元，就是在加工中心的基础上产生和发展起来的。

在开始编制铣削加工程序前，一定要仔细分析数控铣削加工的工艺性，掌握铣削加工工艺装备的特点，以保证充分发挥加工中心的加工功能。

1）数控系统的主要功能

不同类型的加工中心所配置数控系统的主要功能基本相同，包括以下基本内容。

（1）点位控制功能：实现对相互位置精度要求很高的孔系加工。

（2）连续轮廓控制功能：实现直线、圆弧的插补功能及非圆曲线的加工。

（3）刀具半径补偿功能：根据零件图的标注尺寸来编程，而不必考虑所用刀具的实际半径尺寸，从而减少编程时的复杂数值计算。

（4）刀具长度补偿功能：自动补偿刀具长度，以适应加工中刀具长度尺寸调整的要求。

（5）比例及镜像加工功能：将编制好的数控加工程序按指定比例改变坐标值来执行。镜像加工又称轴对称加工，如果一个零件的形状关于坐标轴对称，那么只要编制出一个或两个象限中轮廓的程序，其余象限中的轮廓就可以通过镜像加工来实现。

（6）旋转功能：在加工平面内旋转任意角度来执行编制好的数控加工程序。

（7）子程序调用功能：有些零件需要在不同的位置重复加工同样的轮廓形状，可将这一轮廓形状的数控加工程序作为子程序，在需要的位置重复调用，完成对该零件的加工。

（8）宏程序功能：用一个总指令代表实现某一功能的一系列指令，并能对变量进行运算，使程序更具灵活性和方便性。

2）加工中心的主要加工对象

铣削加工是机械加工中最常用的加工方法之一，主要包括平面铣削和轮廓铣削，也可以对零件进行钻、扩、铰、镗、锪及螺纹加工等。数控铣削主要适合平面类零件、变斜角类零件、立体曲面类零件等的加工。

（1）平面类零件。平面类零件是指加工面平行或垂直于水平面，以及加工面与水平面的夹角为一定值的零件，这类加工面可展开为平面，如图 1-6 所示。

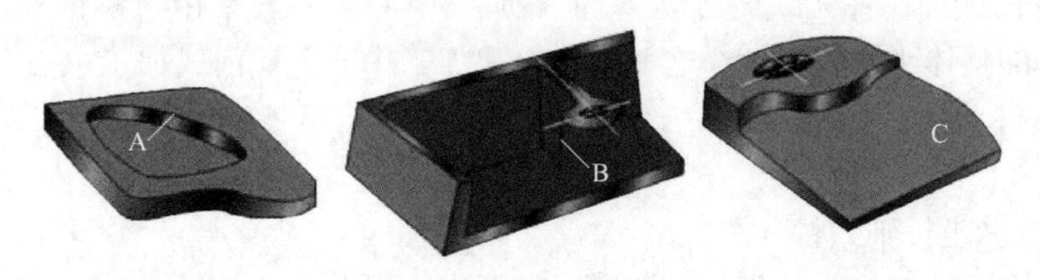

图 1-6　平面类零件

（a）轮廓面 A；（b）轮廓面 B；（c）轮廓面 C

（2）变斜角类零件。变斜角类零件是指加工面与水平面的夹角呈连续变化的零件，如图 1-7 所示。从截面①到截面②变化时，加工面与水平面间的夹角从 3°10′均匀变化为 2°32′，从截面②到截面③均匀变化为 1°20′，最后到截面④，斜角均匀变化为 0°。其加工面不能展开为平面，但在加工中，铣刀圆周与加工面接触的瞬间为一直线。因此，这类零件也可在 3 轴加工中心上采用行切加工法实现近似加工。

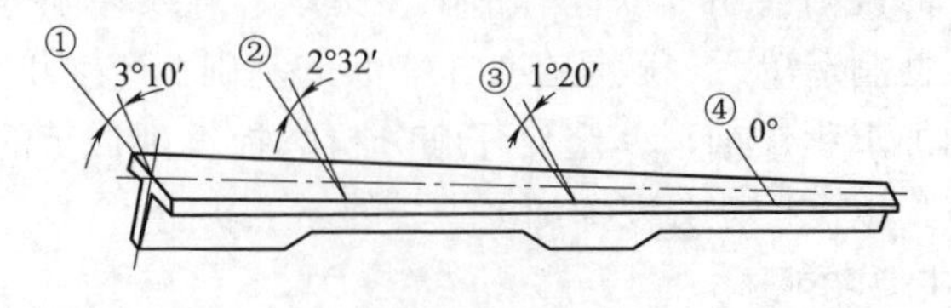

图 1-7　变斜角类零件

（3）立体曲面类零件。加工面为空间曲面的零件称为立体曲面类零件，如图 1-8 所示。这类零件的加工面不能展成平面，一般使用球头铣刀切削，加工面与铣刀始终为点接触，若采用其他刀具加工，则易产生干涉而铣伤邻近表面。加工立体曲面类零件一般使用 3 轴加工中心。

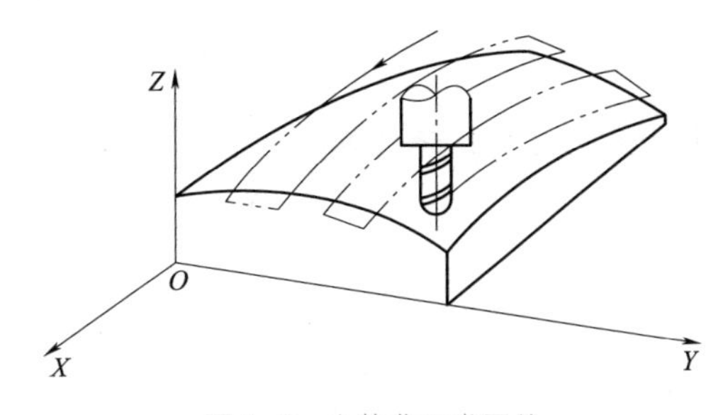

图 1-8　立体曲面类零件

任务实施

1. 任务实施内容

介绍实训车间所使用加工中心的结构组成和类型。

2. 实训时间

每组 30 min。

3. 实训报告要求

（1）写出实训车间加工中心的结构。

（2）从不同维度出发，写出实训车间加工中心的类型。

任务评价

对任务完成情况进行评价，并填写到表 1-1 中。

表 1-1　任务完成情况评价表

序号	评价项目	自评			师评		
		A	B	C	A	B	C
1	了解加工中心各部分的功能						
2	了解加工中心的加工对象						
3	能够分辨加工中心的类型						
综合评定							

任务2 加工中心的日常维护保养

任务描述

针对实训车间加工中心进行日常维护保养。

学前准备

加工中心使用说明书。

学习目标

(1) 熟悉加工中心安全操作的规程和要点。

(2) 掌握加工中心日常维护保养的方式方法。

(3) 了解加工中心常见故障及故障排除方法。

素养目标

养成重视生产安全、爱护设备的观念和良好习惯。

预备知识

1. 加工中心的操作规程

加工中心属于贵重的加工设备，为保证设备的使用性能及设备精度，要求操作人员必须经过专门培训。操作人员除了要掌握加工中心的性能和做到按规定操作外，还要管好、用好和维护好加工中心，严格遵守操作规程。操作人员应当做到以下几点。

(1) 启动加工中心系统前，必须仔细检查以下各项。

①所有开关应处于非工作的安全位置。

②加工中心的润滑系统及冷却系统应处于良好的工作状态。

③检查工作台区域有无放置杂物，确保运转畅通。

(2) 打开加工中心电气柜上的电气总开关，按下加工中心控制面板上的 ON 键，启动数控系统，等自检完毕后进行加工中心的强电复位。

(3) 启动加工中心后，应手动操作使加工中心回到参考点，首先沿+Z 轴方向返回，然后沿+X 轴和+Y 轴方向返回。

(4) 程序输入前必须严格检查程序的格式、代码及参数选择是否正确，确认无误后方可进行输入操作。

(5) 程序输入后必须首先进行加工轨迹的模拟显示，确定程序正确后，方可进行加工操作。在操作过程中必须集中注意力，谨慎操作。一旦发生问题，应及时按下 RESET 键或急停键。

(6) 主轴启动前应注意检查以下各项。

①必须检查变速手柄的位置是否正确，以保证传动齿轮的正常啮合。

②按照程序给定的坐标要求，调整好刀具的工作位置，检查刀具是否拉紧、刀具

学习笔记

旋转是否撞击工件等。

③禁止工件未压紧就启动加工中心。

④调整好工作台的运行限位。

（7）操作加工中心进行加工时应注意以下各项。

①在加工过程中不得拨动变速手柄，以免打坏齿轮。

②必须保持精力集中，发现异常要立即停机及时处理，以免损坏设备。

③装卸工件、刀具时，禁止用重物敲打加工中心部件。

④务必在加工中心停稳后，再进行测量工件、检查刀具、安装工件等工作。

⑤严禁戴手套操作加工中心。

⑥操作人员离开加工中心时，必须停止机床的运转。

⑦手动操作时，在 X 轴、Y 轴移动前，必须使 Z 轴处于较高位置，以免撞刀。

⑧更换刀具时，应注意操作安全。在装入刀具时，应先将刀柄和刀具擦拭干净。

（8）严禁任意修改、删除加工中心参数。

（9）关机前，应使刀具处于较高位置，把工作台上的切屑清理干净，再将加工中心擦拭干净。

（10）操作完毕，先关闭数控系统电源，再关闭电气总开关，然后清理工具，把刀架停放在远离工件的换刀位置，最后保养加工中心和打扫工作场地。

2. 加工中心的日常维护保养

加工中心是集机、电、液于一身的自动化程度较高的机床，为充分发挥加工中心的效益，必须做好安全检查和日常维护保养。

1）安全规定

（1）操作人员必须认真阅读和掌握加工中心上的危险、警告、注意等标识说明。

（2）严格遵守操作规程和日常保养制度，尽量避免不当操作，以防引起故障。

（3）操作人员操作加工中心前，必须确认主轴润滑与导轨润滑是否符合要求，油量不足应按说明书加入合适的润滑油，并确认气压是否正常。

（4）定期检查、清洁数控柜空气过滤器和电气柜内的电路板及电气元件，避免积累灰尘。

（5）加工中心防护罩、内锁或其他安全装置失效时，必须停止使用。

（6）操作人员严禁修改加工中心的参数。

（7）在加工中心的维护或操作过程中，严禁将身体伸入工作台下。

（8）检查、保养、修理之前，必须切断电源。

（9）严禁超负荷、超行程、违规操作加工中心。

（10）操作加工中心时，思想要高度集中，严禁戴手套、扎领带和人走机不停的现象发生。

（11）爱护加工中心的工作台面和导轨面。毛坯件、锤子、扳手、锉刀等不准直接放在工作台面和导轨面上。

（12）工作台上有工件、附件或障碍物时，加工中心各轴的快速移动倍率应小于 50%。

（13）下班前按照计算机关闭程序关闭计算机，切断电源，并将键盘、显示器上的油污擦拭干净。

2）加工中心的日常维护保养

（1）检查加工中心整体外观是否有异常情况，保证设备清洁、无锈蚀。

（2）检查导轨润滑油箱的油量是否满足要求。

（3）检查主轴润滑恒温油箱的油温和油量是否满足要求。

（4）检查加工中心液压系统的油泵有无异常噪声，油面高度、压力表是否正常，管路及各接头处有无泄漏等。

（5）检查压缩空气气源压力是否正常。

（6）检查 *X* 轴、*Z* 轴导轨面的润滑情况并清除切屑和脏物，检查导轨面有无刮伤或损坏现象。

（7）开机后低转速运行主轴 5 min，检查各系统是否正常。

（8）每天开机前对各运动副加油润滑，并使加工中心空运转 3 min 后，按说明书要求调整加工中心；检查加工中心各部件及手柄是否处于正常位置。

（9）检查电气柜各散热通风装置是否正常工作，有无堵塞现象。

3）加工中心的周末维护保养

（1）全面检查加工中心，对电缆、管路等进行外观检查。

（2）清洁主轴锥孔、主轴外表面、工作台、刀库表面等。

（3）检查液压、冷却装置是否正常，及时清洁排屑装置，严格遵守“三检”规定。

为了使加工中心的日常维护保养更加具体，检查周期、检查部位和检查要求更加明确，加工中心日常维护保养的具体细节如表 1-2 所示。

表 1-2　加工中心日常维护保养的具体细节

序号	检查周期	检查部位	检查要求
1	每天	导轨润滑	检查润滑油的油面、油量，及时添加润滑油；检查润滑油泵能否定时启动、打油及停止；检查导轨各润滑点在打油时是否有润滑油流出
2	每天	*X* 轴、*Y* 轴、*Z* 轴及回旋轴导轨	清除导轨面上的切屑、脏物、切削液，检查导轨润滑是否充分，导轨面上有无划伤及锈斑，导轨防尘刮板上有无夹带铁屑；如果是安装有滚动滑块的导轨，则当导轨上出现划伤时应检查滚动滑块
3	每天	压缩空气气源	检查压缩空气气源供气压力是否正常，含水量是否过大
4	每天	加工中心进气口的油水自动分离器和自动空气干燥器	及时清理油水自动分离器中滤出的水分，加入足够的润滑油；检查自动空气干燥器是否能自动切换工作，干燥剂是否饱和
5	每天	气液转换器和增压器	检查存油面高度并及时补油
6	每天	主轴箱润滑恒温油箱	由主轴箱上的油标确定是否有润滑油，调节油箱的制冷温度，制冷温度不要低于室温太多（相差 2~5 ℃，否则主轴容易产生空气水分凝聚）
7	每天	加工中心液压系统	检查油箱、油泵有无异常噪声，压力表指示压力是否正常，油箱工作油面是否在允许的范围内，回油路上的背压是否过高，各管接头是否有泄漏和明显振动

续表

序号	检查周期	检查部位	检查要求
8	每天	主轴箱液压平衡系统	检查平衡油路是否有泄漏，平衡压力是否指示正常，主轴箱上下快速移动时压力波动是否过大，油路补油机构动作是否正常
9	每天	数控系统及输入/输出系统	检查光电阅读机是否清洁，机械结构润滑是否良好，外接快速穿孔机或程序服务器连接是否正常
10	每天	各种电气装置及散热通风装置	检查数控柜、电气柜进气排气扇是否工作正常，风道过滤网是否堵塞，主轴电机、伺服电机、冷却风道是否正常，恒温油箱、液压油箱的冷却散热片通风是否正常
11	每天	各种防护装置	检查导轨、加工中心防护罩是否动作灵敏且无漏水，刀库防护栏杆、加工中心工作区防护栏检查门开关动作是否正常，恒温油箱、液压油箱的冷却散热片通风是否正常
12	每周	各电柜进气过滤网	清洗各电柜进气过滤网
13	半年	滚珠丝杠螺母副	清洗丝杠上的旧润滑油脂，涂上新润滑油脂，清洗螺母两端的防尘网
14	半年	液压油路	清洗溢流阀、减压阀、滤油器、油箱底，更换或过滤液压油，注意加入油箱的新油必须经过过滤和去除水分
15	半年	主轴润滑恒温油箱	清洗过滤器，更换润滑油，检查主轴箱各润滑点是否正常供油
16	每年	直流伺服电机碳刷	从碳刷窝内取出碳刷，用酒精清除碳刷窝内和整流子上的碳粉。当发现整流子表面有电弧烧伤时，应抛光其表面、去毛刺。检查碳刷表面和弹簧是否失去弹性，更换长度过短的碳刷，并确认抱合正常
17	每年	润滑油泵、过滤器等	清理润滑油箱池底，清洗或更换滤油器
18	不定期	各轴导轨上的镶条、压紧滚轮、丝杠	按加工中心说明书上的规定调整
19	不定期	切削液箱	检查切削液箱液面高度，切削液箱是否工作正常，切削液是否变质；经常清洗过滤器，疏通防护罩和床身上各回水通道，必要时更换切削液并清理切削液箱底部
20	不定期	排屑器	检查是否有卡位现象
21	不定期	废油池	及时清理废油池以免外溢，当发现油池中突然油量增多时，应检查液压管路中是否有漏油点

3. 加工中心常见故障诊断

1）常见故障分类

一台加工中心由于自身原因不能正常工作，就是产生了故障。机器故障可分为以下几种类型。

（1）系统性故障和随机性故障。

根据故障出现的必然性和偶然性，故障可分为系统性故障和随机性故障。系统性故障是指加工中心在某一特定条件下必然出现的故障。随机性故障是指偶然出现的故

学习笔记

障。因此，随机性故障的分析与排除比系统性故障困难得多。通常，随机性故障往往是由于机械结构局部松动、错位，控制系统中元器件出现工作特性漂移，电气元件工作可靠性下降等原因造成的，须经反复试验和综合判断才能排除。

（2）有诊断显示故障和无诊断显示故障。

根据故障出现时有无自诊断显示，故障可分为有诊断显示故障和无诊断显示故障。目前，数控系统都有较丰富的自诊断功能，出现故障时会停机、报警并自动显示相应的报警参数号，使维修人员较容易找到故障原因。而无诊断显示故障，往往是加工中心停在某一位置不能动，甚至手动操作失灵，维修人员只能根据出现故障前后的现象来分析判断，排除故障难度较大。另外，有诊断显示故障也可能不是由参数号指示的原因所引起的，而是由其他原因所引起的。

（3）破坏性故障和非破坏性故障。

根据故障有无破坏性，故障可分为破坏性故障和非破坏性故障。对于破坏性故障，如伺服系统失控造成撞车、短路烧坏保险等，维修难度大，有一定危险，维修后不允许重演这些现象。而非破坏性故障可经多次反复试验直至排除，不会对加工中心造成损害。

（4）加工中心运动特性诊断故障。

发生加工中心运动特性诊断故障后，加工中心照常运行，也没有任何报警显示，但加工出的工件不合格。针对该故障，必须在检测仪器的配合下，对机械系统、控制系统、伺服系统等采取综合措施来分析判断。

（5）硬件故障和软件故障。

根据故障的发生部位，故障可分为硬件故障和软件故障。硬件故障只要通过更换某些元器件，如电气总开关等即可排除；而软件故障是因为程序编制错误而造成的，通过修改程序内容或修订加工中心参数即可排除。

2）故障原因分析

加工中心出现故障，除少数自诊断程序显示的故障原因外，如存储器报警、动力电源电压过高报警等，大部分故障是因综合因素引起的，不能确定原因，必须进行充分调查。

（1）充分调查故障现场。

加工中心发生故障后，维修人员应仔细观察工作存储器和缓冲工作存储器存储的内容，了解已经执行的程序内容，向操作人员了解现场情况和现象。当自诊断系统显示报警时，打开电气柜观察印制电路板上有无相应报警红灯显示。做完这些调查后就可以按下数控系统操作面板的 RESET 键，观察系统复位后报警是否消除。若消除，则属于软件故障；否则，属于硬件故障。若为非破坏性故障，则可让加工中心重演故障时的运行状况，仔细观察故障是否再现。

（2）将可能造成故障的原因全部列出。

造成加工中心故障的原因多种多样，包括机械方面、电气方面、控制系统方面等。可是如何判定故障到底出现在哪一个环节？举例如下。

①手摇轮无法转动，可按下述步骤逐一查找故障原因。

a. 系统是否处于手摇操作状态。

b. 是否未选择移动坐标轴。

c. 手摇脉冲发射器电缆连接是否有误。

d. 系统参数中的脉冲当量值是否正确。

e. 系统中的报警是否未解除。

f. 伺服系统工作是否异常。

g. 系统是否处于急停状态。

h. 系统电源单元工作是否异常。

i. 手摇脉冲发射器是否损坏。

②若某行程开关工作不正常，则其影响因素如下。

a. 机械运动不到位，开关未压下。

b. 机械设计结构不合理、开关松动或挡块太短、压合时速度太快等。

c. 开关自身质量有问题。

d. 开关选型不当。

e. 防护措施不好，开关内进油或切削液，使动作失常。

（3）逐步确定故障产生的原因。

根据故障现象参考加工中心维修使用手册列出各项因素，经优化选择综合判断，找出确切因素排除故障。

（4）故障的排除。

找出造成故障的确切原因后，就可以“对症下药”，修理、调整或更换有关元器件来排除故障。

3）CNC 系统的故障处理

（1）维修前的准备工作。

①维修用器具。为了便于维修数控装置，必须准备下列维修用器具。

a. 交流电压表：用于测量交流电压，其测量误差应在±2%以内。

b. 直流电压表：用于测量直流电压，量程为 100 V 和 30 V，误差应该在±2%以内，采用数字式电压表更好。

c. 万用表：分为机械式万用表和数字式万用表两种，其中机械式万用表是必备的，用于测量晶体管性能。

d. 相序表：用于测量三相电源的相序，以及维修晶闸管可控硅伺服驱动系统。

e. 示波器：维修 CNC 系统应采用频带宽度为 5 MHz 以上的双通道示波器，用于光电放大器和速度控制单元的波形测量和调整。

f. 逻辑分析仪：查找故障时能把问题范围缩小到某个具体元器件，从而加快维修速度。

g. 大号、中号、小号各种规格的十字形螺钉旋具和一字形螺钉旋具各一套。

h. 清洁液和润滑油。

②必要备件的准备。应配备各种熔丝、电刷、易出故障的晶体管模块和印制电路板。不易损坏的印制电路板，如 CPU 模块、寄存器模块及显示系统等，因其故障率低、价格昂贵，故可不必配置备件，以免挤压资金。已购置的印制电路板，应定期装到 CNC 系统上通电运行，以免长期不使用出现故障。

学习笔记

（2）CNC 系统故障诊断方法。

CNC 系统发生故障（失效），是指 CNC 系统丧失了规定的功能。用户发现故障时，可从下述几个方面进行综合判断。

①直观法。直观法是指通过利用人的感官感受发生故障时的现象来判断故障可能发生的部位。例如，发生故障时，何方伴有响声、火花亮光的产生，何处出现焦煳味等。然后仔细观察可能发生故障的每块电路板的表面状况，是否有烧焦、熏黑或断裂，以进一步缩小检查范围。这一简单方法需要维修人员有丰富的经验。

②报警指示灯显示故障。现在的数控系统有众多的硬件报警指示灯，它们分布在电源单元、控制单元、伺服单元等构件上，可以根据报警指示灯判断故障所在部位。自诊断程序作为主程序的一部分对 CNC 系统本身及与其连接的各种外围设备、伺服系统等进行监控，一旦发生异常立即以报警方式显示在显示器上或点亮各种报警指示灯，甚至可以对报警故障进行分类，并决定是否停机。一般的 CNC 系统有几十种报警类型，有的甚至达几百种报警类型，用户可以根据报警内容提示来寻找故障根源。

③利用状态显示诊断功能。CNC 系统不仅能将故障诊断信息显示在显示器上，而且能以“诊断地址”和“诊断数据”的形式提供诊断的各种状态，并可将故障区分出是在机床的哪一侧，缩小检查范围。

④核对 CNC 系统参数。CNC 系统参数的变化会直接影响到加工中心的性能，甚至使加工中心发生故障。CNC 系统的某些故障就是由于外界的干扰等因素造成个别参数发生变化所引起的。因此，可通过核对、修正相应参数，将故障排除。

⑤置换备件法。当通过分析认为故障可能出现在印制电路板时，如有备用板进行替换，则可迅速找出有故障的电路板，减少停机时间。但在换板时，一定要注意印制电路板应与原板状态一致，包括电位器的位置、短路棒的设定位置等。更换寄存器板时不需要进行初始化，但重新设定各种参数一定要按说明书的要求进行。

⑥测量比较法。CNC 系统生产厂家在设计制造印制电路板时，为了调整维修的方便，在印制电路板上设计了多个检测用端子，用户可以利用这些端子将正常的印制电路板和出故障的印制电路板进行测量比较，分析故障原因和所在位置。

以上各种方法各有特点，对于较难判断的故障，需要综合运用多种方法才能产生较好的效果，正确判断出故障的原因及故障所在位置。

任务实施

1. 任务实施内容

（1）学习维护保养的内容及方法。

（2）针对实训车间的加工中心进行日常维护保养。

2. 实训时间

每组 30 min。

3. 实训报告要求

（1）写出加工中心安全操作规程。

（2）写出加工中心日常维护保养的内容。

学习笔记

任务评价

对任务完成情况进行评价，并填写到表 1-3 中。

表 1-3　任务完成情况评价表

序号	评价项目	自评			师评		
		A	B	C	A	B	C
1	能够完成加工中心日常维护保养						
2	操作规范						
3	了解加工中心的常见故障和诊断方法						
综合评定							

任务 3　加工中心的基本操作

任务描述

利用实训车间加工中心进行如下基本操作。

(1) 加工中心开机、关机。

(2) 加工中心回参考点。

(3) 手轮和手动移动各轴到指定位置。

(4) 对刀。

学前准备

加工中心使用说明书。

学习目标

(1) 熟悉 FANUC 0i 数控系统操作面板的按键功能。

(2) 掌握加工中心的基本操作步骤和方法。

素养目标

树立安全生产的意识。

预备知识

1. 加工中心的操作面板

由于加工中心的生产厂家不同，因此，其种类也是多种多样的，而且所使用的数控系统种类繁多，所以对应的操作面板形状、操作按键的位置并不一样，操作方法也各不相同，但是其功能相差无几。在学习加工中心的操作时，应认真阅读生产厂家提供的操作手册，了解有关操作规定，以便熟练掌握加工中心的操作方法。

学习笔记

1）FANUC 0i 数控系统操作面板的组成

FANUC 0i 数控系统的操作面板由阴极射线管（cathode ray tube，CRT）显示器、手动数据输入（manual data input，MDI）键盘和 MDI 操作面板组成，如图 1-9 所示。

2）MDI 键盘介绍

MDI 键盘用于程序编辑、参数输入等操作，如图 1-10 所示。MDI 键盘上功能键的功能如表 1-4 所示。

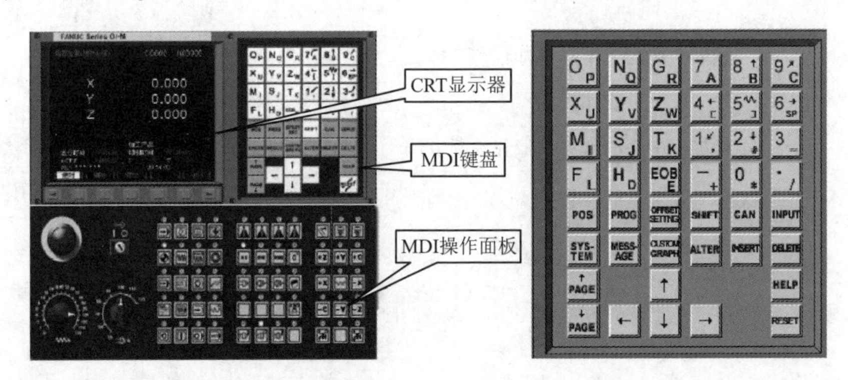

图 1-9　FANUC 0i 数控系统的操作面板

图 1-10　MDI 键盘

表 1-4　MDI 键盘上功能键的功能

序号	功能键	功能
1	POS	在 CRT 显示器屏幕界面上显示坐标值
2	PROG	CRT 显示器屏幕将显示程序编辑界面
3	OFFSET SETTING	CRT 显示器屏幕将显示参数补偿界面
4	SYSTEM	系统参数页面
5	MESSAGE	信息页面
6	CUSTOM GRAPH	在自动加工模式下将 CRT 显示器屏幕切换至刀具轨迹界面
7	SHIFT	输入字符切换键
8	CAN	删除输入域中的单个字符
9	INPUT	将数据域中的数据输入到指定的区域
10	ALTER	字符替换
11	INSERT	将输入域中的内容输入到指定区域
12	DELETE	删除一段字符
13	RESET	机床复位

3）MDI 操作面板

MDI 操作面板如图 1-11 所示，其上按键和旋钮的功能如表 1-5 所示。

学习笔记

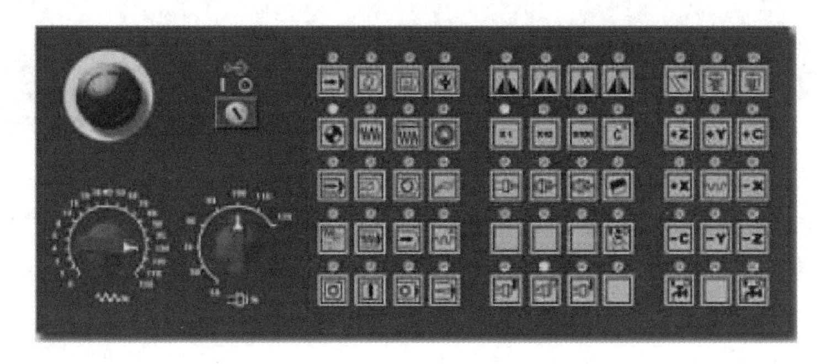

图 1-11　MDI 操作面板

表 1-5　MDI 操作面板上按键和旋钮的功能

图标	名称	功能
	自动运行（AUTO）	此按键被按下后，系统进入自动加工模式
	编辑（EDIT）	此按键被按下后，系统进入程序编辑状态
	手动数据输入（MDI）	此按键被按下后，系统进入 MDI 模式，手动输入并执行指令
	远程执行（DNC）	此按键被按下后，系统进入远程执行模式（即 DNC 模式），输入/输出资料
	单节	此按键被按下后，运行程序时每次执行一条数控指令
	单节忽略	此按键被按下后，数控加工程序中的注释符号“/”有效
	选择性停止	此按键被按下后，M01 指令有效
	机械锁定	此按键被按下后，机床即被锁定
	试运行（RUN）	此按键被按下后，机床进入空运行模式
	进给保持	此按键被按下后，程序运行暂停，按循环启动键恢复运行
	循环启动	系统处于自动加工模式或 MDI 模式时，按下此按键有效，程序开始运行，其余模式下使用无效
	回参考点（REF）	此按键被按下后，机床进入回参考点模式；机床必须首先执行回参考点操作，然后才可以运行

续表

图标	名称	功能
	手动（JOG）	此按键被按下后，机床进入手动模式，可连续移动工作台或者刀具
	手动脉冲	此按键被按下后，机床进入手动脉冲模式，增量进给，可用于步进或者微调
	手轮	此按键被按下后，可通过手轮方式移动工作台或刀具
	循环停止	在程序运行中，按下此按键将停止程序运行
	急停	按下此按键后，机床立即停止移动，所有输出都会关闭
	主轴控制	调节此旋钮可控制主轴正转、主轴停止、主轴反转
	进给倍率	调节此旋钮可控制运行时的进给速度倍率

2. 加工中心的启动和停止

1）电源的接通

（1）检查加工中心的初始状态，以及控制柜的前、后门是否关好。

（2）接通加工中心外部电源。

（3）启动加工中心的电源开关，此时操作面板上的电源指示灯亮。

（4）确定电源接通后，右旋操作面板上的急停按键使其弹起，并按下操作面板上的 RESET 键，系统自检后 CRT 显示器屏幕上出现位置显示界面，准备好指示灯亮。

注意：在 CRT 显示器屏幕上出现位置显示界面和报警界面之前，请不要接触 MDI 操作面板上的按键，以防引起意外。

（5）确认风扇的电动机转动正常后开机完成。

2）电源的关断

（1）确认操作面板上的循环启动指示灯已经关闭。

（2）确认加工中心的运动全部停止，按下操作面板上的循环停止键数秒，准备好指示灯灭，CNC 系统电源切断。

（3）切断加工中心的电源。

3. 机床回参考点（机床回零）操作

控制加工中心运动的前提是建立机床坐标系，系统接通电源、超过行程报警解除后、急停后、复位后首先应进行加工中心各轴回参考点操作。方法如下：按下操作面板上的回参考点键，确保系统处于回参考点模式；根据 Z 轴加工中心参数“回参考点方向”，按一下“+Z”或“−Z”键，Z 轴回到参考点后，“回参考点”指示灯亮；用同样的方法使用“+X”“−X”“+Y”“−Y”键，可以使 X 轴、Y 轴回参考点。所有轴回

学习笔记

参考点后，即建立机床坐标系。

注意：

（1）回参考点时应确保安全，以及在加工中心运行方向上不会发生碰撞，一般应选择 Z 轴先回参考点，将刀具抬起。

（2）在每次电源接通后，必须先完成各轴的回参考点操作，然后再进入其他运行方式，以确保各轴坐标的正确性。

（3）在回参考点过程中，请按住操作面板上的“超程解除”键 超程解除（大部分加工中心上没有），有的加工中心上有超程解除钥匙开关（STROKE END RELEASE），如果加工中心没有“超程解除”键，则按一下 RESET 键，然后向相反方向手动移动该轴使其退出超程状态。

4. 手动操作

1）手动点动/连续进给操作

选择手动模式，按下+X 或-X 键，工作台沿 X 轴方向移动；按下+Y 或-Y 键，工作台沿 Y 轴方向移动；按下+Z 或-Z 键，主轴沿 Z 轴方向升降。若同时按下快速按键，工作台（主轴）做快速移动。

2）手动快速进给操作

选择手动模式，按下“手动轴选择”中的 Z，X 或 Y 中的一个按键，然后按下“+”或“-”键，注意工作台 Z 轴的升降，以免碰撞。按下“快速”键，使 Z 轴、X 轴或 Y 轴做快速移动。

3）手轮连续进给移动

选择手轮模式，选择手动进给 X 轴、Y 轴或 Z 轴，用手轮轴倍率旋钮调节脉冲当量，旋转手轮，可实现手轮连续进给移动。注意旋转方向，以免碰撞。

4）机床锁住与 Z 轴锁住

机床锁住与 Z 轴锁住由加工中心控制面板上的机床锁定键与 Z 轴锁住键完成。

（1）机床锁住。

在手动模式下，按下机床锁定键，系统继续执行，CRT 显示器屏幕上的坐标轴位置信息变化，但不输出伺服轴的移动指令，所以加工中心停止不动。

（2）Z 轴锁住。

在进入手动模式前，按下 Z 轴锁住键，再手动移动 Z 轴，Z 轴坐标位置信息变化，但 Z 轴不运动，禁止进刀。

5. MDI 操作

在 MDI 模式中，通过 MDI 键盘，可以编制程序并执行，该程序的格式和普通程序一样。MDI 模式适用于简单的测试操作，如检验工件坐标位置、主轴旋转等。在 MDI 模式中编制的程序不能保存，运行完 MDI 上的程序后，该程序会消失。

使用 MDI 键盘输入程序并执行的操作步骤如下。

（1）将加工中心的工作模式设置为 MDI 模式。

（2）按下 MDI 键盘上的 PROG 键，进入程序编辑界面，在此方式下，可进行 MDI 模式单程序段运行操作。输入数据指令：在输入键盘上按功能键，可以对程序代码做取消、插入、删除等修改操作；按数字/字母键输入字母 O，再输入程序编号，输入的程序编号不可以与已有程序编号重复。

（3）输入程序后，按 EOB E 键可以结束一行的输入并换行，按 ↑PAGE、↓PAGE 键可以翻页，按方位键 ↑、↓、←、→ 可以移动光标，按 DELETE 键可以删除一段字符，按 CAN 键可以删除输入域的单个字符，按 INSERT 键可以将输入域中的内容输入指定区域。输入完整程序指令后，可以按 键运行程序。按 RESET 键可以进行机床复位。

6. 程序编程与管理

1）显示数控加工程序目录

导入数控加工程序之后，按下 MDI 操作面板上的编辑键 ，编辑状态指示灯 变亮，此时已进入编辑状态。按下 MDI 键盘上的 PROG 键，CRT 显示器屏幕转入程序编辑界面。按软键 LIB，经分布式数控（distribute numerical control，DNC）接口传送的数控加工程序名就会显示在 CRT 显示器屏幕界面上，如图 1-12 所示。

（1）选择一个数控加工程序。

导入数控加工程序之后，按下 MDI 键盘上的 PROG 键，CRT 显示器屏幕转入程序编辑界面。利用 MDI 键盘输入“O××××”（××××为数控加工程序目录中显示的程序号），按 ↓ 键开始搜索，搜索到后“O××××”会显示在屏幕首行程序编号位置，对应的数控加工程序即显示在屏幕上。

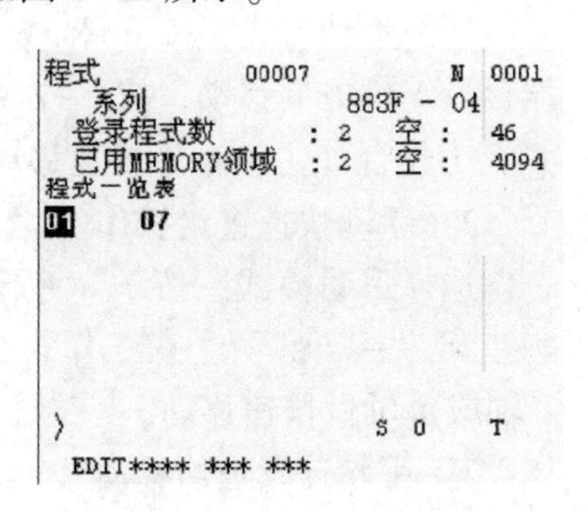

图 1-12 CRT 显示器屏幕上显示的数控加工程序名

（2）删除一个数控加工程序。

按下 MDI 操作面板上的编辑键 ，编辑状态指示灯 变亮，此时已进入编辑状态。利用 MDI 键盘输入“O××××”（××××为要删除的数控加工程序在目录中显示的程序号），按下 DELETE 键，程序即被删除。

（3）新建一个数控加工程序。

按下 MDI 操作面板上的编辑键 ，编辑状态指示灯 变亮，此时已进入编辑状态。按下 MDI 键盘上的 PROG 键，CRT 显示器屏幕转入程序编辑界面。利用 MDI 键盘输入“O××××”（××××为程序编号，但不可以与已有程序编号重复），按下 INSERT 键，CRT 显示器屏幕上就会显示一个空程序，可以通过 MDI 键盘开始输入程序。输入一段代码后，按下 INSERT 键，输入域中的内容即显示在 CRT 显示器屏幕上，按 EOB E 键结束一行的输入后换行。

（4）删除全部数控加工程序。

按下 MDI 操作面板上的编辑键 ，编辑状态指示灯 变亮，此时已进入编辑状态。按下 MDI 键盘上的 PROG 键，CRT 显示器屏幕转入程序编辑界面。利用 MDI 键盘输入“O-9999”，按下 DELETE 键，全部数控加工程序即被删除。

2）数控加工程序的编辑

按下 MDI 操作面板上的编辑键 ，编辑状态指示灯 变亮，此时已进入编辑状态。按下 MDI 键盘上的 PROG 键，CRT 显示器屏幕转入程序编辑界面。选定一个数控加工程序后，此程序即显示在 CRT 显示器屏幕上，可对该程序进行编辑操作。

（1）移动光标。

按翻页键 PAGE↑ 和 PAGE↓ 可以翻页，按方位键 ↑、↓、←、→ 可以移动光标。

（2）插入字符。

先将光标移到所需位置，按 MDI 键盘上的数字/字母键，将代码输入到输入域中，按下 INSERT 键，即可把输入域的内容插入到光标右侧。

（3）删除输入域中的内容。

按下 CAN 键即可删除输入域中的内容。

（4）删除字符。

先将光标移到所需删除字符的位置，按下 DELETE 键，可以删除光标右侧的内容。

（5）查找。

输入需要搜索的内容（可以是一个字母或一个完整的代码，如 N0010，M03 等），按方位键 → 开始在当前数控加工程序中光标所在位置右侧的代码中搜索。如果数控加工程序中光标所在位置右侧有所搜索的代码，则光标停留在找到的代码处；如果数控加工程序中光标所在位置右侧没有所搜索的代码，则光标停留在原处。

（6）替换。

先将光标移到所需替换字符的位置，将替换的字符通过 MDI 键盘输入到输入域中，按下 ALTER 键，用输入域中的内容替代光标所在位置的内容。

3）保存程序

编辑好的程序需要进行保存操作，操作方式如下。

按下 MDI 操作面板上的编辑按钮，编辑状态指示灯变亮，此时已进入编辑状态。按软键“操作”，在弹出的“另存为”对话框中输入文件名，选择文件类型和保存路径，单击“保存”按钮，如图 1-13 所示。

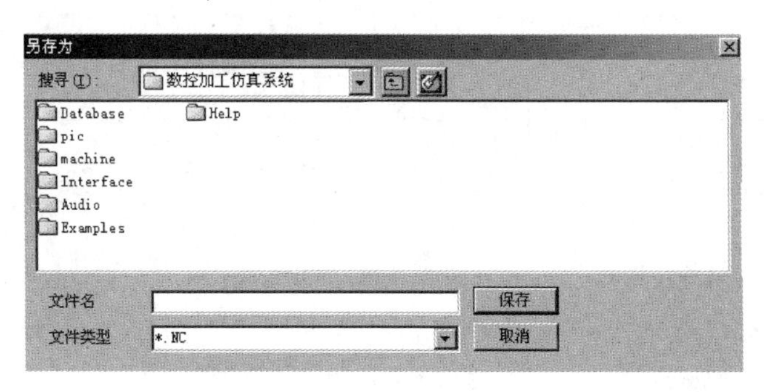

图 1-13 “另存为”对话框

7. FANUC 0i 标准铣床面板仿真操作

1）加工中心仿真操作面板

国内外的数控加工仿真软件有很多，本书选用上海宇龙软件工程有限公司开发的数控加工仿真系统进行仿真操作。FANUC 0i 标准铣床仿真操作面板如图 1-14 所示。

学习笔记

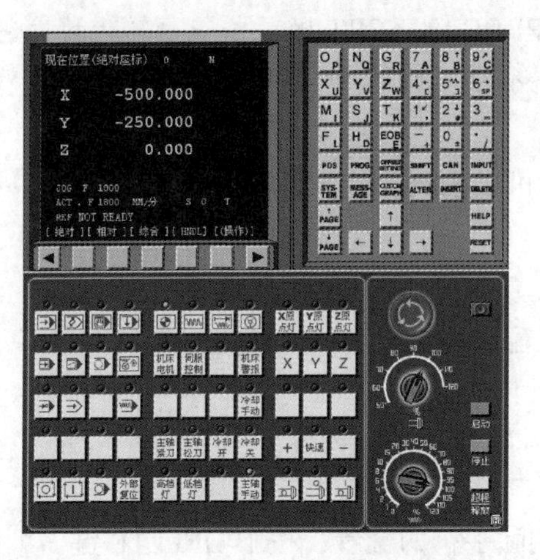

图 1-14　FANUC 0i 标准铣床仿真操作面板

FANUC 0i 标准铣床仿真操作面板上的按钮功能如表 1-6 所示。

表 1-6　FANUC 0i 标准铣床仿真操作面板上的按钮功能

按钮	名称	功能
	自动运行	单击此按钮，系统进入自动加工模式
	编辑	单击此按钮，系统进入程序编辑状态
	MDI	单击此按钮，系统进入 MDI 模式，手动输入并执行指令
	远程执行	单击此按钮，系统进入远程执行模式，即 DNC 模式，输入/输出资料
	单节	单击此按钮，运行程序时每次执行一条数控指令
	单节忽略	单击此按钮，数控加工程序中的注释符号“/”有效
	选择性停止	单击此按钮，M01 指令有效
	机械锁定	单击此按钮，机床即被锁定
	试运行	单击此按钮，机床进入空运行模式
	进给保持	单击此按钮，程序运行暂停，按下循环启动按钮 恢复运行

学习笔记

续表

按钮	名称	功能
	循环启动	系统处于自动加工模式或 MDI 模式时，按下此按钮有效，程序开始运行，其余模式下使用无效
	循环停止	在程序运行中，单击此按钮将停止程序运行
	回参考点	单击此按钮，机床进入回参考点模式；机床必须首先执行回参考点操作，然后才可以运行
	手动	单击此按钮，机床进入手动模式，可连续移动工作台或者刀具
	手动脉冲	单击此按钮，机床进入手动脉冲模式，增量进给，可用于步进或者微调
	手轮	单击此按钮，可通过手轮方式移动工作台或刀具
 X	X 轴选择	手动模式下 X 轴选择按钮
 Y	Y 轴选择	手动模式下 Y 轴选择按钮
 Z	Z 轴选择	手动模式下 Z 轴选择按钮
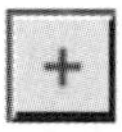 +	正向移动	手动模式下，单击此按钮，系统将向所选轴正向移动。在回参考点模式下，单击此按钮可使所选轴回参考点
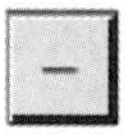 -	负向移动	手动模式下，单击此按钮，系统将向所选轴负向移动
 快速	快速	单击此按钮，系统将进入手动快速模式
	主轴控制	依次为主轴正转、主轴停止、主轴反转
 启动	启动	单击此按钮，系统启动
 停止	停止	单击此按钮，系统停止
 超程释放	超程释放	单击此按钮，系统超程释放

续表

按钮	名称	功能
	主轴倍率选择	将光标移至此旋钮上后，通过单击或右击来调节主轴旋转倍率
	进给倍率	单击此按钮，可调节运行时的进给速度倍率
	急停	单击急停按钮，机床立即停止移动，并且所有的输出，如主轴的转动等都会关闭
	手轮显示	单击此按钮，可以显示手轮
	手轮面板	单击 H 按钮，将显示手轮面板；单击手轮面板右下角的 H 按钮，手轮面板将隐藏
	手轮轴选择	手轮模式下，将光标移至此旋钮上后，通过单击或右击来选择进给轴
	手轮进给倍率	手轮模式下，将光标移至此旋钮上后，通过单击或右击来调节点动/手轮步长。×1，×10，×100 分别代表移动量为 0.001 mm，0.01 mm，0.1 mm
	手轮	将光标移至此旋钮上后，通过单击或右击来转动手轮

2）机床准备

（1）激活机床。

单击 启动 按钮，此时机床电机和伺服控制的指示灯 机床电机 伺服控制 变亮。

检查急停按钮是否松开至 状态，若未松开，则单击 按钮，将其松开。

（2）机床回参考点。

检查操作面板上的回参考点指示灯 是否亮，若指示灯亮，则表示已进入回参考点模式；若指示灯不亮，则单击 按钮，进入回参考点模式。

在回参考点模式下，先将 X 轴回参考点，单击操作面板上的 X 按钮，使 X 轴方向的移动指示灯 X 变亮，再单击 + 按钮，此时 X 轴将回参考点，X 轴回参考点指示灯 X原点灯 变亮，CRT 显示器屏幕上的 X 坐标变为 0.000。同样，再分别单击 Y、Z 按钮，使相应指示灯变亮，再单击 + 按钮，此时 Y 轴、Z 轴将回参考点，Y 轴、Z 轴回参考点指示灯 Y原点灯、Z原点灯 变亮。此时 CRT 显示器屏幕显示界面如图 1-15 所示（其中的“座标”应为“坐标”）。

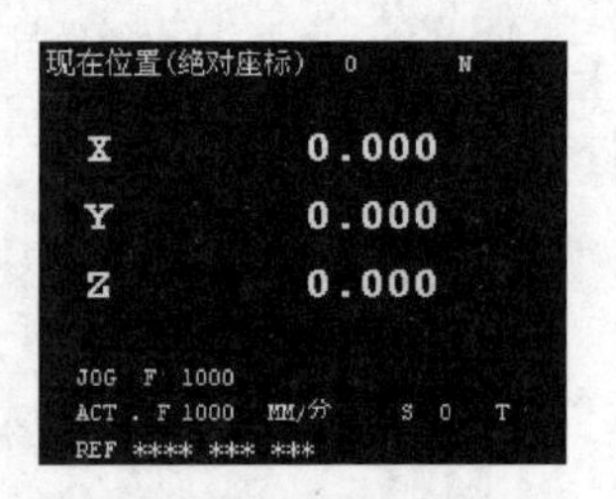

图 1-15　CRT 显示器屏幕显示界面

3）对刀

数控加工程序一般按工件坐标系编程，对刀的过程就是建立工件坐标系与机床坐标系之间关系的过程。

下面具体说明铣床和卧式加工中心对刀的方法。铣床和卧式加工中心将工件上表面的中心点设为工件坐标系原点。将工件上的其他点设为工件坐标系原点的对刀方法与此类似。

一般铣床在 X 轴、Y 轴方向对刀时使用的基准工具包括刚性靠棒和寻边器两种。

（1）刚性靠棒 X 轴、Y 轴方向对刀。

刚性靠棒采用检查塞尺松紧的方式对刀，具体过程如下（采用将零件放置在基准工具的左侧，即正面视图的方式）。

选择“机床/基准工具”命令，弹出“基准工具”对话框，左侧是刚性靠棒，右侧是寻边器，如图 1-16 所示。

单击操作面板中的按钮，手动模式指示灯变亮，进入手动模式。

单击 MDI 键盘上的 POS 按钮，使 CRT 显示器屏幕上显示坐标值；借助“视图”菜单中的动态旋转、动态放缩、动态平移等工具，适当单击 X、Y、Z 按钮和 +、- 按钮，将主轴移动到图 1-17 所示的大致位置。

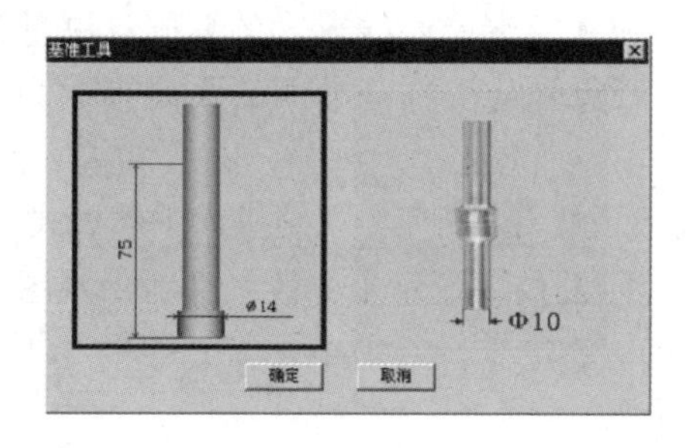

图 1-16　“基准工具”对话框

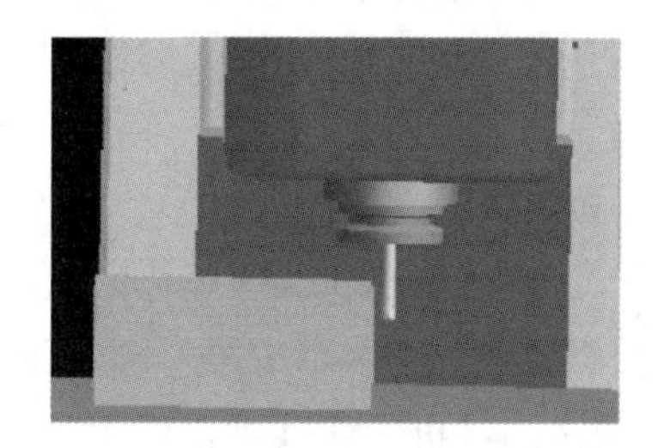
图 1-17　主轴移至工件附近位置

主轴移动到大致位置后，还可以采用手轮调节方式移动主轴，选择“塞尺检查/1 mm”命令，则塞尺即插入基准工具和工件之间。在机床下方显示图 1-18 所示的局部放大图（紧贴零件的加框物件为塞尺）。

单击操作面板上的“手动脉冲”按钮或，使手动脉冲指示灯变亮，采用手动脉冲方式精确移动机床。单击按钮，显示手轮面板，将“手轮对应轴”旋钮置于 X 档，调节“手轮进给速度”旋钮，在“手轮旋转”旋钮上单击或右击精确移动靠棒，使“提示信息”对话框显示“塞尺检查的结果：合适”字样，如图 1-18 所示。

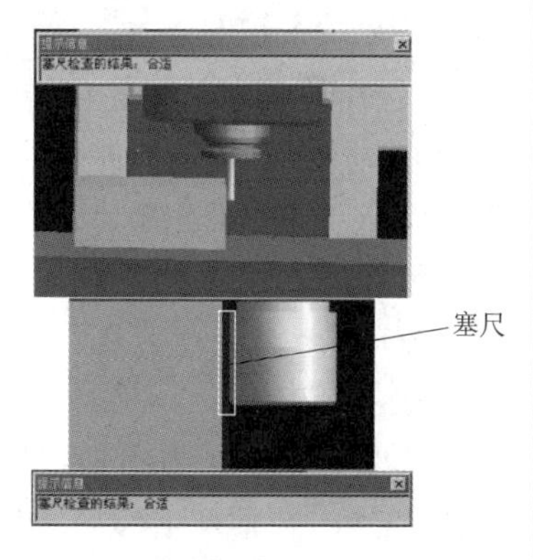

图 1-18　局部放大图和检查结果

记下塞尺检查结果为“合适”时 CRT 显示器屏幕显示的 X 坐标值，此为基准工具中心的 X 坐标值，记为 X_1；将定义毛坯数据时设定的零件长度记为 X_2；将塞尺厚度记为 X_3；将基准工件直径记为 X_4（可在选择基准工具时读出）。此时，工件上表面中心点的 X 坐标值为基准工具中心的 X 坐标值减去零件长度的 1/2、再减去塞尺

学习笔记

厚度、再减去基准工具半径的结果，记为 X_0。

Y 轴方向对刀采用同样的方法。得到工件上表面中心点的 Y 坐标值，记为 Y_0。

完成 X 轴、Y 轴方向对刀后，选择“塞尺检查/收回塞尺”命令将塞尺收回，单击按钮，手动模式指示灯变亮，机床转入手动模式。单击 Z 和 + 按钮，将 Z 轴提起，再选择“机床/拆除工具”命令拆除基准工具。

注意： 塞尺有各种不同的尺寸，可以根据需要调用。本系统提供的塞尺尺寸有 0.05 mm，0.1 mm，0.2 mm，1 mm，2 mm，3 mm，100 mm（量块）。

(2) 寻边器 X 轴、Y 轴方向对刀。

寻边器（也称分中棒，分中棒分中时主轴转速只能设定在 350~600 r/min，绝对不能超过 600 r/min，一般应在 500 r/min 左右）由固定端和测量端两部分组成。固定端由刀具夹头夹持在机床主轴上，中心线与主轴轴线重合。在测量时，主轴以 400 r/min 的转速旋转。通过手动方式，使寻边器向工件基准面移动靠近，让测量端接触基准面。在测量端未接触工件时，固定端与测量端的中心线不重合，两者呈偏心状态。当测量端与工件接触后，偏心距减小，这时使用点动方式或手轮方式微调进给，使寻边器继续向工件移动，偏心距逐渐减小。当测量端和固定端中心线重合的瞬间，测量端会明显偏出，出现明显的偏心状态。这时主轴中心位置与工件基准面的距离等于测量端的半径。

单击操作面板中的按钮，手动模式指示灯变亮，系统进入手动模式。

单击 MDI 键盘上的 POS 按钮，使 CRT 显示器屏幕显示坐标值；借助“视图”菜单中的“动态旋转”“动态放缩”“动态平移”等工具，适当单击 X、Y、Z 按钮和 +、- 按钮，将机床移动到靠近工件的位置。

单击操作面板上的或按钮，使主轴转动。未与工件接触时，寻边器测量端会大幅度晃动。

主轴移动到大致位置后，还可采用手动脉冲方式移动主轴，单击操作面板上的或按钮，使手动脉冲指示灯变亮，采用手动脉冲方式精确移动主轴。单击 H 按钮，显示手轮面板，将“手轮对应轴”旋钮置于 X 挡，调节“手轮进给速度”旋钮，在“手轮旋转”旋钮上单击或右击以精确移动寻边器。将寻边器沿 X 轴方向慢慢靠近工件侧面，而寻边器由摆动较大逐渐变小到重合（见图 1-19），继续移动直至寻边器刚要重新分开时（见图 1-20），然后要回到合拢状态，将手轮进给倍率调至 0.01 mm 处，并靠近工件移动至刚好重新重合即可，可认为此时寻边器与工件恰好吻合。

记下寻边器与工件恰好吻合时 CRT 显示器屏幕显示的 X 坐标值，此为基准工具中心的 X 坐标值，记为 X_1；将定义毛坯数据时设定的零件长度记为 X_2；将基准工件直径记为 X_3（可在选择基准工具时读出），则工件上表面中心点的 X 坐标值为基准工具中心的 X 坐标值减去零件长度的 1/2、再减去基准工具半径的结果，记为 X_0。

Y 轴方向对刀采用同样的方法。得到工件上表面中心点的 Y 坐标值，记为 Y_0。

完成 X 轴、Y 轴方向对刀后，进入手动模式单击 Z 和 + 按钮，将 Z 轴提起，停止主轴转动，再选择“机床/拆除工具”命令拆除基准工具。

学习笔记

图 1-19　寻边器重合

图 1-20　寻边器重新分开

（3）塞尺法 Z 轴对刀。

单击 启动 按钮，此时机床电机和伺服控制的指示灯 机床电机、伺服控制 变亮。

铣床 Z 轴对刀时，采用实际加工时所要使用的刀具。

选择“机床/选择刀具”命令或单击工具条上的图标，选择所需刀具。

装好刀具后，单击操作面板中的按钮，手动模式指示灯变亮，系统进入手动模式。

利用操作面板上的 X、Y、Z 和 +、- 按钮，将主轴移到图 1-21 所示的大致位置。

类似刚性靠棒 X 轴、Y 轴方向对刀的方法进行塞尺检查，得到“塞尺检查的结果：合适”提示时获取 Z 坐标值，记为 Z_1，如图 1-22 所示。Z_1 减去塞尺厚度，得到工件坐标系原点的 Z 坐标值，记作 Z_0，此时工件坐标系原点在工件上表面。

（4）试切法 Z 轴对刀。

选择“机床/选择刀具”命令或单击工具条上的图标，选择所需刀具。

装好刀具后，利用操作面板上的 X、Y、Z 和 +、- 按钮，将主轴移到图 1-21 所示的大致位置。

图 1-21　主轴移至工件附近位置

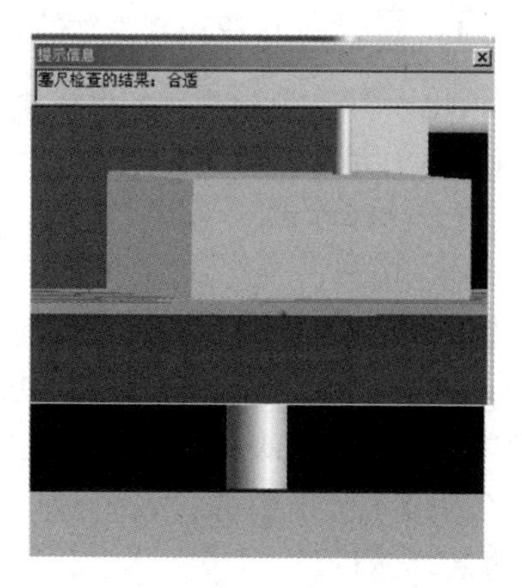

图 1-22　合适状态

学习笔记

选择“视图/选项”→“声音开”和“铁屑开”命令。

单击操作面板上的 或 按钮使主轴转动；单击操作面板上的 Z 和 - 按钮，并在切削工件的声音刚响起时停止，使铣刀切削掉一点工件，记下此时的 Z 坐标值，记为 Z_0，此为工件坐标系原点的 Z 坐标值。

通过对刀得到的坐标值（X_0，Y_0，Z_0）即为工件坐标系原点在机床坐标系中的坐标值。

4）手动操作

（1）手动/连续方式。

单击操作面板上的 按钮，手动模式指示灯 变亮，机床进入手动模式。

分别单击 X、Y、Z 按钮，选择需要移动的坐标轴。

分别单击 +、- 按钮，控制机床的移动方向。

单击 、、 按钮控制主轴的转动和停止。

注意：刀具切削工件时，主轴需转动。加工过程中刀具与工件发生非正常碰撞后（非正常碰撞包括车刀刀柄与工件发生碰撞，铣刀与夹具发生碰撞等），系统会弹出“警告”对话框，同时主轴自动停止转动。待调整到适当位置，继续加工时需再次单击 、、 按钮，使主轴重新转动。

（2）手动脉冲方式。

对刀时，先用手动/连续方式粗调机床，当需要精确调节机床时，可采用手动脉冲方式。

单击操作面板上的 或 按钮，使手动脉冲指示灯 变亮。

单击 H 按钮，显示手轮面板 。

将光标对准 旋钮，单击或右击，选择坐标轴。

将光标对准 旋钮，单击或右击，选择合适的脉冲当量。

将光标对准 旋钮，单击或右击，精确控制机床的移动。

单击 、、 按钮控制主轴的转动和停止。

再单击 H 按钮，可隐藏手轮面板 。

5）自动加工方式

（1）自动/连续方式。

①自动加工流程。

a. 检查机床是否回参考点，若未回参考点，则先将机床回参考点。

b. 导入数控加工程序或自行编制一段程序。

c. 单击操作面板上的“自动运行”按钮 ，使单节指示灯 变亮。

d. 单击操作面板上的 按钮，程序开始执行。

②中断程序运行。

a. 数控加工程序在运行过程中可根据需要暂停、停止、急停和重新运行。

b. 数控加工程序在运行时，单击操作面板上的 按钮，程序停止执行；再单击

操作面板上的 按钮，程序从暂停位置开始执行。

c. 数控加工程序在运行时，单击操作面板上的 按钮，程序停止执行；再单击操作面板上的 按钮，程序从开头重新执行。

d. 数控加工程序在运行时，单击操作面板上的 按钮，数控加工程序中断运行，继续运行时，再次单击该按钮将其松开，再单击操作面板上的 按钮，余下的数控加工程序从中断行开始作为一个独立的程序执行。

(2) 自动/单节方式。

①检查机床是否回参考点。若未回参考点，则先将机床回参考点。

②导入数控加工程序或自行编制一段程序。

③单击操作面板上的“自动运行”按钮 ，使单节指示灯 变亮。

④单击操作面板上的“单节”按钮 ，“单节”的意思是只能执行一行程序。

⑤单击操作面板上的 按钮，程序开始执行，执行完一行程序后，程序停止执行。再次单击该按钮，程序再执行一次。

注意：*采用自动/单节方式时，执行每一行程序均需单击一次 按钮。*

⑥单击操作面板上的 按钮，表示程序运行时注释符号“/”有效，该行成为注释行，不执行。

⑦单击操作面板上的 按钮，表示程序中的 M01 指令有效。

⑧可以通过“主轴倍率”旋钮 和“进给倍率”旋钮 来调节主轴的旋转速度和移动速度。

⑨按操作面板上的 RESET 键可将程序重置。

(3) 检查刀具轨迹。

数控加工程序导入后，可检查刀具轨迹。

单击操作面板上的“自动运行”按钮 ，使单节指示灯 变亮，转入自动加工模式，单击 MDI 键盘上的 PROG 按钮，再单击数字/字母按钮，输入“O××××”（××××为所需要检查刀具轨迹的程序号），单击操作面板上的 按钮开始搜索，搜索到后，对应数控程序会显示在 CRT 显示器屏幕上。单击 COSTOM GRAPH 按钮 ，进入检查刀具轨迹模式，单击操作面板上的 按钮，即可观察数控加工程序的刀具轨迹，此时也可通过“视图”菜单中的“动态旋转”“动态放缩”“动态平移”等命令对三维刀具轨迹进行全方位的动态观察。

任务实施

1. 任务实施内容

利用实训车间的加工中心进行如下基本操作。

(1) 机床开机、关机。

(2) 机床回参考点。

(3) 通过手轮和手动操作移动各轴到指定位置。

(4) 对刀。

2. 实训时间

每组 30 min。

3. 实训报告要求

(1) 写出机床开机和关机的步骤。

(2) 写出加工中心对刀的方法和步骤。

任务评价

对任务完成情况进行评价，并填写到表 1-7 中。

表 1-7 任务完成情况评价表

序号	评价项目	自评			师评		
		A	B	C	A	B	C
1	能够正确进行机床的开机、关机操作						
2	掌握加工中心操作面板各按键、旋钮含义						
3	能够进行数控程序的新建、删除和编辑操作						
4	能够利用数控加工仿真软件进行对刀操作						
综合评定							

任务 4 数控铣削编程简介

任务描述

(1) 掌握 FANUC 0i 数控系统常用的编程指令。

(2) 能够区分加工中心各种坐标系。

学前准备

FANUC 0i 数控系统编程手册。

学习目标

(1) 熟悉 FANUC 0i 数控系统常用的编程指令和数控加工程序结构。

(2) 掌握数控编程的方法和步骤。

素养目标

(1) 培养学生的科学思维。

(2) 提高学生对课程学习的兴趣和主动学习的意识。

学习笔记

预备知识

1. 数控铣削编程基础

1）数控加工程序的基本结构

一个完整的数控加工程序是由若干程序段组成的，而每个程序段又是由一个或若干个指令组成的。指令代表某一信息单元，每个指令又由字母、数字、符号组成。

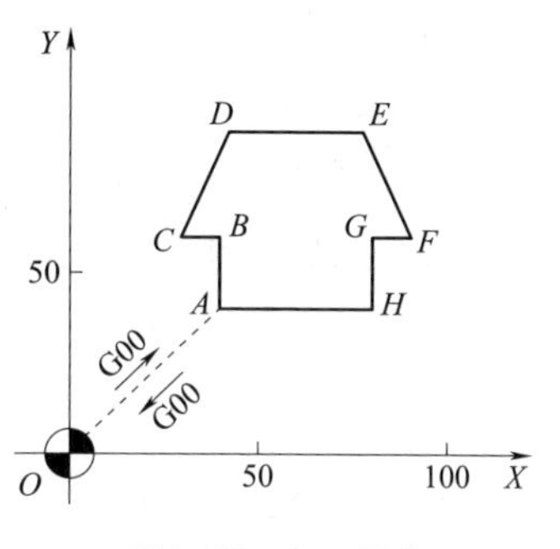

图 1-23 加工零件

下面以图 1-23 所示零件的数控加工程序为例简单介绍数控加工程序的组成，该数控加工程序如表 1-8 所示。需要说明的是，不同的数控系统（如 FANUC，SIEMENS 等）有不同的程序段格式，若格式不符合数控系统的规定要求，则数控装置就会报警，数控加工程序不能运行。

表 1-8 数控加工程序的组成

程序	注释	组成部分名称
O1001;	程序编号，以 O 开头，范围为 0001～9999，其余被生产厂家占用	程序开始部分
N01 G90 G54 G00 X0 Y0;	准备工作，告知数控程序编制方式、刀具初始位置、选用坐标系等	程序内容（由程序段组成）
N02 S800 M03;	主轴以一定的速度和方向旋转	
N03 Z100. 0; N04 Z5. 0; N05 G01 Z-10. 0 F100; N06 G41 X40. 0 Y40. 0 D1 F200; N07 Y60. 0; N08 X30. 0; N09 X40. 0 Y90. 0; N10 X80. 0; N11 X90. 0 Y60. 0; N12 X80. 0; N13 Y40. 0; N14 X40. 0; N15 G40 X0 Y0; N16 G00 Z100. 0;	N03～N16 为刀具轨迹。 F 代表刀具的进给速度分别为 100 mm/min 和 200 mm/min。 X，Y，Z 代表刀具的运动位置，单位一般为 mm 或脉冲。 D 代表刀具半径偏置寄存器，数字表示刀具半径补偿号，在执行程序之前，需提前在相应刀具半径偏置寄存器中输入刀具半径补偿值。 段号以 N 开头，一般为 4 位数字，范围为 0001～9999	
N17 M05;	主轴停止	
N18 M30;	程序结束并返回	程序结束部分

2）常用编程指令

在数控编程中，有的编程指令并不常用，而有的编程指令只适用于某些特殊的数控机床。这里只介绍一些加工中心常用的编程指令，对于不常用的编程指令，请参考相应数控机床编程手册。

（1）准备功能指令（G代码）。

准备功能指令由字母G和其后的1~3位数字组成，其主要功能是指定机床的运动方式，为数控系统的插补运算做准备。常用的G代码如表1-9所示。

表1-9　常用的G代码

G代码	功能	G代码	功能
G00	快速定位	G52	局部坐标系设定
G01	直线插补（切削进给）	G53	选择机床坐标系
G02	圆弧插补（顺时针）	G54~G59	选择工件坐标系
G03	圆弧插补（逆时针）	G68	坐标系旋转有效
G15	极坐标指令消除	G69	坐标系旋转取消
G16	极坐标指令	G73	高速深孔啄钻固定循环
G17	*XY*平面选择	G74	左旋攻螺纹循环
G18	*ZX*平面选择	G76	精镗循环
G19	*YZ*平面选择	G80	固定循环取消
G20	英寸输入	G81	钻孔固定循环
G21	毫米输入	G82	锪孔循环
G22	脉冲当量输入	G83	深孔啄钻固定循环
G28	返回参考点（第一参考点）	G84	右旋攻螺纹循环
G29	从参考点返回	G85	精镗循环
G30	返回第二、第三、第四参考点	G86	粗镗循环
G40	取消刀具半径补偿	G87	背镗循环
G41	刀具半径左补偿	G88	精镗循环
G42	刀具半径右补偿	G89	精镗循环
G43	正向刀具长度补偿	G90	绝对坐标编程方式
G44	负向刀具长度补偿	G91	增量坐标编程方式
G49	刀具长度补偿取消	G92	设定工件坐标系
G50	比例缩放取消	G94	每分进给
G51	比例缩放有效	G95	每转进给
G50.1	可编程镜像取消	G98	固定循环回到起始点
G51.1	可编程镜像有效	G99	固定循环回到*R*点
注：表中G代码均为模态指令（或续效指令）。			

（2）辅助功能指令（M代码）。

辅助功能指令由字母M和其后的2位数字组成，主要用于完成加工操作时的辅助动作。常用的M代码如表1-10所示。

表 1-10 常用的 M 代码

M 代码	功能	M 代码	功能
M00	程序停止	M08	切削液开
M01	选择程序停止	M09	切削液关
M02	程序结束	M30	程序结束并返回
M03	主轴顺时针旋转	M98	子程序调用
M04	主轴逆时针旋转	M99	子程序取消
M05	主轴停止		

3）坐标系及其原点

（1）坐标系。

在加工过程中，数控机床通过坐标来识别工件的加工位置。为了确定数控机床的运动方向、移动距离，就要在数控机床上建立一个坐标系，称为机械坐标系或机床坐标系，机床坐标系是机床生产厂家在出厂时就设置好的。

编程时一般选择工件上的某一点作为程序原点，并以这个原点作为坐标系的原点，建立一个新的坐标系，称为工件坐标系。

在编程中，不论机床的具体结构是使工件静止、刀具运动，还是使工件运动、刀具静止，为使编程方便，一律假定工件固定不动，刀具相对工件运动来进行编程。数控机床坐标系是右手直角笛卡儿坐标系，如图 1-24 所示。

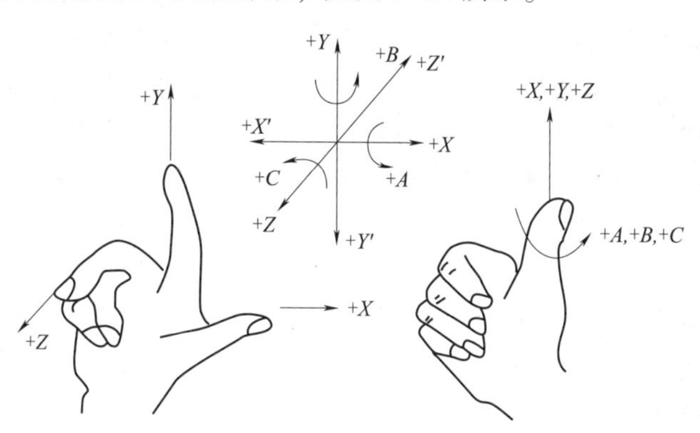

图 1-24 右手直角笛卡儿坐标系

Z 轴定义为平行于机床主轴的坐标轴，其正方向规定为从工件台到刀具夹持的方向，即刀具远离工件的运动方向。

X 轴为水平的、垂直于工件装夹平面的坐标轴，一般规定操作人员面向机床时右侧为 *X* 轴正方向。

Y 轴垂直于 *X* 轴、*Z* 轴，其正方向则根据 *X* 轴和 *Z* 轴按右手直角笛卡儿坐标系来确定。

（2）坐标原点。

①机械原点。机械原点又称机床原点，是指机床坐标系的原点，它的位置是在各坐标轴的正向最大极限处，是机床生产厂家设置在机床上的一个物理位置，其作用是

使数控机床与控制系统同步，建立测量机床运动坐标的起始点。每次启动数控机床时，首先必须进行各轴回参考点操作，使数控机床与控制系统建立起坐标关系，并使控制系统对各轴软限位功能起到控制作用。

②工件坐标系原点。工件坐标系原点又称编程原点或程序原点，对于加工中心，一般用 G54~G59 指令来设置编程原点。

2. 数控编程的方法及步骤

1）数控编程方法

数控编程方法主要有手工编程和软件（自动）编程两种。

（1）手工编程。

手工编程是指编制零件数控加工程序的各个步骤，即从分析零件图、确定工艺过程、确定加工路线和工艺参数、数值计算、编制零件的数控加工程序单直至程序的检验，均由人工来完成。对于点位加工或几何形状不太复杂的轮廓加工，几何计算较简单，程序段不多，手工编程即可实现。但对轮廓形状不是由简单的直线、圆弧组成的复杂零件，数值计算则相当烦琐，工作量大，容易出错，且很难校对，采用手工编程是难以完成的。

（2）软件（自动）编程。

软件（自动）编程又称交互式计算机辅助设计（computer-aided design，CAD）/计算机辅助制造（computer-aided manufacturing，CAM）编程，即利用 CAD/CAM 软件，实现造型及图像自动编程。在编程时，编程人员首先利用 CAD 本身的零件造型功能，构建出零件的几何形状；然后对零件图进行工艺分析，确定加工方案；其后还需利用 CAM 软件，完成工艺方案的制订、切削用量的选择、刀具及其参数的设定，自动计算并生成刀具轨迹文件；最后利用软件的后置处理功能生成指定数控系统使用的数控加工程序。因此，这种编程方式称为图形交互式自动编程。这种软件编程系统是一种 CAD 与 CAM 高度结合的编程系统，具有形象、直观和高效等优点。

2）数控编程的主要步骤

数控编程的主要步骤包括分析零件图和确定工艺过程、数值计算、编制零件数控加工程序、将数控加工程序输入加工中心、程序校验与首件试切，具体说明如下。

（1）分析零件图和确定工艺过程。

在加工中心上加工零件，工艺人员拿到的原始资料是零件图。根据零件图，可以对零件的形状、尺寸精度、表面粗糙度、工件材料、毛坯种类和热处理情况等进行分析，然后选择机床、刀具，确定定位夹紧装置、加工方法、加工顺序及切削用量的大小。在确定工艺过程中，应充分考虑所用加工中心的指令功能，充分发挥加工中心的效能，满足加工路线合理、走刀次数少和加工工时短等要求。此外，还应填写相关工艺技术文件，如数控加工工序卡片、数控刀具卡片、刀具轨迹图等。

（2）数值计算。

根据零件图的几何尺寸及设定的编程坐标系，计算出刀具中心的运动轨迹，得到全部刀位数据。数值计算的最终目的是获得编程所需所有相关位置的坐标数据。一般数控系统具有直线插补和圆弧插补的功能，对于形状比较简单的平面类零件（如直线和圆弧组成的零件）轮廓加工，只需要计算出几何元素的起点、终点、圆弧的圆心

（或圆弧的半径）、两几何元素的交点或切点的坐标值。如果数控系统无刀具补偿功能，则要计算刀具中心的运动轨迹坐标值。对于形状复杂的零件（如由非圆曲线、曲面组成的零件），需要用直线段（或圆弧段）逼近实际的曲线或曲面，根据所要求的加工精度计算出其节点的坐标值。

（3）编制零件数控加工程序。

根据加工路线计算出刀具轨迹数据和已确定的工艺参数及辅助动作，编程人员可以按照所用数控系统规定的功能指令及程序段格式，逐段编制出零件的数控加工程序。编制时应注意：第一，程序书写的规范性，应便于表达和交流；第二，在对所用加工中心的性能与指令充分熟悉的基础上，注意各指令使用的技巧、程序段编制的技巧。

（4）将数控加工程序输入加工中心。

将数控加工程序输入加工中心的方式有光电阅读机、键盘、磁盘、磁带、存储卡、连接上级计算机的 DNC 接口及网络等。目前常用的方法是通过键盘直接将数控加工程序输入（MDI 方式）到加工中心程序存储器中，或通过计算机与数控系统的通信接口将数控加工程序传送到加工中心的程序存储器中，由加工中心操作人员根据零件加工的需要进行调用。现在一些新型加工中心已经配置大容量存储卡，数控加工程序可以事先存入存储卡中。

（5）程序校验与首件试切。

数控加工程序必须经过校验和试切才能正式用于加工。在具有图形模拟功能的加工中心上，可以进行图形模拟加工，检查刀具轨迹的正确性。对无此功能的加工中心可进行空运行检验。但这些方法只能检验出刀具轨迹是否正确，不能检验出对刀误差，对于刀具调整不当或因某些计算误差引起的加工误差及零件加工精度不准等问题，需要经过首件试切这一重要环节进行检验。当发现有加工误差或不符合图纸要求时，应分析误差产生的原因，以便修改数控加工程序或采取刀具尺寸补偿等措施，直到加工出合乎图纸要求的零件为止。随着数控加工技术的发展，可采用先进的数控加工仿真方法对数控加工程序进行校验。

任务实施

表 1-11 所示为检验对刀的数控加工程序，请完成程序注释，并填写各组成部分名称。

表 1-11　检验对刀的数控加工程序

程序	注释	组成部分名称
O1002;		
N01 G90 G54;		
N02 S800 M03;		
N03 G00 X0 Y0		
N04 G00 Z100.0;		
N05 G01 Z5.0 F1000;		

续表

程序	注释	组成部分名称
N06 G28;		
N07 M05;		
N08 M30;		

注意:

(1) O1002 程序的编程方法为手工编程。

(2) O1002 程序的编程方式为绝对坐标编程方式。

(3) 运行检验对刀的程序时，为了防止撞刀，应采用单段方式运行，并配合机床操作面板上的“进给倍率”旋钮调整机床运行时的进给速度倍率。

任务评价

对任务完成情况进行评价，并填写到表 1-12 中。

表 1-12　任务完成情况评价表

<table>
<tr><th rowspan="2">序号</th><th rowspan="2">评价项目</th><th colspan="3">自评</th><th colspan="3">师评</th></tr>
<tr><th>A</th><th>B</th><th>C</th><th>A</th><th>B</th><th>C</th></tr>
<tr><td>1</td><td>掌握数控铣削程序的基本结构</td><td></td><td></td><td></td><td></td><td></td><td></td></tr>
<tr><td>2</td><td>掌握常用编程指令</td><td></td><td></td><td></td><td></td><td></td><td></td></tr>
<tr><td>3</td><td>可以区分各种坐标系</td><td></td><td></td><td></td><td></td><td></td><td></td></tr>
<tr><td colspan="2">综合评定</td><td colspan="3"></td><td colspan="3"></td></tr>
</table>

学习笔记

项目二　面类零件的编程与加工

任务1　平面零件的编程与加工

任务描述

某生产厂家，需加工一批模板类零件，其材料为45钢，如图2-1所示。请选择合适的刀具，制订合理加工工艺，编制粗铣模板上平面的数控加工程序。

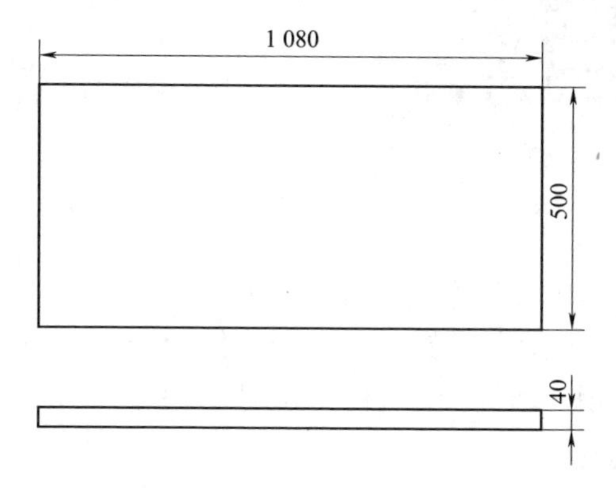

图2-1　模板类零件

学前准备

（1）FANUC 0i数控系统编程手册。

（2）确保数控铣床能正常工作。

学习目标

（1）学会FANUC 0i数控系统的快速定位指令和直线插补指令。

（2）能够制订平面零件的加工工艺。

（3）能够编制平面零件的铣削程序。

素养目标

（1）尊重劳动，热爱劳动，具有较强的安全生产和实践能力。

（2）具有质量意识、成本意识，以及精益求精的工匠精神。

预备知识

1. 认识铣刀

铣较大平面时，一般采用刀片镶嵌式面铣刀，如图 2-2 所示。

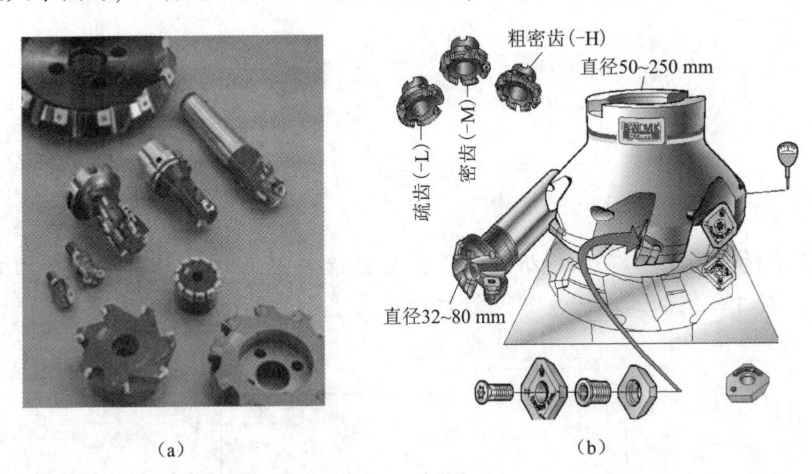

(a)　(b)

图 2-2　面铣刀

面铣刀直径主要根据工件的宽度选择，同时要考虑机床的功率、刀具的位置和刀齿与工件的接触形式等。此外，面铣刀直径还可根据机床主轴直径按 $D=1.5d$（d 为主轴直径）选取。一般来说，面铣刀直径应比切宽大 20%~50%。

2. 认识刀柄及其附件

刀柄是机床主轴和刀具之间的连接工具，已经标准化和系列化，如图 2-3 所示。刀柄的选用要和机床的主轴孔相对应。

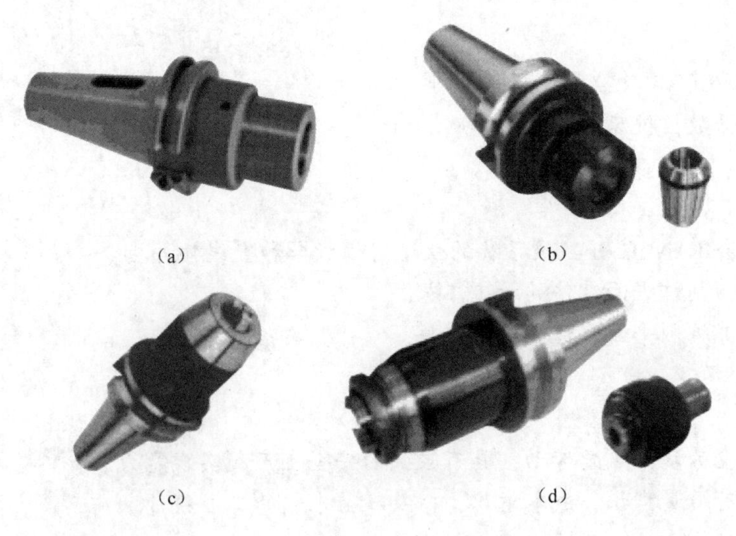

(a)　(b)　(c)　(d)

图 2-3　刀柄

(a) 锥孔刀柄；(b) 弹性筒夹刀柄；(c) 钻夹头刀柄；(d) 丝锥刀柄与夹套

3. 认识量具

游标卡尺既可以测量外轮廓和深度，又可以测量内轮廓。游标卡尺按精度分一般有 0. 01 mm 和 0. 02 mm 两种；按量程分常用的有 0～150 mm，0～200 mm，0～300 mm，0～500 mm，0～1 000 mm 和 0～1 500 mm；按读数方式分为通用游标卡尺和数显游标卡尺。游标卡尺如图 2-4 所示。

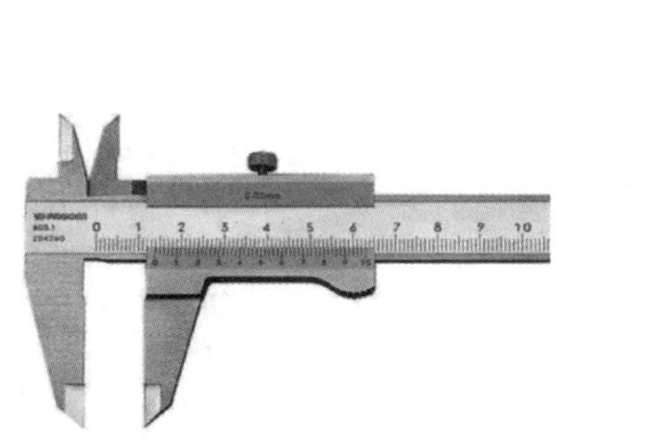

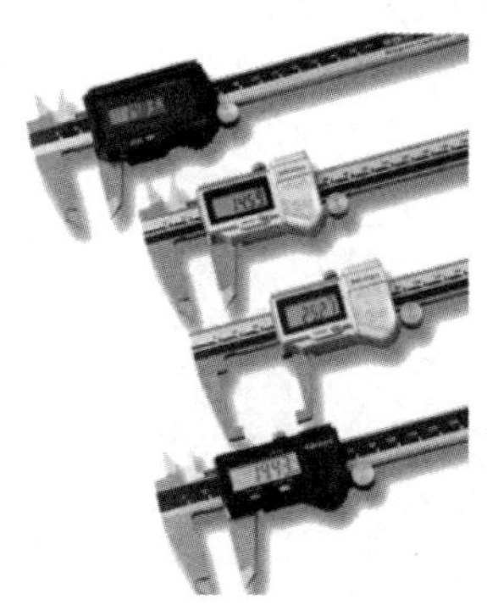

图 2-4　游标卡尺

4. 认识常用夹具——机用虎钳

1）机用虎钳的用途

机用虎钳又称平口钳，是一种通用夹具，常用于安装小型工件。它是铣床、钻床的随机附件，固定在工作台上，用来夹持工件进行切削加工。

2）机用虎钳的工作原理

用扳手转动机用虎钳的丝杠螺杆，通过丝杠螺母带动活动钳身移动，形成其对工件的夹紧与松开。

3）机用虎钳的构造

机用虎钳的装配结构是可拆卸的螺纹连接和销连接。活动钳身的直线运动由螺旋运动转变而来。机用虎钳的工作表面由螺旋副、导轨副、钳口及间隙配合的轴和孔的摩擦面等部分组成。机用虎钳的构造如图 2-5 所示。

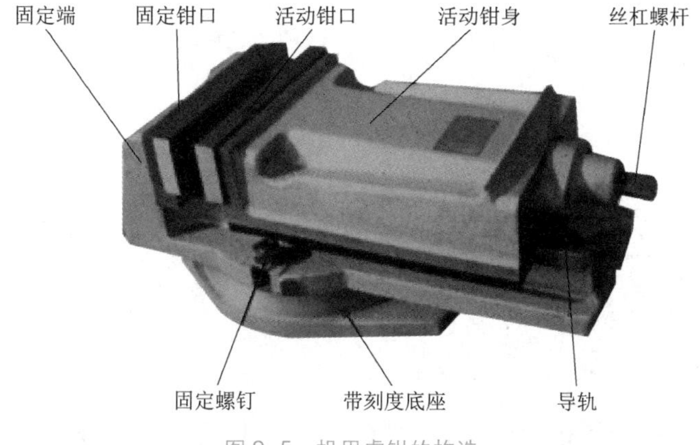

图 2-5　机用虎钳的构造

4）机用虎钳装夹工件的注意事项

（1）工件的被加工表面必须高出钳口，否则就要用平行垫块（垫铁）垫高工件，如图 2-6 所示。

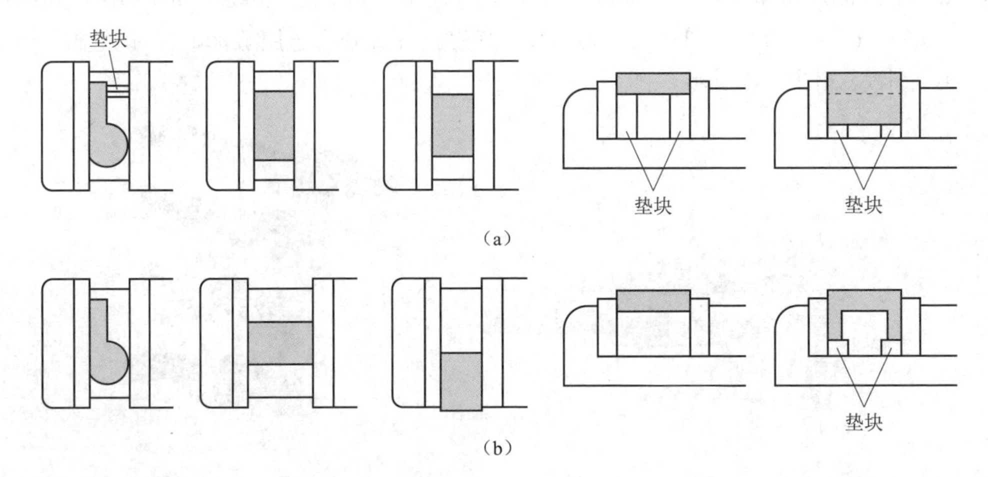

图 2-6　工件安装

（a）正确安装；（b）错误安装

（2）为了能装夹牢固，防止加工时工件松动，必须把比较平整的平面贴紧在垫铁和钳口上。要使工件贴紧在垫铁上，应该一面夹紧，一面用锤子轻击工件的上表面，光洁的平面要用铜棒进行敲击以防敲伤光洁表面。

（3）为了不使钳口损坏和保护已加工表面，夹紧工件时要在钳口处垫上铜片。用手挪动垫铁以检查夹紧程度，如有松动，则说明工件与垫铁之间贴合不好，应该松开机用虎钳重新夹紧。

（4）刚性不足的工件需要支实，以免夹紧力过大使工件变形。

5. 编程指令

1）G54~G59——工件坐标系选择指令

G54~G59 是系统预置的 6 个坐标系选择指令，可根据需要选用，如图 2-7 所示。其注意事项如下。

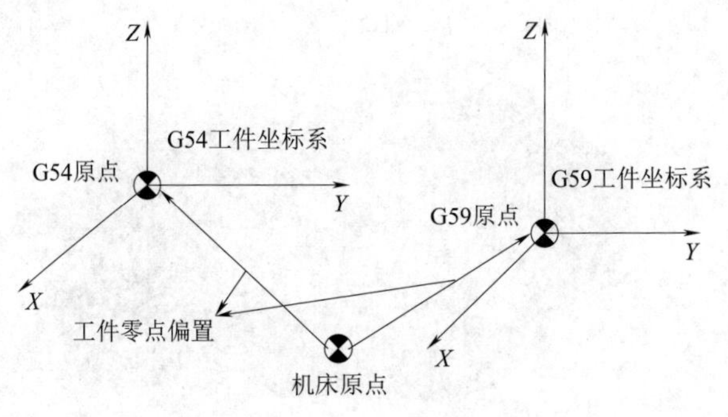

图 2-7　G54~G59 指令

（1）工件坐标系选择指令执行后，所有坐标值指定的坐标都是选定工件坐标系中的位置。1~6 号工件坐标系是通过 CRT/MDI 方式设置的。

（2）G54～G59 指令预置建立的工件坐标原点在机床坐标系中的坐标值可用 MDI 方式输入，系统自动记忆。

（3）使用该组指令前，加工中心必须先回参考点或机床原点。

（4）G54～G59 为模态指令，可相互注销。

2）G00——快速定位指令

指令格式：`G00 X_Y_Z_;`

其中，*X*，*Y*，*Z* 为快速定位终点。

注意： G00 指令一般用于加工前快速定位或加工后快速退刀。

3）G01——直线插补指令

指令格式：`G01 X_Y_Z_F_;`

其中，*X*，*Y*，*Z* 为终点。G01 指令使刀具从当前位置以联动的方式，按程序段中 F 指令规定的进给速度，按合成的直线轨迹移动到程序段所指定的终点。

注意：

（1）G01 指令和 F 指令都是模态指令，如果后续的程序段不改变加工的线型和进给速度，可以不再重复这些指令。

（2）G01 指令可由 G00，G02，G03 或 G33 指令注销。

4）G90——绝对值编程指令、G91——增量值编程指令

指令格式：`G90 G00/G01 X_ Y_ Z_;`

`G91 G00/G01 X_ Y_ Z_;`

其中，*X*，*Y*，*Z* 在 G90 指令中为终点在工件坐标系中的坐标，而在 G91 指令中则为终点相对于起点的位移量。

例 2-1 如图 2-8 所示，刀具在（50，10）位置以 100 mm/min 的进给速度沿直线运动到（10，50）的位置。

以绝对方式编程程序段：

```
G90 G01 X10.0 Y50.0 F100;
```

以增量方式编程程序段：

```
G91 G01 X-40.0 Y40.0 F100;
```

图 2-8 直线刀具轨迹

注意： 铣床编程中增量编程不能用 U，W 指令，如果用，则表示为 *U* 轴、*W* 轴。

例 2-2 如图 2-9 所示，分别用 G90，G91 指令编程，使刀具由原点按顺序向 1 点、2 点、3 点移动，并完成表 2-1 中的填写。

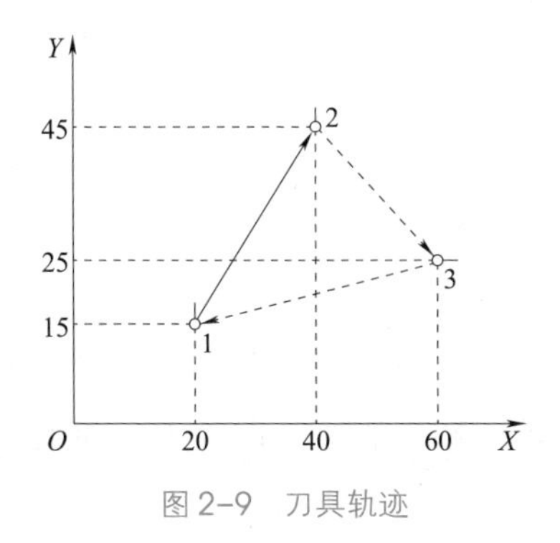

图 2-9 刀具轨迹

表 2-1 参考程序

G90 绝对编程	G91 增量编程
O2000; N1 G54; N2 G90 G01 X20.0 Y15.0; N3 X40.0 Y45.0; N4 X ______ Y ______; N5 X ______ Y ______; N6 M30;	O2000; N1 G54; N2 G91 G01 X ______ Y ______; N3 X20.0 Y30.0; N4 X ______ Y ______; N5 X ______ Y ______; N6 M30;

注意：铣床中 X 坐标不再是直径值。

任务实施

确定模板零件的加工方案，选择合适的切削用量，并编制数控加工程序。

1. 确定加工方案

1）刀具选择

该模板的平面加工选用可转位硬质合金面铣刀，刀具直径为 120 mm，并镶有 8 片八角形刀片。使用该刀具可以获得较高的切削效率和表面加工质量。

2）确定加工方案

为方便加工，确定该工件的下刀点在工件右下角，用铣刀试切上表面，碰到后向 X 轴正方向移动，移出工件区域，从该位置开始做程序加工，并把该位置设为工件坐标系原点，如图 2-10 所示。该零件的加工方法与选用刀具如表 2-2 所示。

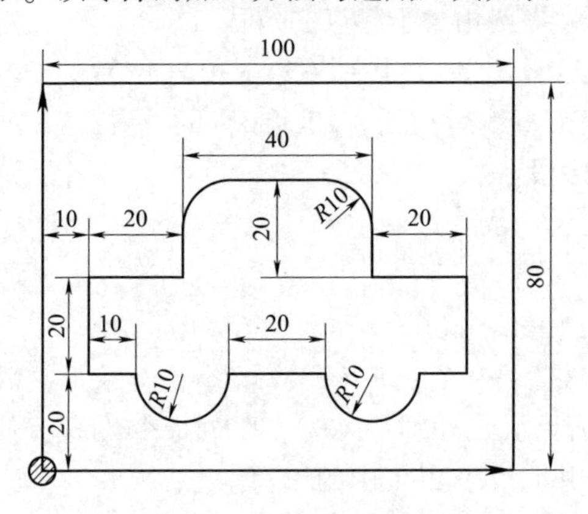

图 2-10 模板零件加工方案

表 2-2 加工方法与选用刀具

加工内容	加工方法	选用刀具
工件上表面	平面铣削	ϕ120 mm 面铣刀

2. 确定切削用量

加工材料为 45 钢，有一定的硬度，根据企业标准选择表 2-3 所示的刀具切削参数。

表 2-3　刀具切削参数

刀具编号	刀具参数	主轴转速/($r \cdot min^{-1}$)	进给速度/($mm \cdot min^{-1}$)	Y 轴方向步距/mm	切削深度/mm
T01	ϕ120 mm 面铣刀	1 600	100	90	0.5

3. 编制数控加工程序

根据说明补充平面类零件数控加工程序，如表 2-4 所示。

表 2-4　平面类零件数控加工程序

程序	注释
O2001	程序编号 2001
N010 G54 G90　G00 X80.0 Y30.0;	选用 G54 指令，刀具以绝对编程方式快速移动至（80，30）
N020 Z10 M08;	刀具移至（80，30，10）点，切削液开
N030 M03 S1600;	主轴以表 2-3 中选定的主轴转速顺时针旋转
N040 G01 Z-0.5 F1000;	为了防止撞刀，直线插补至切削起点（80，30，-0.5）
N050 ______ G01 X-1160.0 F ______;	增量编程，以表 2-3 中选定的进给速度进行切削
N060 Y90.0;	*Y* 轴方向步距为 90 mm
N070 X1080.0	*X* 轴方向正向切削至零件最右边
N080 Y90.0;	以此类推以“弓”字形路线加工平面
N090 X-1080.0;	
N ______ G00 Z200.0 ______;	抬刀至安全平面，切削液关
N ______ M05;	主轴停止
N ______ ______;	程序结束

4. 程序检验

1）组内成员互相检查

根据编制程序，逆向画出刀具轨迹，以验证程序的正确性。

2）利用数控加工仿真软件验证

将编制好的程序，导入数控加工仿真软件，观察刀具轨迹和加工结果，以验证程序的正确性。

3）求助教师或实验员进行验证

求助教师或实验员，参考正确的数控加工程序，以验证编制程序的正确性。

任务评价

对任务完成情况进行评价，并填写到表 2-5 中。

表 2-5　任务完成情况评价表

序号	评价项目		自评			师评		
			A	B	C	A	B	C
1	编程准备	刀具选择						
2		进刀点确定						
3		切削用量选择						
4		进给路线确定						
5		退刀点确定						
6	程序编制	程序开头部分设定						
7		直线插补 G01 等加工部分						
8		退刀及程序结束部分						
9	程序验证	利用数控加工仿真软件验证数控加工程序						
综合评定								

任务 2　外轮廓零件的编程与加工

任务描述

某生产厂家，需加工一批车形凸台零件，如图 2-11 所示。现需要对工件进行高 3 mm 的外轮廓铣削加工，材料为 45 钢。请选择合适的刀具，制订合理的加工工艺，编制粗、精铣车形凸台零件的数控加工程序。

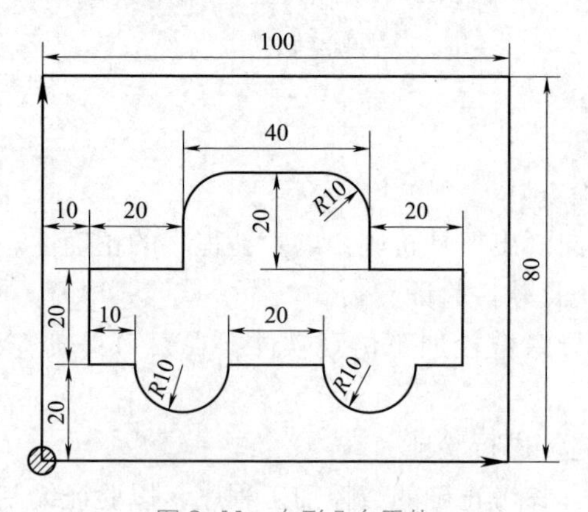

图 2-11　车形凸台零件

学前准备

（1）FANUC 0i 数控系统编程手册。

（2）确保数控铣床能正常工作。

学习目标

(1) 学会 FANUC 0i 数控系统的圆弧插补指令 (G02, G03) 和刀具半径补偿指令 (G40, G41, G42)。

(2) 能够制订外轮廓零件的加工工艺。

(3) 能够编制外轮廓零件的铣削程序。

素养目标

(1) 尊重劳动，热爱劳动，具有较强的安全生产和实践能力。

(2) 具有质量意识、成本意识，以及精益求精的工匠精神。

预备知识

1. 立铣刀

立铣刀主要在立式数控机床上用于加工凹槽、台阶面和外轮廓。立铣刀圆周上的切削刃是主切削刃，端面上的切削刃是副切削刃，故切削时一般不宜沿铣刀轴线方向进给。立铣刀以整体结构居多，如图 2-12 所示，刀具材料为高速钢或硬质合金。由于普通立铣刀端面中心处无切削刃，因此，立铣刀不能做轴向进给，所以起刀点必须在工件外部，端面刃主要用来加工与侧面相垂直的底面。大部分立铣刀为直柄 3 刃，通常借助弹性夹头将立铣刀与刀柄固定。

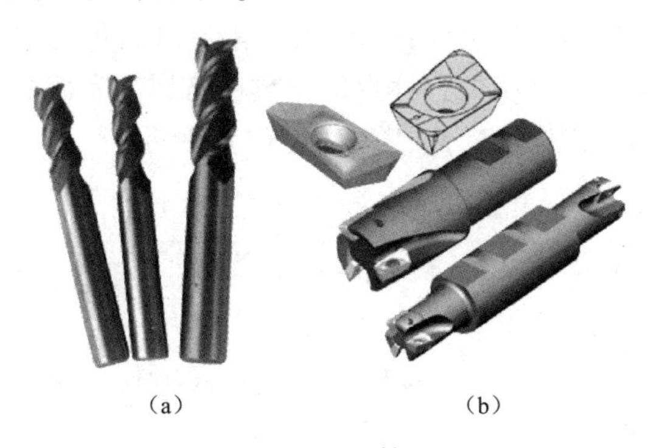

(a)　　(b)

图 2-12　立铣刀

(a) 整体式立铣刀；(b) 可转位立铣刀

2. 合理选择切削用量

铣削过程中，如果能够在一定时间内切除较多的材料，就有较高的生产效率。铣削时采用的切削用量，应在保证工件加工精度和刀具耐用度、不超过数控铣床额定功率的前提下，获得最高的生产效率和最低的成本。合理选择切削用量的原则：粗加工时，一般以提高生产效率为主，但也应考虑经济性和加工成本；半精加工和精加工时，应在保证加工质量的前提下，兼顾切削效率、经济性和加工成本。具体数值应根据数控铣床说明书、切削用量手册，并结合经验而定。从刀具耐用度的角度考虑，切削用量三要素的选择次序：根据侧吃刀量 a_e 先选择较大的背吃刀量 a_p，再选择较大的进给

量 f，最后再选择大的切削速度 v_c（最终转换为主轴转速 n），如图 2-13 所示。

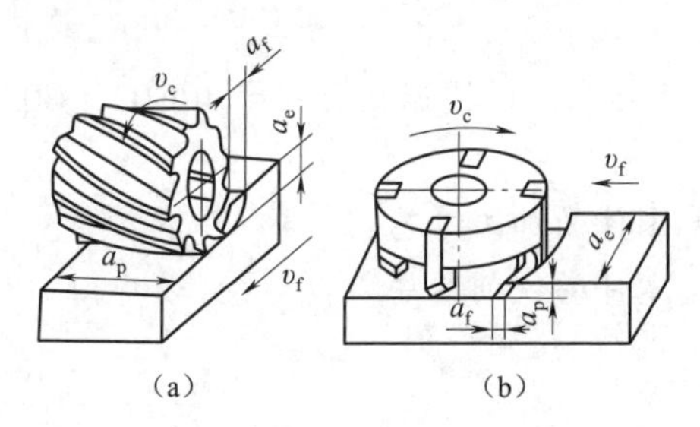

图 2-13 切削用量
（a）圆周铣；（b）端铣

对于高速铣床，为发挥其高速旋转的特性，减小主轴的重载磨损，其切削用量的选择次序应为：$v \to f \to a_p$（a_e）。

1）背吃刀量 a_p 的选择

当侧吃刀量 $a_e<d/2$（d 为铣刀直径）时，取 $a_p=(1/3\sim1/2)d$；当侧吃刀量 $d/2 \leqslant a_e<d$ 时，取 $a_p=(1/4\sim1/3)d$；当侧吃刀量 $a_e=d$（即满刀切削）时，取 $a_p=(1/5\sim1/4)d$。

当机床的刚性较好，且刀具的直径较大时，a_p 可取更大值。

2）进给量 f 的选择

粗铣时切除的材料较多，铣削力较大，进给量的提高主要受刀具强度、机床、夹具等工艺系统刚性的限制。根据刀具形状、材料以及工件材料的不同，在强度、刚度许可的条件下，进给量应尽量取大值；精铣时，限制进给量的主要因素是加工表面的表面粗糙度，为了减小工艺系统的弹性变形，减小已加工表面的表面粗糙度，一般采用较小的进给量。铣刀每齿进给量 f 推荐值如表 2-6 所示。

表 2-6 铣刀每齿进给量 f 推荐值

工件材料	工件材料硬度	硬质合金/(mm · z⁻¹)		高速钢/(mm · z⁻¹)	
		端铣刀	立铣刀	端铣刀	立铣刀
低碳钢	150~200 HB	0.2~0.35	0.07~0.12	0.15~0.3	0.03~0.18
低、高碳钢	220~300 HB	0.12~0.25	0.07~0.1	0.1~0.2	0.03~0.15
灰铸铁	180~220 HB	0.2~0.4	0.1~0.16	0.15~0.3	0.05~0.15
可锻铸铁	240~280 HB	0.1~0.3	0.06~0.09	0.1~0.2	0.02~0.08
合金钢	220~280 HB	0.1~0.3	0.05~0.08	0.12~0.2	0.03~0.08
工具钢	36 HRC	0.12~0.25	0.04~0.08	0.07~0.12	0.03~0.08
镁合金铝	95~100 HB	0.15~0.38	0.08~0.14	0.2~0.3	0.05~0.15

进给速度 F 与铣刀每齿进给量 f、铣刀齿数 z 及主轴转速 n（单位为 r/min）的关系为

$$F=fz\text{（单位为 mm/r）或 }F=nfz\text{（单位为 mm/min）}$$

3）铣削速度 v 的选择

在背吃刀量和进给量选择完成后，应在保证合理的刀具耐用度、机床功率等因素

的前提下确定铣削速度，具体如表 2-7 所示。主轴转速 n(单位为 r/min) 与铣削速度 v(单位为 m/min) 及铣刀直径 d(单位为 mm) 的关系为 $n=1\ 000v/(\pi d)$。

表 2-7　铣刀的铣削速度 v　　m/min

工件材料	铣刀材料					
	碳素钢	高速钢	超高速钢	合金钢	碳化钛	碳化钨
铝合金	75~150	180~300	—	240~460	—	300~600
镁合金	—	180~270	—	—	—	150~600
钼合金	—	45~100	—	—	—	120~190
黄铜（软）	12~25	20~25	—	45~75	—	100~180
黄铜	10~20	20~40	—	30~50	—	60~130
灰铸铁（硬）	—	10~15	10~20	18~28	—	45~60
冷硬铸铁	—	—	10~15	12~18	—	30~60
可锻铸铁	10~15	20~30	25~40	35~45	—	75~110
钢（低碳）	10~14	18~28	20~30	—	45~70	—
钢（中碳）	10~15	15~25	18~28	—	40~60	—
钢（高碳）	—	10~15	12~20	—	30~45	—
合金钢	—	—	—	—	35~80	—

3. 塞尺

塞尺又称测微片或厚薄规，如图 2-14 所示，是用于检验间隙的测量器具之一。使用前必须先清除塞尺和工件上的污垢与灰尘。使用时可用一片或数片重叠插入间隙，以稍感拖滞为宜。测量时动作要轻，不允许硬插，也不允许测量温度较高的零件。

图 2-14　塞尺

4. 外轮廓加工刀具轨迹

在确定外轮廓刀具轨迹时，主要遵循下列原则。

(1) 保证被加工工件的精度和表面粗糙度要求。

在加工外轮廓时，一般采用立铣刀侧刃切削。刀具切入工件时，应沿工件外轮廓的切线方向切入，以保证加工后工件外轮廓完整平滑。同理，刀具应沿工件外轮廓的切线方向离开工件，通常采用 1/4 圆弧导入和导出，如图 2-15 所示。如刀具不沿工件外轮廓切向切入或切出，就会在切入处或切出处产生刻痕，影响外轮廓的表面质量。

学习笔记

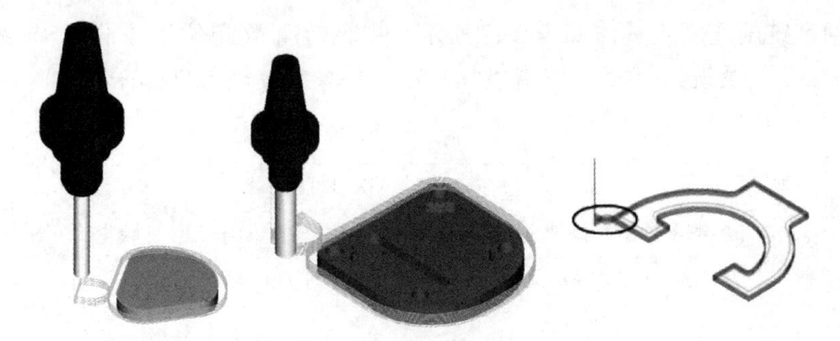

图 2-15　沿切线导入和导出

（2）缩短刀具轨迹，减少刀具空行程时间。

在加工工件时，为减少刀具空行程时间，通常将刀具快速移动至离工件表面 2～5 mm 处（常称 *R* 平面，或 *R* 点），然后刀具以相应进给速度对工件进行加工。

（3）简化编程计算，减少程序段和编程工作量。

在铣削加工外轮廓工件时，常使用一个数控加工程序，给出不同的刀具半径补偿值来实现轮廓的粗、精加工，这样可明显减少编程工作量。

5. 编程指令

1）圆弧插补指令（G02，G03）

G02 为顺时针圆弧插补指令，G03 为逆时针圆弧插补指令。刀具在进行圆弧插补时，必须先规定所在平面（G17～G19 指令），再确定加工方向。沿圆弧所在平面（如 *XY* 平面）的另一坐标轴的负方向（$-Z$）看去，顺时针方向为 G02 指令，逆时针方向为 G03 指令。

指令格式：

$$\begin{Bmatrix}\mathtt{G17}\\\mathtt{G18}\\\mathtt{G19}\end{Bmatrix}\begin{Bmatrix}\mathtt{G02}\\ \\\mathtt{G03}\end{Bmatrix}\begin{Bmatrix}\mathtt{X\_Y\_I\_J\_}\\\mathtt{X\_Z\_I\_K\_}\\\mathtt{Y\_Z\_J\_K\_}\end{Bmatrix}\ \mathtt{F\_}\quad \text{或}\begin{Bmatrix}\mathtt{G17}\\\mathtt{G18}\\\mathtt{G19}\end{Bmatrix}\begin{Bmatrix}\mathtt{G02}\\ \\\mathtt{G03}\end{Bmatrix}\begin{Bmatrix}\mathtt{X\_Y\_}\\\mathtt{X\_Z\_}\\\mathtt{Y\_Z\_}\end{Bmatrix}\ \mathtt{R\_F}$$

说明如下。

（1）*X*，*Y*，*Z* 表示圆弧终点坐标，可以用绝对方式编程，也可以用增量方式编程。

（2）*R* 表示圆弧半径。

（3）*I*，*J*，*K* 分别为圆心相对于圆弧起点的 *X* 轴、*Y* 轴、*Z* 轴方向增量，如图 2-16 所示。以圆弧起始点到圆心坐标的增量（*I*，*J*，*K*）来表示，就能得到唯一的圆弧，适合任何圆弧角使用。

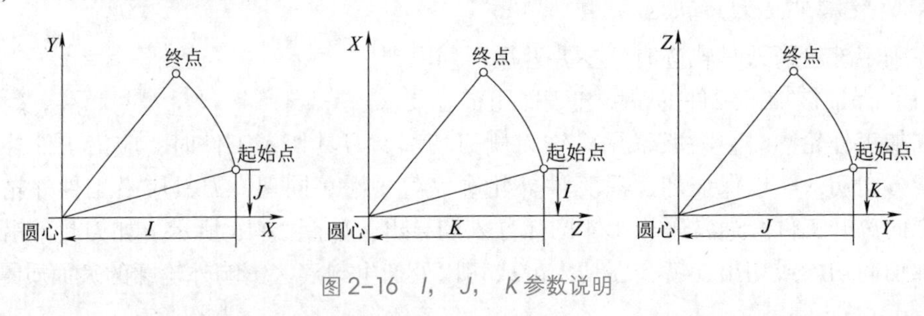

图 2-16　*I*，*J*，*K* 参数说明

（4）圆弧加工有两种方式：R 半径参数编程和 IJK 圆心参数编程。使用半径参数编程，圆弧角小于或等于 180°时，*R* 为正值；反之，*R* 为负值。

（5）切削整圆时，只能采用 IJK 圆心参数编程，而不能用 R 半径参数编程。

例 2-3　编制图 2-17 所示 *AB* 圆弧的数控加工程序，如表 2-8 所示。

表 2-8　*AB* 圆弧数控加工程序

大圆弧 *AB*	小圆弧 *AB*	编程方式
G17 G90 G03 X0 Y25.0 R-25.0 F80;	G17 G90 G03 X0 Y25.0 R25.0 F80;	R 半径参数绝对方式编程
G17 G90 G03 X0 Y25.0 I0 J25.0 F80;	G17 G90 G03 X0 Y25.0 I-25.0 J0 F80;	IJK 圆心参数绝对方式编程
G91 G03 X-25.0 Y25.0 R-25.0 F80;	G91 G03 X-25.0 Y25.0 R25.0 F80;	R 半径参数增量方式编程
G91 G03 X-25.0 Y25.0 I0 J25.0 F80;	G91 G03 X-25.0 Y25.0 I-25.0 J0 F80;	IJK 圆心参数增量方式编程

例 2-4　对图 2-18 所示整圆进行编程，要求由 *A* 点开始，实现逆时针圆弧插补并返回 *A* 点。加工整圆参考程序如表 2-9 所示。

表 2-9　加工整圆参考程序

程序段	编程方式
G90 G03 X30.0 Y0 I-30.0 J0 F80; G91 G03 X0 Y0 I-30.0 J0 F80;	IJK 圆心参数绝对方式编程 IJK 圆心参数增量方式编程

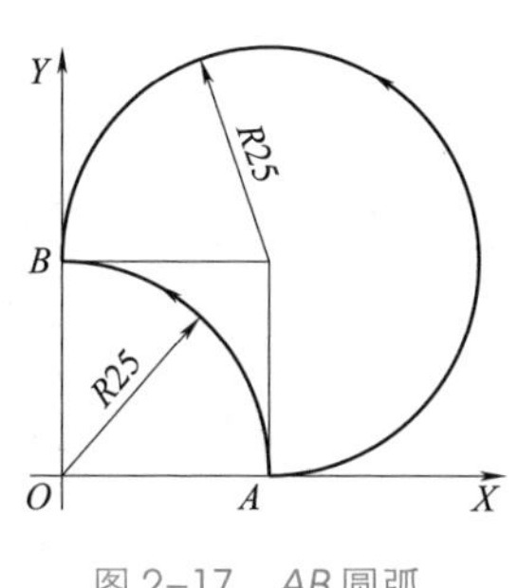

图 2-17　*AB* 圆弧

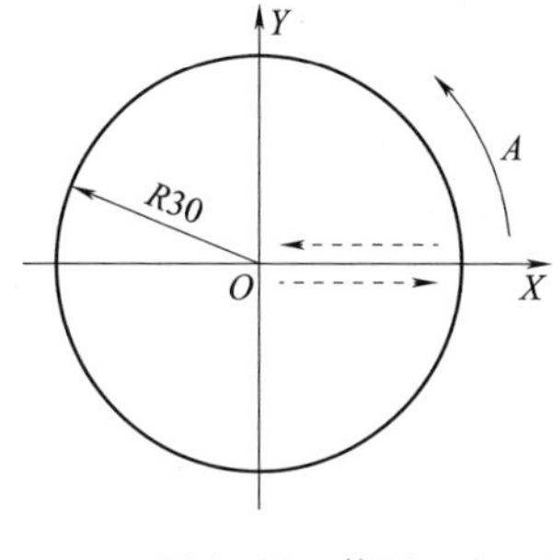

图 2-18　整圆

2）空间螺旋线进给指令（G02，G03）

指令格式：

$$\left\{\begin{matrix}G17\\G18\\G19\end{matrix}\right. \quad \left\{\begin{matrix}G02\\ \\G03\end{matrix}\right. \quad \left\{\begin{matrix}X\_Y\_\\X\_Z\_\\Y\_Z\_\end{matrix}\right. \quad \left\{\begin{matrix}Z\_\\RY\_\\X\_\end{matrix}\right\} \quad F\_;$$

即在原 G02，G03 指令格式程序段后再增加一个与加工平面垂直的第三轴移动指令，这样在进行圆弧进给的同时还进行第三轴方向的进给，其合成轨迹就是一空间螺旋线。*X*，*Y*，*Z* 为投影圆弧终点，第三坐标是与选定平面垂直的轴终点。

例 2-5　编制图 2-19 所示轨迹数控加工程序。参考程序如表 2-10 所示。

学习笔记

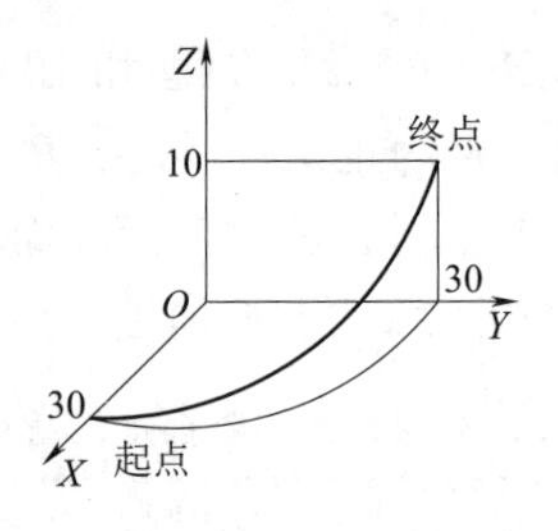

图 2-19　空间螺旋线

表 2-10　参考程序

程序段	编程方式
G91 G17 G03 X-30.0 Y30.0 R30.0 Z10.0 F100;	增量方式编程
G90 G17 G03 X0 Y30.0 R30.0 Z10.0 F100;	绝对方式编程

3）刀具半径补偿指令（G40，G41，G42）

（1）刀具半径补偿的作用。

在数控铣床上进行轮廓铣削时，由于刀具半径的存在，刀具中心轨迹与工件轮廓并不重合，如图 2-20 所示。人工计算刀具中心轨迹编程，其过程相当复杂，且刀具直径变化时必须重新计算并修改程序。当数控系统具备刀具半径补偿功能时，只需按工件轮廓进行数控编程，数控系统自动计算刀具中心轨迹，使刀具偏离工件轮廓一个半径值，即进行刀具半径补偿。

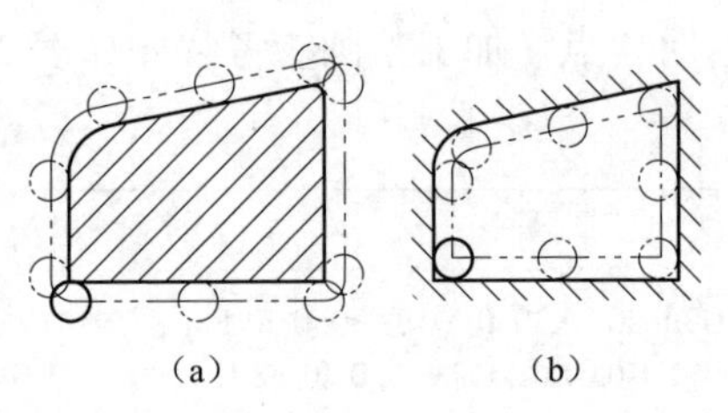

图 2-20　加工刀具中心轨迹

（a）外轮廓；（b）内轮廓

用立铣刀加工工件轮廓时，在数控加工程序中应使用 G41，G42 指令，只需按加工工件的轮廓编程，再在 D 寄存器中输入刀具半径值，就可加工出正确的轮廓，使编程计算量大幅减少。

（2）刀具半径补偿的过程。

刀具半径补偿的过程分为三步：刀补建立、刀补执行和刀补取消，如图 2-21 所示。

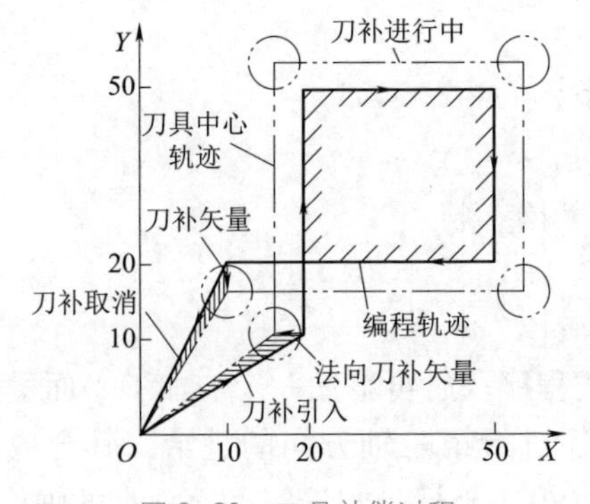

图 2-21　刀具补偿过程

①刀补建立：在刀具从起点接近工件时，刀具中心轨迹从与编程轨迹重合过渡到与编程轨迹偏离一个偏置量的过程。

②刀补执行：刀具中心始终与编程轨迹相距一个偏置量直到刀补取消。

③刀补取消：刀具离开工件，刀具中心轨迹过渡到与编程轨迹重合的过程。

（3）刀具半径补偿指令。

指令格式：

$$\begin{cases}G17\\G18\\G19\end{cases}\begin{cases}G41\\G42\\G40\end{cases}\begin{cases}G00\\ \\G01\end{cases}\begin{cases}X\_Y\_;\\X\_Z\_D01;\\Y\_Z\_;\end{cases}$$

说明如下。

①X，Y，Z 是建立补偿直线段的终点坐标。

②D 为刀具半径补偿寄存器地址，一般用 D00～D99 来指定，调用内存中相应的刀具半径补偿值。

③刀具半径补偿判别方法如图 2-22 所示。规定沿着刀具运动方向看，若刀具位于工件轮廓（编程轨迹）左边，则为左刀补（G41 指令）；反之，则为右刀补（G42 指令）。

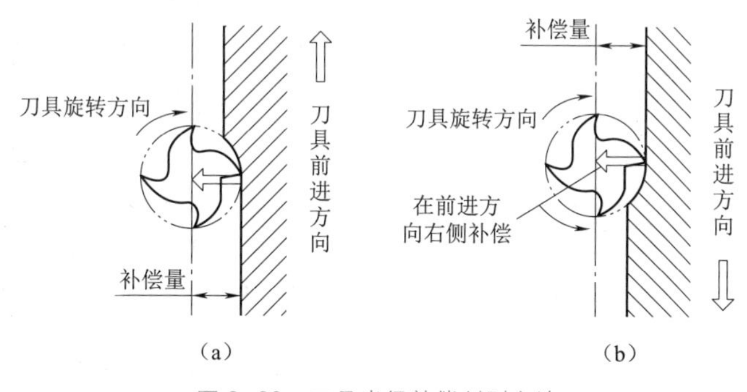

图 2-22　刀具半径补偿判别方法

（a）左刀补；（b）右刀补

④使用刀具半径补偿功能时必须选择一个工作平面（G17，G18，G19 指令）。如选用工作平面 G17 指令，当执行 G17 指令后，刀具半径补偿仅影响 X 轴、Y 轴方向的移动，而对 Z 轴方向没有作用。

⑤建立和取消刀具半径补偿时，必须与 G01 或 G00 指令组合完成。如果与 G02 或 G03 指令组合使用，则机床会报警。

（4）刀具半径补偿功能的应用。

①直接按零件轮廓尺寸进行编程，避免计算刀具中心轨迹坐标，简化数控加工程序的编制。

②刀具因磨损、重磨、换新刀而引起直径变化后，不必修改程序，只需在刀具半径补偿参数设置中输入变化后的刀具半径即可。

③利用刀具半径补偿实现同一程序、同一刀具进行粗、精加工及尺寸精度控制，如图 2-23 所示。

（5）使用刀具半径补偿功能常见的过切现象。

①加工半径小于刀具半径补偿的内圆弧：当程序给定的内圆弧半径小于刀具半径补偿时，向圆弧圆心方向的刀具半径补偿将会导致过切，只有在“过渡内圆角 $R \geqslant$ 刀具半径+加工余量（或修正量）”的情况下才可正常切削。

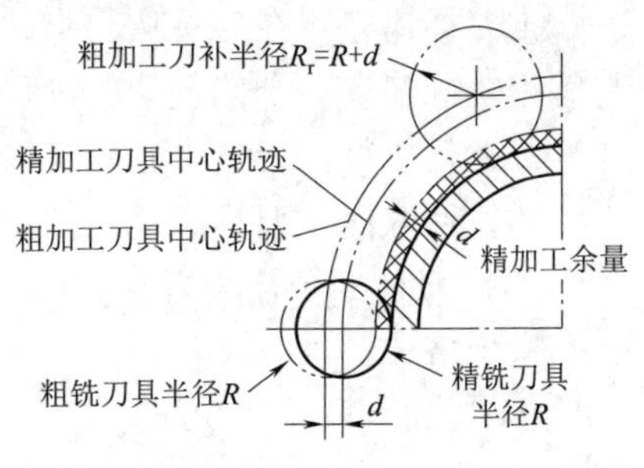

图 2-23　粗、精加工时的刀补应用

②被铣削槽底宽小于刀具直径：如果刀具半径补偿使刀具中心向编程轨迹反方向运动，则会导致过切，如图 2-24 所示。

③无移动类指令：在补偿模式下使用无坐标轴移动类指令，有可能导致两个或两个以上语句没有坐标移动，出现过切现象。

例 2-6　如图 2-25 所示，起始点在（0，0），高度为 50 mm 处，使用刀具半径补偿时，由于接近工件及切削工件时有 Z 轴方向移动，因此，这时容易出现过切现象，切削时应避免过切现象。

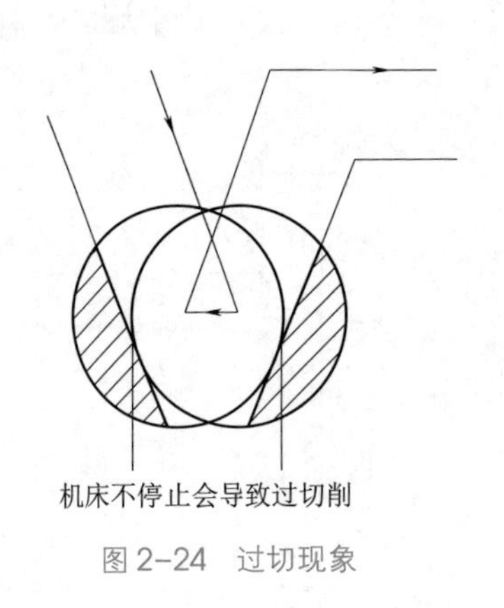

图 2-24　过切现象

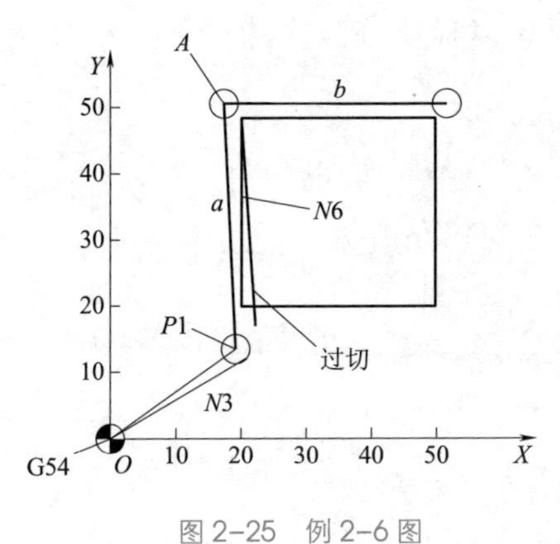

图 2-25　例 2-6 图

参考程序如表 2-11 所示。

表 2-11　参考程序

程序	注释
O2004;	
N05 G54 G90 G00 X0 Y0;	选择 G54 工件坐标系，刀具移至（0，0）点
N10 G00 Z50.0;	起始高度 Z=50.0 mm
N15 G00 X30.0 Y30.0;	
N20 G41 X20.0 Y10.0 D01;	建立刀具半径补偿，补偿寄存器为 D01
N25 Z10.0;	连续两行代码使刀具在 Z 轴方向移动（只能有一行与刀具半径补偿无关的代码），会出现过切现象
N30 G01 Z-10.0 F50.0;	
N35 G00 X35.0 Y20.0;	

当刀具半径补偿从 N20 代码开始建立时，系统只能预读两行代码，而 N25，N30 代码都使刀具在 Z 轴方向移动，没有 X 轴、Y 轴方向的移动，因此，系统无法判断下一步刀具半径补偿的矢量方向，这时系统不会报警，刀具半径补偿照常进行，但补偿值达不到要求。刀具中心将会运动到 $P1$ 点，其位置是 N25 代码的目的点，$P1$ 点与 A 点

学习笔记

的连线与 X 轴不垂直，于是发生过切现象。采取措施，将 N35 代码的内容前移至 N25 段，使刀具在建立刀具补偿半径后，在 XY 平面内移动一距离（大于刀具半径值），然后再沿 Z 轴方向移动，即可避免过切现象。

任务实施

确定车形凸台零件的加工方案，选择合适的切削用量，并编制数控加工程序。采用不同的刀具半径补偿值粗铣和精铣厚度为 3 mm 的外轮廓。粗、精铣时可以使用直径相同或不同的铣刀，如果铣刀的磨损量较小，则可以使用同一把刀进行粗、精铣；否则精铣时需要换新刀，或者考虑刀具磨损量，并修正刀具半径补偿值。

1. 确定加工方案

（1）采用机用虎钳进行装夹，并使上表面高出钳口 5 mm 左右，毛坯总高度为 50 mm。

（2）加工工艺路线设计。

工作坐标系原点如图 2-26 所示，选在上表面左下角点处。为了提高加工表面质量，保证零件曲面的平滑过渡，刀具沿零件轮廓延长线顺时针切入与切出。刀具到达切削起点 P 点之前建立刀具半径左补偿，然后沿 $P \to 1 \to 2 \to 3 \to \cdots \to 14 \to Q$，$Q$ 点为沿轮廓延长线切出点，离开 Q 点后再取消刀具半径补偿。

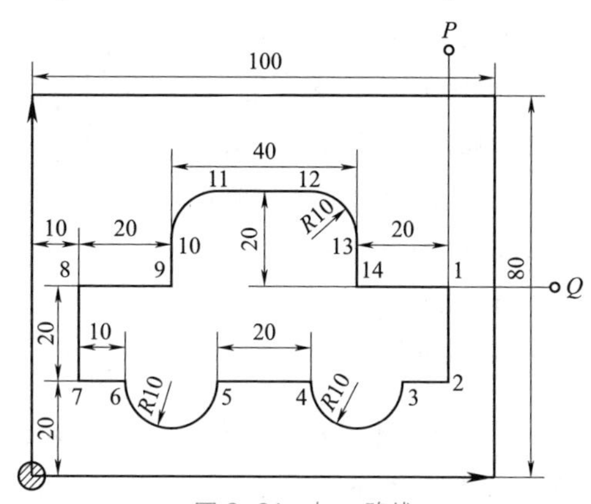

图 2-26　加工路线

注意： 加工外轮廓时，由于铣刀半径大于零，序号 3，4，5，6，9，14 六点处无法清根，会存在与精铣刀半径相等的圆弧。

（3）刀具参数和切削用量。

根据加工零件的特点，选择相应的刀具，如表 2-12 所示。

表 2-12　加工方法与选用刀具

加工内容	加工方法	选用刀具
外轮廓	粗铣	ϕ8 mm 立铣刀
	精铣	ϕ6 mm 立铣刀（新刀）

确定加工方案和刀具后，要选择合适的刀具切削参数，如表 2-13 所示。

表 2-13　刀具切削参数

刀具编号	刀具参数	主轴转速/（r·min^{-1}）	进给速度/（mm·min^{-1}）	背吃刀量/mm	侧吃刀量/mm
T01	ϕ8 mm 立铣刀	1 000	300	2.5	≤刀具直径的 80%
T02	ϕ6 mm 立铣刀（新刀）	2 600	200	0.5	0.5

2. 编制数控加工程序

根据说明补充数控加工程序，如表 2-14 所示。

表 2-14　数控加工程序

程序	注释
O2001	程序编号 2001
N010 G54 G90 G17 ；	程序初始化
N020 G41 G00 X90.0 Y100.0;	刀具移至（90，100）点同时建立左刀补，刀具半径补偿值为 4.5 mm
N030 Y90 M03 **S1000**;	刀具移至（90，90）点，主轴顺时针旋转，转速为 1 000 r/min
N040 G01 **Z-2.5** F1000 M08;	快速进给至切削起点（90，90，-2.5），切削液开
N050 Y20.0 **F300**;	切削至 2 点
N060 G91 X-10;	增量方式编程，切削至 3 点
N070 G03 X-20.0 Y0 R10.0	顺时针切削圆弧至 4 点
N080 G01 X-20.0;	以此类推顺时针路线加工车形凸台零件
N ______ G00 Z200.0 ______;	抬刀至安全平面，切削液关
N ______ G40 X0 Y0;	取消刀具半径补偿
N ______ M05;	主轴停止
N ______ ______;	程序结束

温馨提示： 粗、精加工外廓时，铣削程序内容一致，不同之处有以下 4 点。

（1）N020 段，刀补表中刀具半径补偿值为 3 mm。

（2）N030 段，精加工时主轴转速为 2 600 r/min。

（3）N040 段，精加工时刀具到达的 Z 轴坐标为-3.0。

（4）N050 段，精加工时刀具进给速度为 200 mm/min。

3. 程序检验

1）组内成员互相检查

根据编制程序，逆向画出刀具轨迹，以验证程序的正确性。

2）利用数控加工仿真软件验证

将编制好的程序，导入数控加工仿真软件，观察刀具轨迹和加工结果，以验证程序的正确性。

3）求助教师或实验员进行验证

求助教师或实验员，参考正确的数控加工程序，以验证编制程序的正确性。

任务评价

对任务完成情况进行评价，并填写到表 2-15 中。

表 2-15　任务完成情况评价表

序号	评价项目		自评			师评		
			A	B	C	A	B	C
1	编程准备	刀具选择						
2		进刀点确定						
3		切削用量选择						
4		进给路线确定						
5		退刀点确定						
6	程序编制	程序开头部分设定						
7		加工部分						
8		退刀及程序结束部分						
9	程序验证	利用数控加工仿真软件验证数控加工程序						
综合评定								

任务 3　内轮廓零件的编程与加工

任务描述

图 2-27 所示为车形内轮廓零件俯视图，车形内轮廓深 5 mm，已完成粗加工，侧壁尚留余量 0.5 mm，现在需要精铣内轮廓。

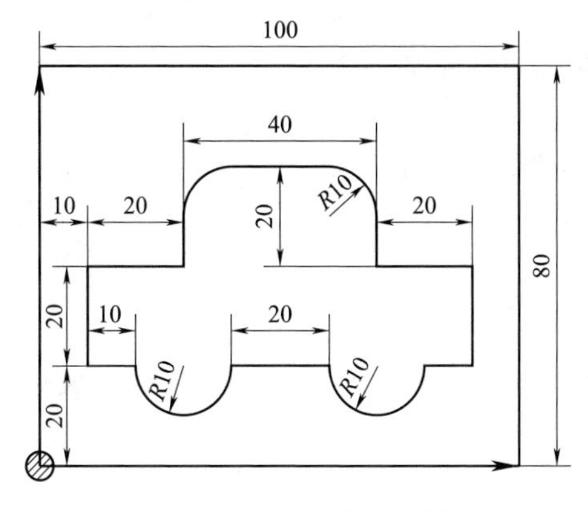

图 2-27　车形内轮廓零件俯视图

学前准备

（1）FANUC 0i 数控系统编程手册。

学习笔记

（2）确保数控铣床能正常工作。

学习目标

（1）熟练运用 FANUC 0i 数控系统的圆弧插补指令（G02，G03），学会刀具长度补偿指令（G43，G44，G49）。

（2）能够制订内轮廓零件的加工工艺。

（3）能够编制内轮廓零件的铣削程序。

素养目标

（1）尊重劳动，热爱劳动，具有较强的安全生产和实践能力。

（2）具有质量意识、成本意识，以及精益求精的工匠精神。

预备知识

1. 内轮廓加工刀具

在数控铣床上使用键槽铣刀加工内轮廓，键槽铣刀一般采用整体结构，如图 2-28 所示，刀具材料为高速钢或硬质合金。与普通立铣刀不同的是，键槽铣刀端面中心处有切削刃，所以键槽铣刀能做轴向进给，起刀点可以在工件内部，不用预钻工艺孔。键槽铣刀有 2 刃、3 刃、4 刃等规格，粗加工内轮廓选用 2 刃或 3 刃键槽铣刀，精加工内轮廓选用 4 刃键槽铣刀。与立铣刀相同，键槽铣刀也是通过弹性夹头与刀柄固定。

图 2-28 键槽铣刀

2. 内轮廓测量量具

1）游标卡尺

游标卡尺既可以测量外轮廓零件，又可以测量内轮廓零件。游标卡尺使用其上端的固定卡脚和活动卡脚来测量内轮廓零件。

2）内测千分尺

内测千分尺是一种精密量具，测量精度为 0.01 mm。常用规格有 5~30 mm、25~50 mm 等，如图 2-29 所示。

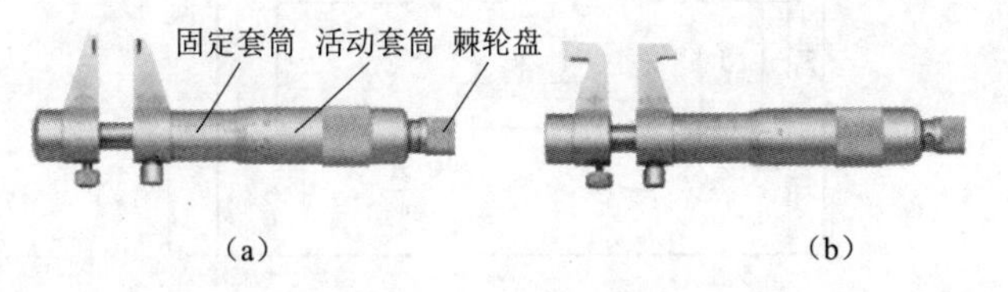

图 2-29 内测千分尺

（a）5~30 mm 内测千分尺；（b）25~50 mm 内测千分尺

3. 数控铣削加工路线的拟定

铣削封闭的内轮廓表面时，若内轮廓外延，则应沿切线方向切入、切出。若内轮廓曲线不允许外延，则刀具只能沿内轮廓曲线的法向切入、切出，此时刀具的切入、切出点应尽量选在内轮廓曲线两几何元素的交点处，如图 2-30 所示。当内部几何元素无相切交点时，为防止刀具建立或取消刀具半径补偿时在轮廓拐角处留下凹口，刀具的切入、切出点应远离拐角，如图 2-31 所示。

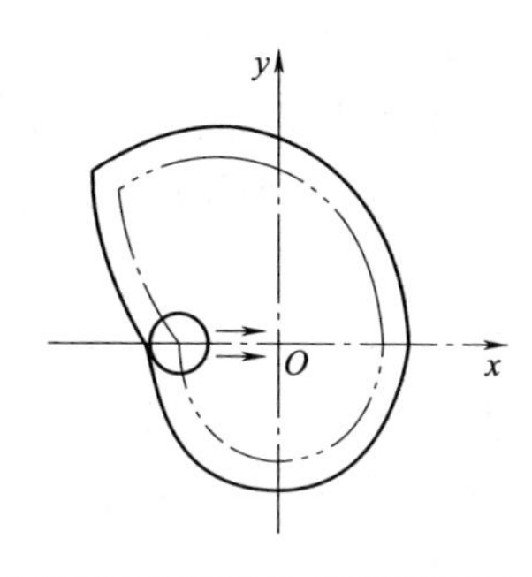

图 2-30　内轮廓曲线不允许外延时刀具的切入、切出

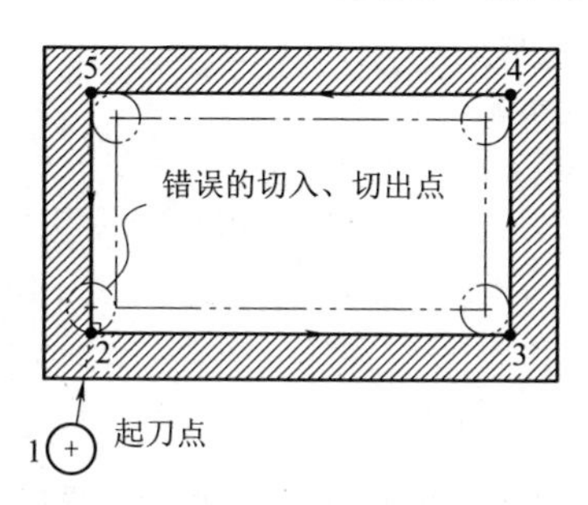

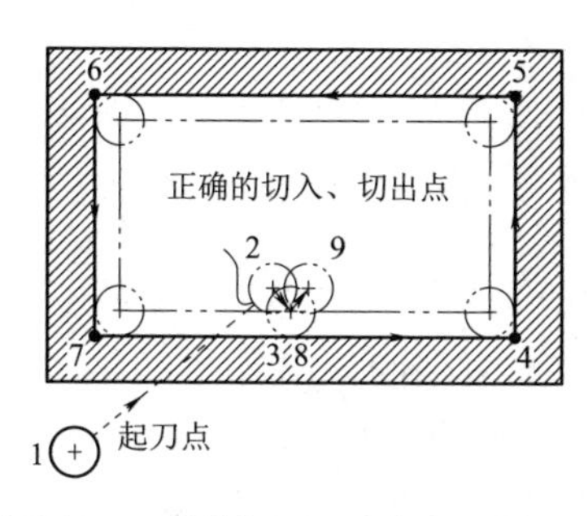

图 2-31　无相切交点时内轮廓加工刀具的切入、切出

铣削内圆弧时，也要遵循切向切入的原则来安排切入、切出过渡圆弧，如图 2-32 所示。若刀具从工件坐标系原点出发，则其加工路线为 1→2→3→4→5，这样可以提高内圆弧表面的加工精度和质量。

图 2-32　圆弧切入、切出

4. 数控铣削加工方式的选择

数控铣削加工方式有顺铣和逆铣两种，如图 2-33 所示。顺铣时铣削厚度由最大减少到零，如图 2-33（a）所示。逆铣时铣削厚度由零开始增大，如图 2-33（b）所示。当采用顺铣方式时，零件的表面粗糙度较低，加工精度较高，并且可以减少机床的“振颤”，所以数控铣削加工零件轮廓时应尽量采用顺铣。

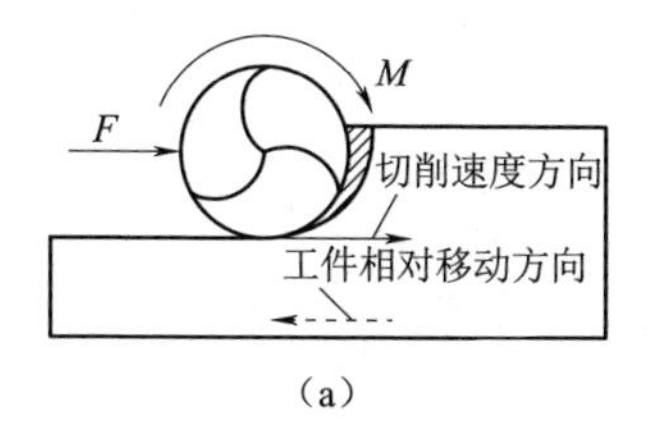

（a）

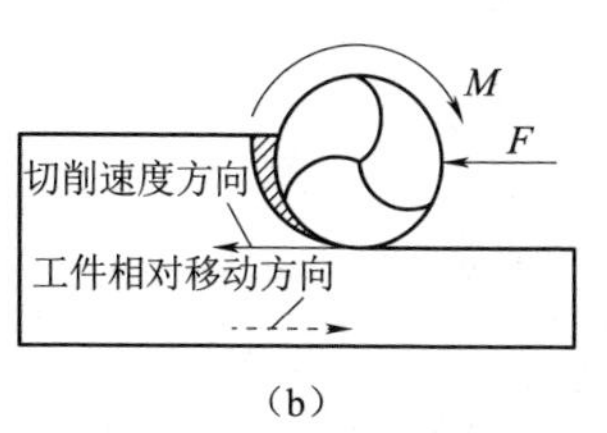

（b）

图 2-33　顺铣和逆铣

（a）顺铣；（b）逆铣

当零件表面有硬皮、机床的进给机构有间隙时，应选用逆铣；当加工余量大、硬度高的零件粗铣时，也应尽量选用逆铣。当零件表面无硬皮、机床的进给机构无间隙时，应选用顺铣；当耐热材料、加工余量小和精铣加工时，也应尽量选择顺铣。由于数控机床采用滚珠丝杠，其运动间隙极小，而且顺铣的优点多于逆铣，因此，数控铣削加工中应尽量采用顺铣。

面铣刀具直径 *D* 主要根据工件宽度和机床主轴功率选取。切削时，每次切削宽度约为刀具直径的 70%~80%。为保证较好的表面加工质量，应选择最佳的加工位置，如图 2-34 所示。

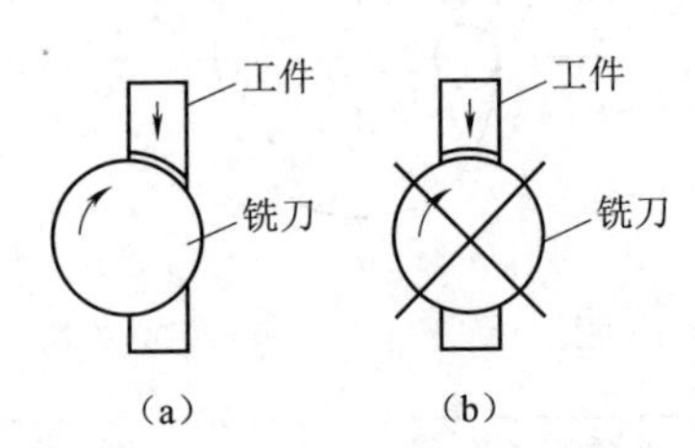

图 2-34　加工位置选择

（a）好；（b）不好

5. 刀具长度补偿

1）刀具长度补偿的作用

（1）用于刀具轴向的补偿。

（2）使刀具在轴向的实际位移量比程序给定值增加或减少一个偏置量。

（3）刀具长度尺寸变化时，可以在不改动程序的情况下，通过改变偏置量达到加工尺寸。

（4）通过改变刀具长度补偿值的大小，并多次运行程序可实现在加工深度方向上的分层铣削。

2）刀具长度补偿的方法

（1）将不同长度的刀具通过对刀操作获取差值。

（2）通过 MDI 方式将刀具长度参数输入刀具参数表。

（3）执行程序中的刀具长度补偿指令。

3）刀具长度补偿指令

（1）刀具长度补偿（仅 *Z* 轴方向补偿）指令格式：

$$\left\{\begin{matrix} \mathtt{G43} \\ \\ \mathtt{G44} \end{matrix}\right. \left\{\begin{matrix} \mathtt{G00} \\ \\ \mathtt{G01} \end{matrix}\right\} \quad \mathtt{Z\_H\_;}$$

$$\mathtt{G49} \quad \left\{\begin{matrix} \mathtt{G00} \\ \\ \mathtt{G01} \end{matrix}\right\} \quad \mathtt{Z\_;}$$

（2）说明如下。

G43 指令用于刀具长度正补偿，G44 指令用于刀具长度负补偿，G49 指令用于取消刀具长度补偿。G43，G44 和 G49 指令均为模态指令。其中，Z 为指令终点位置，H 为

学习笔记

刀具长度补偿号地址，用 H00~H99 来指定，用于调用内存中刀具长度补偿的数值。

如果当前使用刀具比对刀时使用刀具（标准刀具）长，则需要把当前刀具沿 Z 轴向上移动两者差值，即执行 G43 指令（正补偿），远离工件（常称抬刀），如图 2-35（a）所示，即

$$Z\ 实际值=Z\ 指令值+H××值$$

如果当前使用刀具比对刀时使用刀具（标准刀具）短，则需要把当前刀具沿 Z 轴向下移动两者差值，即执行 G44 指令（负补偿），趋近工件（常称压刀），如图 2-35（b）所示，即

$$Z\ 实际值=Z\ 指令值-H××值$$

其中，H××是指××寄存器中的补偿量，一般为正值。当刀具长度补偿取负值时，G43 指令和 G44 指令的功效将互换。

例 2-7 设 H02＝200 mm 时，刀具实际到达位置如图 2-36 所示，则刀具长度补偿参考程序如表 2-16 所示。

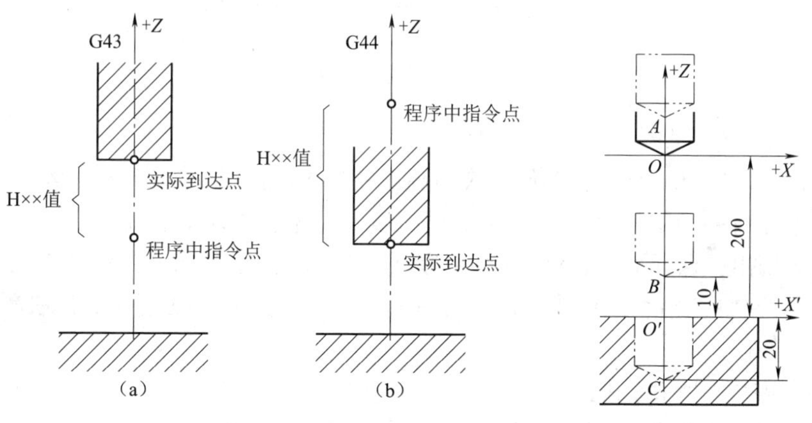

图 2-35　刀具长度补偿
（a）正补偿；（b）负补偿

图 2-36　刀具实际到达位置

表 2-16　刀具长度补偿参考程序

程序	注释
N1 G92 X0 Y0 Z0;	设定当前点 O 为工件坐标系原点
N2 G90 G00 G44 Z10.0 H02;	指定 A 点，实到 B 点
N3 G01 Z-20.0 F300;	到 C 点
N4 Z10.0;	返回 B 点
N5 G00 G49 Z0;	返回 O 点

任务实施

确定车形内轮廓零件的加工方案，选择合适的切削用量，并编制数控精加工程序。粗、精铣时可以使用直径相同或不相同的铣刀，如果铣刀的磨损量较小，可以使用同一把刀进行粗、精铣；否则精铣时需要换新刀，或者考虑刀具磨损量，并修正刀具半径补偿值。

1. 确定加工方案

1）工件坐标系原点设定

如图 2-37 所示，坐标原点为 O 点（上表面的左下角）。从车形内轮廓 P 点处（1 与 2 的延长线上）垂直下刀。

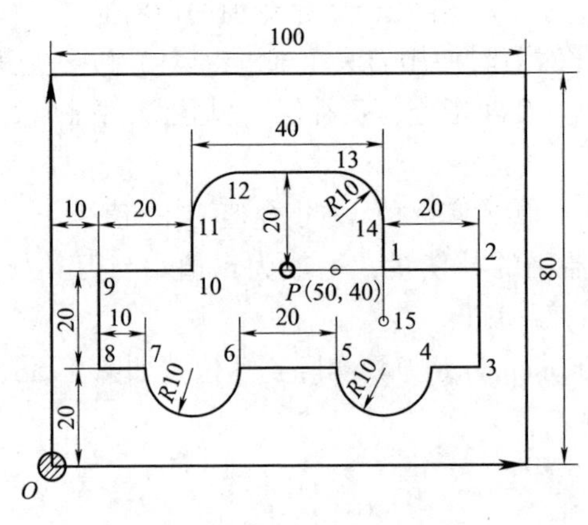

图 2-37　加工路线

2）加工工艺路线设计

采用机用虎钳进行装夹，并使上表面高出钳口 10 mm 左右，毛坯总高度为 50 mm。采用刀具半径右补偿加工内轮廓，为了提高表面质量，应顺时针加工，刀具沿直线延长线切入与切出，保证平滑过渡。$P \rightarrow A$ 为刀具半径右补偿建立段，$A \rightarrow 2$ 为沿直线延长线切入段，$1 \rightarrow 15$ 为沿直线切线切出，刀具离开工件后，返回原点 O 上方取消刀具半径补偿和长度补偿。

3）刀具参数和切削用量

根据加工零件的特点，选择相应的刀具和切削参数，如表 2-17 和表 2-18 所示。

表 2-17　加工方法与选用刀具

加工内容	加工方法	选用刀具
内轮廓	精铣	ϕ8 mm 立铣刀

表 2-18　刀具切削参数

刀具编号	刀具参数	主轴转速/(r · min^{-1})	进给速度/(mm · min^{-1})	背吃刀量/mm	侧吃刀量/mm
T01 （粗铣）	ϕ12 mm 立铣刀 长度 130 mm	800	400	4.5	刀具直径的 80%
T02 （精铣）	ϕ8 mm 立铣刀 长度 100 mm	2 000	260	0.5	5

2. 编制数控加工程序

数控加工程序如表 2-19 所示。

学习笔记

表 2-19 内轮廓铣削加工程序

程序内容	注释
O2006;	程序编号 2006
N005 G90 G54 G40 G49 G17;	选择 G54 工件坐标系
N010 M03 S2000;	主轴顺时针旋转，转速为 2 000 r/min
N015 G44 G00 Z100.0 H01;	到达初始平面，建立刀具长度补偿
N020 Z5.0 M08;	到达安全平面，切削液开，完全建立刀具长度补偿
N025 G42 G00 X50.0 Y40.0 D01;	建立刀具半径补偿
N030 X60.0;	微动，完全建立刀具半径补偿
N040 G01 Z-5.0 F260;	切深 5 mm
N050 X90.0 F400;	沿直线延长线切入
N060 G91 Y-20.0;	采用增量方式编程，顺时针加工内轮廓
N070 X-10.0;	
N080 G02 X-20.0 Y0 I-10.0;	
N090 G01 X-20;	
N100 G02 X-20.0 Y0 I-10.0;	
N110 G01 X-10.0;	
N120 Y20.0;	
N130 X20.0;	
N140 Y10.0;	
N150 Y10.0;	
N160 G02 X10.0 Y10.0 R10.0;	
N170 G01 X20.0;	
N180 G02 X10.0 Y-10.0 R10.0;	
N190 G01 Y-20.0;	直线延长线切出，内轮廓加工完成
N200 Z5.0;	抬刀至安全平面
N210 G49 G00 Z200.0 M09;	取消刀具长度补偿，*Z* 轴方向退刀
N220 G40 G00 X0 Y0;	取消刀具半径补偿
N230 M05;	主轴停止
N240 M30;	程序结束

3. 程序检验

1）组内成员互相检查

根据编制程序，逆向画出刀具轨迹，以验证程序的正确性。

2）利用数控加工仿真软件验证

将编制好的程序，导入数控加工仿真软件，观察刀具轨迹和加工结果，以验证程序的正确性。

（1）粗加工时，刀具补偿设置。

①粗加工时，刀具半径补偿寄存器数值为粗铣刀具半径值与侧面精加工余量之和，即 6.5 mm。

②如果用长度为 130 mm、直径为 12 mm 的立铣刀对刀，则刀具长度补偿寄存器 H01 中数值为 0 mm。

（2）精加工时，刀具补偿设置。

①精加工时，刀具半径补偿寄存器数值为精铣刀具半径值，即 4 mm。

②如果以粗加工立铣刀为基准对刀，则精加工时刀具长度补偿寄存器 H01 中数值为 30 mm（精铣刀具与标准刀具长度差值的绝对值）。

（3）精加工时，程序修改。

学习笔记

①主轴转速 S 值。

②进给速度 F 值。

过程参考项目一任务 3。

3）求助教师或实验员进行验证

求助教师或实验员，参考正确的数控加工程序，以验证编制程序的正确性。

仿真加工结果如图 2-38 所示（由于铣刀的半径影响，左侧及右侧两个直角加工成圆弧过渡）。

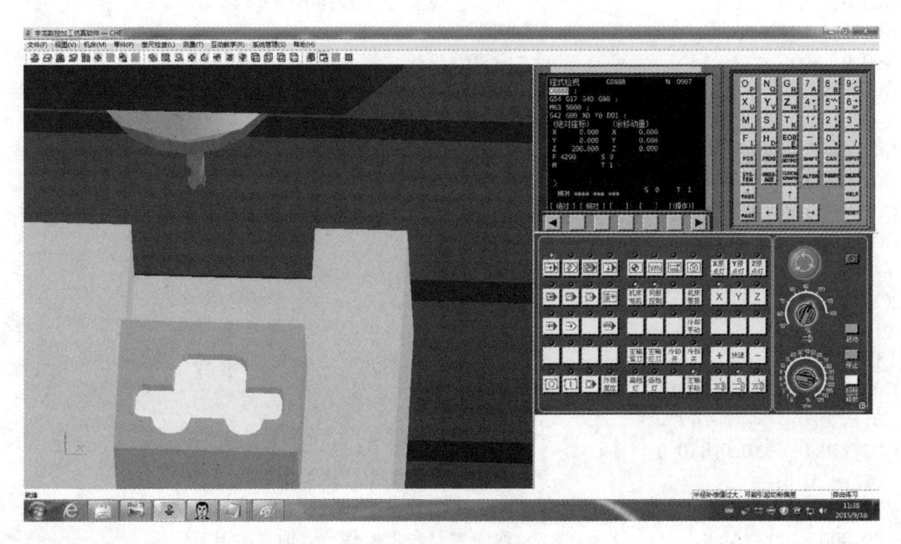

图 2-38　仿真加工结果

任务评价

对任务完成情况进行评价，并填写到表 2-20 中。

表 2-20　任务完成情况评价表

序号	评价项目		自评			师评		
			A	B	C	A	B	C
1	编程准备	刀具选择						
2		进刀点确定						
3		切削用量选择						
4		进给路线确定						
5		退刀点确定						
6	程序编制	程序开头部分设定						
7		加工部分						
8		退刀及程序结束部分						
9	程序验证	利用数控加工仿真软件验证数控加工程序						
综合评定								

项目三　腔、槽类零件的编程与加工

任务1　利用缩放功能铣削零件

任务描述

某机械加工车间需加工一批圆形槽零件，如图 3-1 所示。该零件材料为 45 钢，调质处理，上、下平面和外圆已加工完成，现需数控铣削加工圆形凹槽。

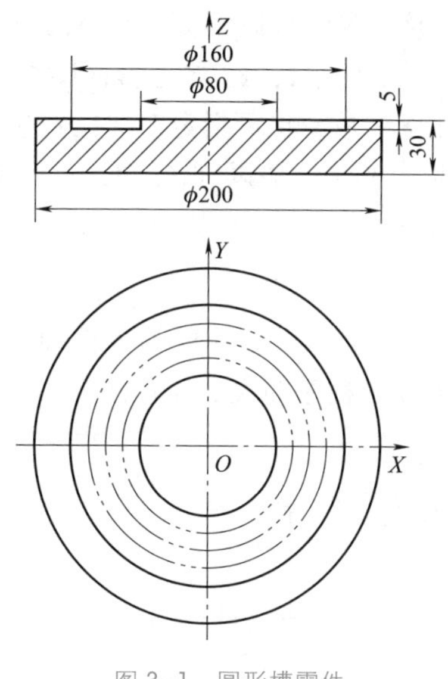

图 3-1　圆形槽零件

学前准备

（1）FANUC 0i 数控系统编程手册。

（2）与加工相关的工具、量具。

（3）确保数控铣床能正常工作。

学习目标

（1）掌握 FANUC 0i 数控系统的缩放功能指令。

（2）能够分析槽类零件的工艺性能，并制订加工工艺。

（3）能够编制槽类零件的数控加工程序。

素养目标

（1）树立文明生产的思想意识。

（2）培养吃苦耐劳、锐意进取的工匠精神。

（3）具有质量意识、成本意识，以及精益求精的工匠精神。

预备知识

1. 比例缩放功能

指令格式：G51 X_ Y_ Z_ P_;（或 G51 X_ Y_ Z_ I_ J_ K_;）

M98P××××（子程序号）；

G50;

其中，G51 指令用于建立比例缩放；G50 指令用于取消比例缩放；*X*，*Y*，*Z* 是缩放中心的坐标；*I*，*J*，*K* 是缩放系数，取值可以不同，分别使 *X*，*Y*，*Z* 在原编程尺寸的基础上按指定比例缩小或放大；P 代码使 *X*，*Y*，*Z* 原编程尺寸按指定比例同时缩小或放大。

G51 指令既可指定平面比例缩放，也可指定空间比例缩放。

在 G51 指令之后，运动指令的坐标值以（*X*，*Y*，*Z*）为缩放中心，按 P 代码或 *I*，*J*，*K* 规定的缩放比例进行计算。

2. 比例缩放案例

利用比例缩放功能编制图 3-2 所示矩形槽的数控加工程序。根据相关理论知识，编制本零件参考程序，比例缩放主程序如表 3-1 所示。

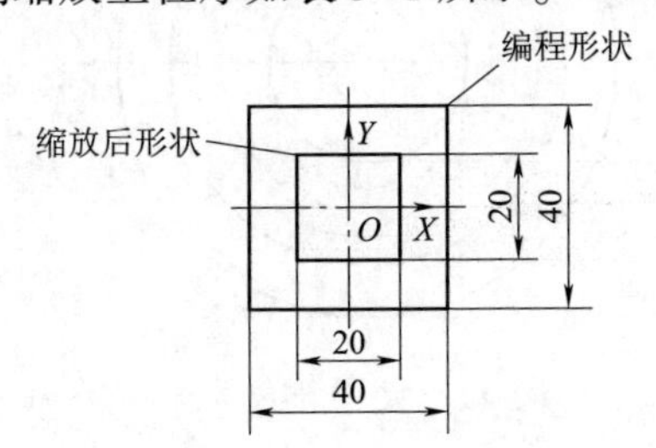

图 3-2　比例缩放矩形槽零件

表 3-1　比例缩放主程序

程序	注释
O3001;	程序编号 3001
G54;	选择 G54 工件坐标系
M03 S500;	主轴顺时针旋转，转速为 500 r/min
G00 X0 Y0 Z10.0 M08;	快速定位
M98 P3002;	加工编程形状
G51 X0 Y0 I500 J500;	比例缩放中心坐标值为（0，0），缩放比例为 0.5
M98 P3002;	加工比例缩放后形状
G50 M09;	取消比例缩放
M05;	主轴停止
M30;	程序结束

矩形路线子程序如表 3-2 所示。

表 3-2　矩形路线子程序

程序	注释
O3002; G00 X20.0 Y20.0; Z5.0; G01 Z-5.0 F200; Y-20.00; X-20.0; Y20.0; X20.0; G00 Z5.0; G00 X0 Y0; M99;	程序编号 3002 快速定位 子程序取消

任务实施

确定圆形槽零件的加工方案，选择合适的切削用量，编制数控加工程序，并在加工中心上进行加工。

1. 确定装夹方案

工件装夹：采用三爪自定心卡盘装夹工件。

用 T 形螺钉把三爪自定心卡盘夹紧在工作台上（三爪自定心卡盘是定心夹紧装置），使三爪自定心卡盘定位并夹紧工件。工件外圆是其定位表面，装夹的工件不宜高出卡爪过多，要确保工件夹紧可靠。

工件结构属大平面型，为确保工件定位，在夹紧操作中应首先轻夹工件，然后用千分表找平工件上表面，并调整工件，确保工件上表面水平，最后采用适当的夹紧力夹紧工件，不能过小，也不能过大。不允许任意加长扳手手柄，若要防止夹伤外圆，则卡爪可改用软爪。

2. 确定加工方法和刀具

根据各工件尺寸和加工精度选择合理的加工方法，确定加工工艺路线并选择相应的刀具，如表 3-3 所示。

表 3-3　加工方法与选用刀具

加工内容	加工方法	选用刀具
铣槽	铣削→缩放→铣削	ϕ20 mm 高速钢键槽铣刀

3. 确定切削用量

刀具的切削参数与刀具长度补偿如表 3-4 所示。

学习笔记

表 3-4　刀具切削参数与刀具长度补偿

刀具参数	主轴转速/($r \cdot min^{-1}$)	进给速度/($mm \cdot min^{-1}$)	刀具长度补偿
ϕ20 mm 高速钢键槽铣刀	1 000	300	H1/T1

（1）刀具选择：选择 ϕ20 mm 高速钢键槽铣刀。

（2）确定切削用量：主轴转速 S 为 1 000 r/min，进给速度 F 为 300 mm/min。

4. 确定工件坐标系

工件坐标系原点：工件的设计基准是底面和外圆，以工件上表面与其回转中心线交点为加工坐标系原点，坐标轴方向如图 3-1 所示。

5. 编制数控加工程序

利用比例缩放指令 G51 进行编程。编程所需数据点为（60，0），在程序中用比值 1.2∶1 取得；数据点（70，0）在程序中用比值 1.4∶1 取得。图 3-1 中用双点画线画的圆表示三次调用子程序时刀具轨迹。

圆形比例缩放主程序如表 3-5 所示。

表 3-5　圆形比例缩放主程序

程序	注释
O3003;	程序编号 3003
N10 G90 G54 G00 Z20.0;	选择 G54 工件坐标系，快速移动到初始高度
N20 M03 S1000;	主轴顺时针旋转，转速为 1 000 r/min
N30 G00 X0.0 Y0 M08;	定位于（0，0）点，切削液开
N40 M98 P3004;	调用子程序 O3004，切削一个整圆（R50 mm）
N50 G51 X0 Y0 Z0 I1200 J1200 K1000;	X 轴、Y 轴以 1.2∶1 的比例缩放，Z 轴比例为 1∶1
N60 M98 P3004;	调用子程序 O3004，切削一个整圆（R60 mm）
N70 G51 X0 Y0 Z0 I1400 J1400 K1000;	X 轴、Y 轴以 1.4∶1 的比例缩放，Z 轴比例为 1∶1
N80 M98 P3004;	调用子程序 O3004，切削一个整圆（R70 mm）
N90 G50;	比例缩放取消
N100 G90 G00 X0 Y0 M09;	回到起刀点，切削液关
N110 M05;	主轴停止
N120 M30;	程序结束

圆形比例缩放子程序如表 3-6 所示。

表 3-6　圆形缩放子程序

程序	注释
O3004;	程序编号 3004
N10 G90 G00 X50.0 Y0;	快速定位于（50，0）点
N20 Z5.0;	到初始平面
N30 G01 Z-5.0 F60;	切削进给下刀至 Z 轴方向终点
N40 G02 I-50.0 F80;	顺时针切削一个整圆
N50 G90 G00 Z5.0;	回到 R 平面
N60 M99;	子程序取消

6. 仿真加工

仿真加工过程参考项目一任务 3。

7. 机床加工

1）毛坯、刀具、工具、量具准备

刀具：ϕ20 mm 高速钢键槽铣刀。

量具：0~125 mm 游标卡尺、0~25 mm 内测千分尺、深度尺、0~150 mm 钢尺（每组 1 套）。

材料：45 钢。

（1）将工件正确安装在机床上。

（2）将 ϕ20 mm 高速钢键槽铣刀正确安装在刀位上。

（3）正确摆放所需工具、量具。

2）程序输入与编辑

（1）开机。

（2）回参考点。

（3）输入程序。

（4）程序图形校验。

3）零件的数控铣削加工

（1）主轴正转。

（2）X 轴、Y 轴、Z 轴方向对刀，设置工件坐标系。

（3）进行相应刀具参数设置。

（4）自动加工。

8. 零件检测

（1）学生使用游标卡尺、内测千分尺、塞规等量具对加工零件进行检测。

（2）教师与学生共同填写零件质量检测结果报告单。

（3）学生互评并填写考核结果报告。

（4）教师评价并填写考核结果报告。

任务评价

对任务完成情况进行评价，并填写到表 3-7 中。

表 3-7 任务完成情况评价表

序号	评价项目		自评			师评		
			A	B	C	A	B	C
1	加工准备	刀具选择						
2		工件装夹						
3		加工工艺制订						
4		程序编制						
5		切削用量选择						

学习笔记

续表

序号	评价项目		自评			师评		
			A	B	C	A	B	C
6	操作规范	工作服、劳保鞋、工作帽穿戴规范						
7		工具、量具、刀具摆放整齐、规范、不重叠						
8		使用专用工具清理切屑						
9		未出现危险操作行为						
10	加工质量	ϕ160 mm						
11		ϕ80 mm						
12		5 mm（深度）						
综合评定								
注：未注尺寸公差按 IT10 级标准执行，尺寸合格为 A 级，超差在 0.005 mm 内为 B 级，否则为 C 级。								

任务 2　利用镜像功能铣削零件

任务描述

图 3-3 所示为腰形槽零件图，毛坯尺寸为 100 mm×100 mm×50 mm，工件上、下表面已经加工完成，其尺寸和表面粗糙度等要求均已符合图纸规定，现加工 4 个腰形槽，槽深为 5 mm，材料为 45 钢。

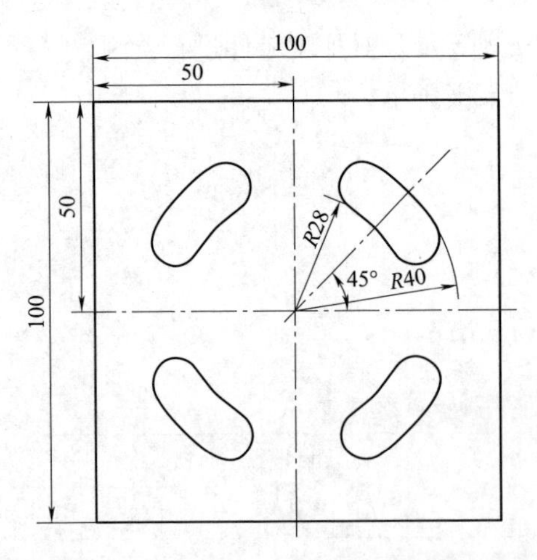

*R*6 mm圆心为(17，29.445)或(29.445，17)

图 3-3　腰形槽零件

学前准备

（1）FANUC 0i 数控系统编程手册。

(2) 与加工相关的工具、量具。

(3) 强化数控铣床安全操作规范。

学习目标

(1) 掌握 FANUC 0i 数控系统的镜像功能指令。

(2) 理解腔、槽类零件的结构特点和加工工艺特点，并正确分析腔、槽类零件的加工工艺。

(3) 能够使用数控系统的基本指令正确编制腔、槽类零件的数控加工程序。

素养目标

(1) 树立质量、效率意识。

(2) 培养独立思考、求真务实、踏实严谨的工作作风。

预备知识

1. 编程知识

(1) G51.1 和 G50.1 镜像指令。

①镜像指令：G51.1；取消镜像指令：G50.1。

②镜像功能可实现对称加工，FANUC 0i 数控系统的一般镜像加工指令格式如下。

a. 关于 *Y* 轴对称加工：`G51.1  X0;`

b. 关于 *X* 轴对称加工：`G51.1  Y0;`

c. 关于原点对称加工：`G51.1  X0 Y0;`

(2) G51 和 G50 镜像指令。

对于 G51.1 和 G50.1 镜像指令，有些强调经济性的数控系统并不支持此种功能，此时可以利用 G51 指令来做镜像加工。

指令格式如下。

①关于 *X* 轴对称：`G51 X_ Y_ I1000 J-1000;`

②关于 *Y* 轴对称：`G51 X_ Y_ I-1000 J1000;`

③关于原点对称：`G51 X_ Y_ I-1000 J-1000;`

2. 槽加工注意事项

(1) 槽可以分为封闭型槽和开放型槽，开放型槽有一端开放，也有两端开放。

①封闭型槽只能选择立铣刀在槽内某一点下刀，但槽内下刀会在槽的两侧壁和槽的表面留下刀痕，使表面质量降低；而且立铣刀底刃的切削能力较差，因此必要时可以用钻头在下刀点预制一个孔。

②开放型槽最好在槽外下刀，可有效避免接刀痕迹。

(2) 两端开放型直线槽，除可用立铣刀加工外，还可根据槽宽尺寸选用错齿三面刃圆盘铣刀加工。

(3) 对较窄的两端开放型直线槽，可选用锯片铣刀加工。

学习笔记

学习笔记

任务实施

1. 图纸工艺分析

（1）毛坯为100 mm×100 mm×50 mm 的板料，材料为45 钢。

（2）分析图纸，该零件的加工内容包括铣削腰型槽、外轮廓及孔的加工，外轮廓、腰型槽及槽深方向均有较高的尺寸精度要求和形位公差要求，工件表面粗糙度 *Ra* 要求为3. 2 μm，故应分粗、精铣。

2. 确定装夹方案和工件原点

（1）以底面为定位基准，选用机用虎钳夹紧定位。

（2）工件上表面中心为工件原点，以此为工件坐标系进行编程。

3. 确定加工方案

根据零件形状及加工精度要求，按照基面先行、先粗后精的原则确定加工顺序，加工方法与选用刀具如表3-8 所示。

表3-8　加工方法与选用刀具

加工内容	加工方法	选用刀具
腰形槽	粗铣（从腰形槽的一端圆心到另一端圆心）	ϕ10 mm 键槽铣刀
	精铣（按腰形槽轮廓走刀）	ϕ8 mm 键槽铣刀

4. 确定加工切削参数

各刀具的切削参数与刀具长度补偿如表3-9 所示。

表3-9　刀具切削参数与刀具长度补偿

刀具参数	主轴转速/($r \cdot min^{-1}$)	进给速度/($mm \cdot min^{-1}$)	刀具长度补偿
ϕ10 mm 键槽铣刀	800	400	H1/T1
ϕ8 mm 键槽铣刀	1 500	280	H2/T2

5. 编制数控加工程序

腰形槽零件的数控加工参考程序如表3-10 所示。

腰形槽粗加工参考子程序如表3-11 所示。

第一象限腰形槽精加工路线如图3-4 所示：从 *A* 点垂直下刀，采用1/4 圆弧切入精加工轮廓，沿 *B*→*C*→*D*→*E*→*F*→*B* 精加工腰形槽内壁及底面，由 *BG* 段1/4 圆弧切出，最终从 *G* 点垂直抬刀。

表3-10　腰形槽零件的数控加工参考程序

程序	注释
O3005; N010 G54 G90 G17 G49;	程序编号3005 选择G54 工件坐标系，并确定加工平面

续表

程序	注释
N012 G00 X0 Y0 M03 S800;	主轴顺时针旋转，转速为 800 r/min
N014 G43 Z100.0 H01 M08;	定位并建立 1 号刀具长度补偿，切削液开
N016 G00 Z5.0;	沿 Z 轴方向快速定位到安全平面
N018 M98 P3006;	调用子程序 O3006 粗加工第一象限图形
N020 G51 X0 Y0 I-1000 J1000;	建立 Y 轴镜像开关
N022 M98 P3006;	调用子程序 O3006 粗加工第二象限图形
N024 G51 X0 Y0 I-1000 J-1000;	建立原点镜像开关
N026 M98 P3006;	调用子程序 O3006 粗加工第三象限图形
N028 G51 X0 Y0 I1000 J-1000;	建立 X 轴镜像开关
N030 M98 P3006;	调用子程序 O3006 粗加工第四象限图形
N032 G50;	取消镜像
N034 G49 G00 Z100.0;	取消刀具长度补偿
N036 G28 M05;	返回参考点，主轴停止
N038 M00;	程序停止，换第 2 把精铣刀
N040 G43 Z100.0 H02;	定位并建立 2 号刀具长度补偿
N042 M03 S1500;	主轴顺时针转，转速为 800 r/min
N044 G00 Z5.0;	沿 Z 轴方向快速定位到安全平面
N046 M98 P3007;	调用子程序 O3007 精加工第一象限图形
N048 G51 X0 Y0 I-1000 J1000;	建立 Y 轴镜像开关
N050 M98 P3007;	调用子程序 O3007 精加工第二象限图形
N052 G51 X0 Y0 I-1000 J-1000;	建立原点镜像开关
N054 M98 P3007;	调用子程序 O3007 精加工第三象限图形
N056 G51 X0 Y0 I1000 J-1000;	建立 X 轴镜像开关
N058 M98 P3007;	调用子程序 O3007 精加工第四象限图形
N059 G50;	取消镜像
N060 G49 G00 Z100.0;	取消刀具长度补偿
N062 G28 M08;	返回参考点，切削液关
N064 M05;	主轴停止
N066 M30;	程序结束

表 3-11 腰形槽粗加工参考子程序

程序	注释
O3006;	程序编号 3006
N010 G00 X29.4 Y17.0;	定位腰形槽的一个圆心点
N012 G01 Z-4.5 F120;	垂直下刀切削至 Z-4.5 位置
N014 G03 X17.0 Y29.445 R34.0 F400;	圆弧切削至腰形槽的另一个圆心点
N016 G01 Z5.0;	垂直提刀至 R 平面
N018 M99;	子程序取消

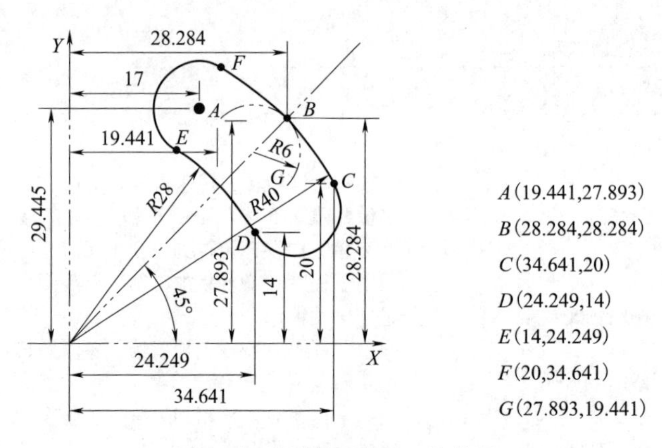

图 3-4　腰形槽零件加工路线图

腰形槽精加工参考子程序如表 3-12 所示。

表 3-12　腰形槽精加工参考子程序

程序	注释
O3007;	程序编号 3007
N010 G42 G00 X0 Y0 D02;	建立刀具半径补偿
N012 G00 X19. 441 Y27. 893;	移动到 1/4 圆弧的起点 *A*
N014 G01 Z-5. 0 F120;	垂直下刀切削至 Z-5. 0 位置
N016 G02 X28. 284 Y28. 284 R6. 0 F280;	1/4 圆弧切入 *B* 点
N018 G02 X34. 641 Y20. 0 R40. 0;	按腰形槽的轮廓进行精加工，加工 *R*40 mm 圆弧
N020 G02 X24. 249 Y14. 0 R6. 0;	加工 *R*6 mm 圆弧
N022 G03 X14. 0 Y24. 249 R28. 0;	加工 *R*28 mm 圆弧
N024 G02 X20. 0 Y34. 641 R6. 0;	加工 *R*6 mm 圆弧
N026 G02 X28. 284 Y28. 284 R40. 0;	加工 *R*40 mm 圆弧
N028 G02 X27. 839 Y19. 441 R6. 0;	1/4 圆弧切出至 *G* 点
N030 G01 Z5. 0 F120;	垂直提刀至 *R* 平面
N032 G40 G00 X0. 0 Y0. 0;	取消刀具半径补偿
N034 M99;	子程序取消

6. 仿真加工

仿真加工过程参考项目一任务 3。

7. 机床加工

机床加工过程参考项目三任务 1。

8. 零件检测

（1）学生使用游标卡尺、内测千分尺、塞规等量具对加工零件进行检测。

（2）教师与学生共同填写零件质量检测结果报告单。

（3）学生互评并填写考核结果报告。

（4）教师评价并填写考核结果报告。

任务评价

对任务完成情况进行评价，并填写到表 3-13 中。

学习笔记

表 3-13 任务完成情况评价表

序号	评价项目		自评			师评		
			A	B	C	A	B	C
1	加工准备	刀具选择						
2		工件装夹						
3		加工工艺制订						
4		程序编制						
5		切削用量选择						
6	操作规范	工作服、劳保鞋、工作帽穿戴规范						
7		工具、量具、刀具摆放整齐、规范、不重叠						
8		使用专用工具清理切屑						
9		未出现危险操作行为						
10	加工质量	5 mm（深度）						
综合评定								
注：未注尺寸公差按 IT10 级标准执行，尺寸合格为 A 级，超差在 0.005 mm 内为 B 级，否则为 C 级。								

任务 3　利用旋转功能铣削零件

任务描述

某机械加工车间需加工一批多处凸台零件，如图 3-5 所示。毛坯尺寸为 120 mm×120 mm×25 mm，工件上、下表面已经加工，其尺寸和表面粗糙度等要求均已符合图纸规定，材料为 45 钢。现在需要加工相邻夹角为 45°的 8 处圆弧凸台，高为 3 mm。

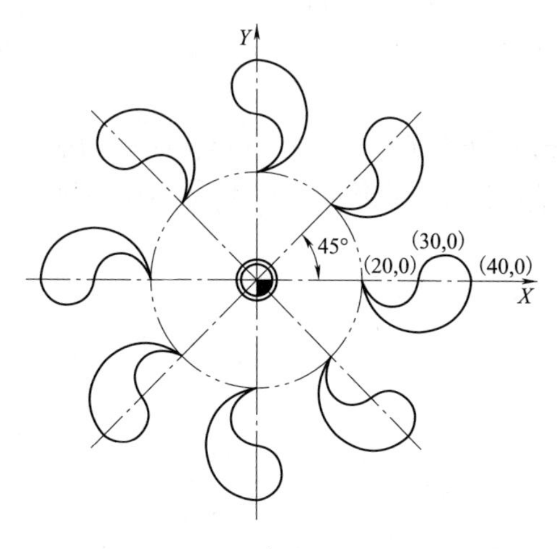

图 3-5　多处凸台零件

学前准备

（1）FANUC 0i 数控系统编程手册。

（2）数控加工仿真软件。

（3）量具的使用方法和技巧。

学习目标

（1）掌握 FANUC 0i 数控系统的旋转功能指令。

（2）理解型腔轮廓加工的进刀方式。

（3）能够利用旋转指令简化程序。

素养目标

（1）树立质量、效率意识。

（2）树立安全生产、文明生产的意识。

预备知识

1. 编程知识

1）子程序指令

子程序调用：M98P×××× ××××;

子程序取消：M99;

2）坐标系旋转指令

坐标系旋转：G68 X_ Y_ R_;（X，Y 表示旋转中心的坐标，R 表示旋转角度。）

取消坐标系旋转：G69;

注意：逆时针方向 R 为正，顺时针方向 R 为负。

3）功能

使用旋转功能可将编程形状旋转某一角度。另外，如果工件的形状由许多相同的图形组成，则可将图形单元编制成子程序，然后利用主程序的旋转指令进行调用。这样可以简化编程，节省时间与存储空间。

4）注意事项

同时采用比例缩放和旋转功能时，先执行比例缩放功能，再执行旋转功能。旋转中心坐标也可执行比例缩放操作，但旋转角度不受影响，这时各指令的排列顺序如下：

```
G51…;
⋮
G68…;
⋮
G41/G42…;
⋮
G40…;
⋮
G69…;
⋮
G50…;
```

2. 型腔轮廓加工的进刀方式

对于封闭型腔零件的加工，下刀方式主要有垂直下刀法、螺旋下刀法和斜线下刀法三种。

1）垂直下刀法

（1）对于小面积切削和零件表面粗糙度要求不高的情况，可使用键槽铣刀直接垂直下刀并铣削。

（2）对于大面积切削和零件表面粗糙度要求较高的情况，一般采用立铣刀来铣削加工，但一般先用键槽铣刀（或钻头）垂直进刀，预钻起始孔后，再换多刃立铣刀加工型腔。

2）螺旋下刀法

螺旋下刀法是现代数控加工应用较为广泛的下刀方式，其轴向力比较小，在模具制作行业应用最为常见。

（1）优点：避开刀具中心无切削刃部分与工件的干涉。

（2）缺点：切削路线较长，不适合加工较狭窄的型腔。

3）斜线下刀法

斜线下刀法通常用于宽度较小的长条形型腔加工。

注意：加工带孤岛的挖腔工件在编制程序时，需注意以下几个问题。

刀具要足够小，尤其用改变刀具半径补偿的方法进行粗、精加工时，应保证刀具不要碰到型腔外轮廓及孤岛轮廓；有时可能会在孤岛和边槽或两个孤岛之间出现残留，此时可用手动方法去除；为下刀方便，有时要先钻出下刀孔。

任务实施

1. 确定装夹方案

采用螺栓压板装夹工件，校正工件的位置。

2. 确定加工方法和刀具

根据各工件尺寸和加工精度选择合理的加工方法，确定加工工艺路线并选择相应的刀具，如表 3-14 所示。

表 3-14　加工方法与选用刀具

加工内容	加工方法	选用刀具
8 个圆弧凸台	精铣	ϕ6 mm 高速钢键槽铣刀

3. 确定切削用量

各刀具切削参数如表 3-15 所示。

（1）刀具选择：选择 ϕ6 mm 高速钢键槽铣刀。

（2）确定切削用量：主轴转速 S 为 3 000 r/min，进给速度 F 为 400 mm/min。

学习笔记

表 3-15　刀具切削参数

刀具参数	主轴转速/（r·min^{-1}）	进给率/（mm·min^{-1}）
ϕ6 mm 高速钢键槽铣刀	3 000	400

4. 确定工件坐标系

把工件上表面中心设为工件坐标系的原点。

5. 编制数控加工程序

加工圆弧凸台主程序如表 3-16 所示。

表 3-16　加工圆弧凸台主程序

程序	注释
O3008;	程序编号 3008
N0010 G54 G90 G17 G40 G49;	选择 G54 工件坐标系
N0020 M03 S3000;	主轴顺时针旋转
N0030 G00 X0 Y0;	快速定位至（0，0）位置
N0040 Z5.0;	快速定位至 Z5.0 位置
N0050 M98 P3009;	调用子程序 O3009
N0060 G68 R45.0;	坐标系顺时针旋转 45°
N0070 M98 P3009;	调用子程序 O3009
N0080 G68 R90.0;	坐标系顺时针旋转 90°
N0090 M98 P3009;	调用子程序 O3009
N0100 G68 R135.0;	坐标系顺时针旋转 135°
N0110 M98 P3009;	调用子程序 O3009
N0120 G68 R180.0;	坐标系顺时针旋转 180°
N0130 M98 P3009;	调用子程序 O3009
N0140 G68 R225.0;	坐标系顺时针旋转 225°
N0150 M98 P3009;	调用子程序 O3009
N0160 G68 R270.0;	坐标系顺时针旋转 270°
N0170 M98 P3009;	调用子程序 O3009
N0180 G68 R315.0;	坐标系顺时针旋转 315°
N0190 M98 P3009;	调用子程序 O3009
N0200 G00 Z200;	快速抬刀
N0210 G69;	取消坐标旋转指令
N0220 M05	主轴停止
N0230 M30;	程序结束

加工圆弧凸台子程序如表 3-17 所示。

表 3-17　加工圆弧凸台子程序

程序	注释
O3009;	程序编号 3009
N10 G41 G00 X1.0 Y1.0 D01;	建立刀具半径左补偿
N20 G00 X20.0 Y0;	快速定位至切削起点
N30 G01 Z-3.0 F100;	*Z* 轴方向进刀
N40 G03 X30.0 Y0 I5.0 J0 F400;	顺时针加工 *R*5 mm 圆弧
N50 G02 X40.0 Y0 I5.0 J0;	加工 *R*5 mm 圆弧
N60 G02 X20.0 Y0 I-10.0 J0;;	加工 *R*10 mm 圆弧
N70 G01 Z5.0 F100;	加工 *R*5 mm 圆弧
N80 G40 G00 X0.0 Y0;	*Z* 轴方向退刀
N90 M99;	快速退回至编程原点，并取消刀具半径补偿
	子程序取消

6. 仿真加工

仿真加工过程参考项目一任务 3。仿真加工效果如图 3-6 所示。

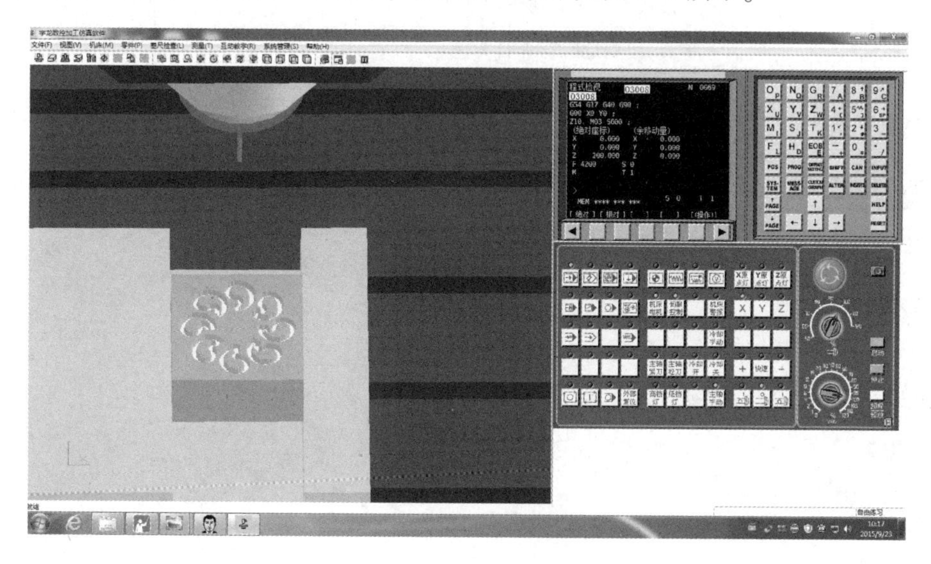

图 3-6　仿真加工效果

7. 机床加工

机床加工过程参考项目三任务 1 的机床加工。

8. 零件检测

（1）学生使用游标卡尺、内测千分尺、塞规等量具对加工零件进行检测。

（2）教师与学生共同填写零件质量检测结果报告单。

（3）学生互评并填写考核结果报告。

（4）教师评价并填写考核结果报告。

学习笔记

任务评价

对任务完成情况进行评价，并填写到表3-18中。

表3-18 任务完成情况评价表

<table>
<tr><th rowspan="2">序号</th><th rowspan="2" colspan="2">评价项目</th><th colspan="3">自评</th><th colspan="3">师评</th></tr>
<tr><th>A</th><th>B</th><th>C</th><th>A</th><th>B</th><th>C</th></tr>
<tr><td>1</td><td rowspan="5">加工准备</td><td>刀具选择</td><td></td><td></td><td></td><td></td><td></td><td></td></tr>
<tr><td>2</td><td>工件装夹</td><td></td><td></td><td></td><td></td><td></td><td></td></tr>
<tr><td>3</td><td>加工工艺制订</td><td></td><td></td><td></td><td></td><td></td><td></td></tr>
<tr><td>4</td><td>程序编制</td><td></td><td></td><td></td><td></td><td></td><td></td></tr>
<tr><td>5</td><td>切削用量选择</td><td></td><td></td><td></td><td></td><td></td><td></td></tr>
<tr><td>6</td><td rowspan="4">操作规范</td><td>工作服、劳保鞋、工作帽穿戴规范</td><td></td><td></td><td></td><td></td><td></td><td></td></tr>
<tr><td>7</td><td>工具、量具、刀具摆放整齐、规范、不重叠</td><td></td><td></td><td></td><td></td><td></td><td></td></tr>
<tr><td>8</td><td>使用专用工具清理切屑</td><td></td><td></td><td></td><td></td><td></td><td></td></tr>
<tr><td>9</td><td>未出现危险操作行为</td><td></td><td></td><td></td><td></td><td></td><td></td></tr>
<tr><td>10</td><td>加工质量</td><td>3 mm（高度，共8处）</td><td></td><td></td><td></td><td></td><td></td><td></td></tr>
<tr><td colspan="3">综合评定</td><td colspan="3"></td><td colspan="3"></td></tr>
<tr><td colspan="9">注：未注尺寸公差按IT10级标准执行，尺寸合格为A级，超差在0.005 mm内为B级，否则为C级。</td></tr>
</table>

项目四　孔类零件的编程与加工

任务1　普通孔零件的编程与加工

任务描述

某生产厂家需加工一法兰盘，其外形尺寸与表面粗糙度已达到图纸要求，只需要加工 $4\times\phi22^{+0.025}_{0}$ mm 孔即可，如图 4-1 所示。材料为 45 钢。

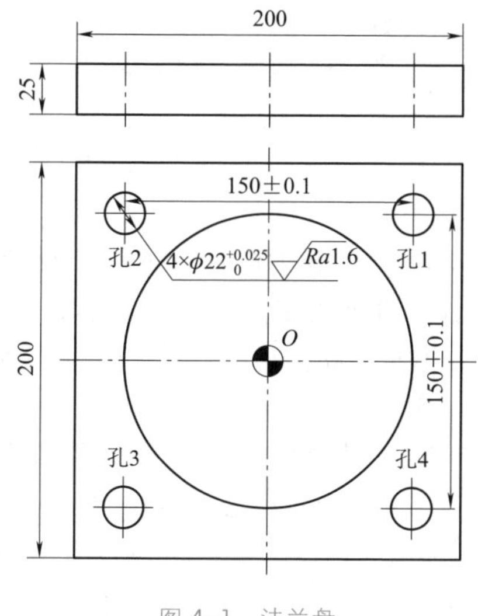

图 4-1　法兰盘

学前准备

（1）FANUC 0i 数控系统编程手册。

（2）确保数控铣床能正常工作。

学习目标

（1）熟练运用 FANUC 0i 数控系统的普通孔钻孔固定循环指令 G81 和取消孔加工固定循环指令 G80，熟练运用刀具长度补偿指令（G43，G44，G49）。

（2）能够制订普通孔类零件的加工工艺。

（3）能够编制普通孔类零件的铣削程序。

素养目标

（1）尊重劳动，热爱劳动，具有较强的安全生产和实践能力。

学习笔记

(2) 具有质量意识、成本意识，以及精益求精的工匠精神。

预备知识

1. 孔系加工刀具

1）中心钻

在加工精度要求较高的孔时，为克服麻花钻钻孔时产生轴线歪斜或孔径扩大等问题，常用中心钻在钻孔位置预钻定位孔，然后选用麻花钻进行钻孔，以保证钻孔位置和孔径的准确性。中心钻如图 4-2 所示，通常将中心钻装入弹性夹头，再与刀柄连接。

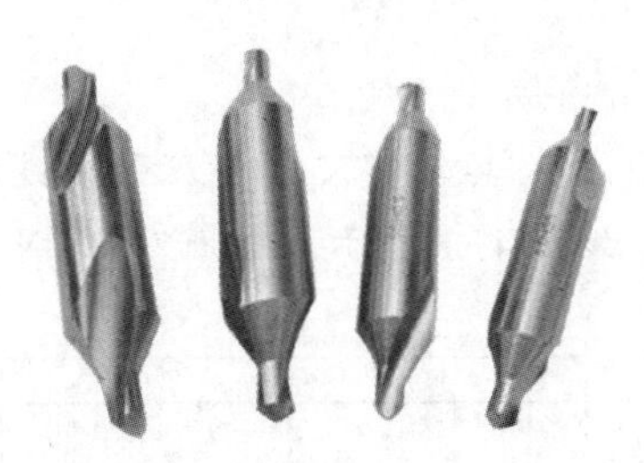

图 4-2　中心钻

2）麻花钻

麻花钻是最常用的钻孔刀具，一般为高速钢或硬质合金材料制成的整体式结构。麻花钻的柄有直柄和锥柄两种，直柄主要用于小直径麻花钻，锥柄用于直径较大的麻花钻。麻花钻规格为 ϕ(0.1～100) mm，常用直径范围为 3～50 mm。

3）机用铰刀

如果加工的孔精度要求较高，则要在钻孔后用铰刀铰孔，以提高孔的尺寸精度，降低孔的表面粗糙度。机用铰刀通常采用高速钢或硬质合金材料制成整体式结构，其柄有直柄和锥柄两种。直柄主要用于小直径铰刀，锥柄用于直径较大的铰刀，如图 4-3 所示。通常将机用铰刀装入弹性夹头，再与刀柄连接。

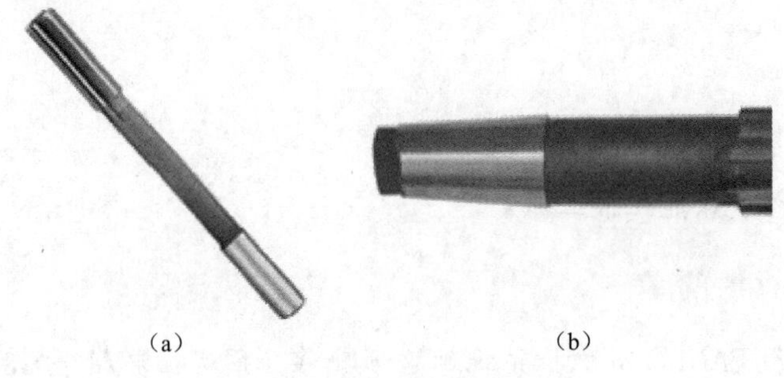

(a)　　　　(b)

图 4-3　机用铰刀

(a) 直柄机用铰刀；(b) 锥柄机用铰刀

2. 认识孔系测量量具

孔用塞规是光滑极限量规中的一种，是没有刻度的定尺寸专用量具，用于检验光滑孔的直径尺寸，如图 4-4 所示。

图 4-4 孔用塞规

（1）使用前先检查塞规测量面，不能有锈迹、坯缝、划痕、黑斑等，且塞规的标志应正确清楚。

（2）塞规必须在周期检定期内使用，而且应附有检定合格证或标记，或其他足以证明塞规合格的文件。

（3）塞规测量的标准条件：温度为 20 ℃，测力为 0 N。在实际使用中很难达到这一条件要求，因此为了减小测量误差，尽量在等温条件下使用塞规对被测件进行测量，用力要尽量小，不允许把塞规用力往孔里推或一边旋转一边往孔里推。

（4）测量时，塞规应顺着孔的轴线插入或拔出，不能倾斜；塞规塞入孔内后，不许转动或摇晃塞规。

（5）不允许用塞规检测不清洁的工件。

3. 确定加工工艺参数

1）钻削用量的确定

（1）钻孔背吃刀量的确定。

钻削加工的背吃刀量 a_p 是指沿主切削刃测量的切削层厚度，在数值上等于钻头半径。

（2）钻孔进给量的确定。

高速钢和硬质合金钻头进给量，可参考表 4-1 进行确定。

表 4-1 钻头进给量参考表

工件材料	钻头直径/mm	钻削进给量 $f/(mm \cdot r^{-1})$	
		高速钢钻头	硬质合金钻头
钢	>3~6	0.05~0.10	0.10~0.17
	>6~10	0.10~0.16	0.13~0.20
	>10~14	0.16~0.20	0.15~0.22
	>14~20	0.20~0.32	0.16~0.28
铸铁	>3~6	—	0.15~0.25
	>6~10	—	0.20~0.30
	>10~14	—	0.25~0.50
	>14~20	—	0.25~0.50

（3）钻孔主轴转速的确定。

钻削时的切削速度 v_c 可参考表4-2确定。

主轴转速 n 与切削速度 v_c 的关系为

$$v_c = \pi D_c n / 1\ 000$$

式中，v_c 为钻削时的切削速度，m/min；D_c 为钻头直径，mm。

表4-2　切削速度 v_c 参考表

工件材料	切削速度 v_c/（m · min^{-1}）	
	高速钢钻头	硬质合金钻头
钢	20~30	60~110
不锈钢	15~20	35~60
铸铁	20~25	60~90

2）铰削切削用量的确定

高速钢机用铰刀的切削速度为10~15 m/min，进给速度为0.1~0.2 mm/r，铰削背吃刀量为0.02~0.10 mm，铰削时的主轴转速计算方法与钻孔相同。

3）中心钻切削用量的确定

高速钢中心钻的切削速度为10~15 m/min，进给速度为0.1~0.2 mm/r，钻中心孔时的主轴转速计算方法与钻孔相同。

4. 孔的加工方案

1）选择孔加工方案时的注意事项

（1）孔的技术要求。

考虑孔加工表面的尺寸精度和表面粗糙度 *Ra*、零件的结构形状和尺寸大小、热处理情况、材料的性能以及零件的批量等。

①尺寸精度：直径、深度。

②形状精度：圆度、圆柱度及轴线的直线度。

③位置精度：同轴度、平行度、垂直度。

④表面质量：表面粗糙度、表面硬度等。

（2）孔的分类。

常见孔的种类如图4-5所示。

①根据结构和用途分类。

a. 紧固孔和辅助孔：螺钉孔、螺栓过孔、油孔（IT11~IT12级，*Ra* 范围为6.3~12.5 μm）。

b. 回转体零件的轴心孔。

c. 齿轮轴心孔：IT6~IT8级，*Ra* 范围为0.4~1.6 μm。

d. 箱体支架类零件的轴承孔。

e. 机床主轴箱的轴承孔：IT7级，*Ra* 范围为0.8~1.6 μm。

②根据尺寸和结构形状分类。

大孔、小孔、微孔、通孔、盲孔、台阶孔、细长孔、深孔（$L/D>5$）和浅孔。

③根据技术要求分类。

高精度孔、中等精度孔、低精度孔。

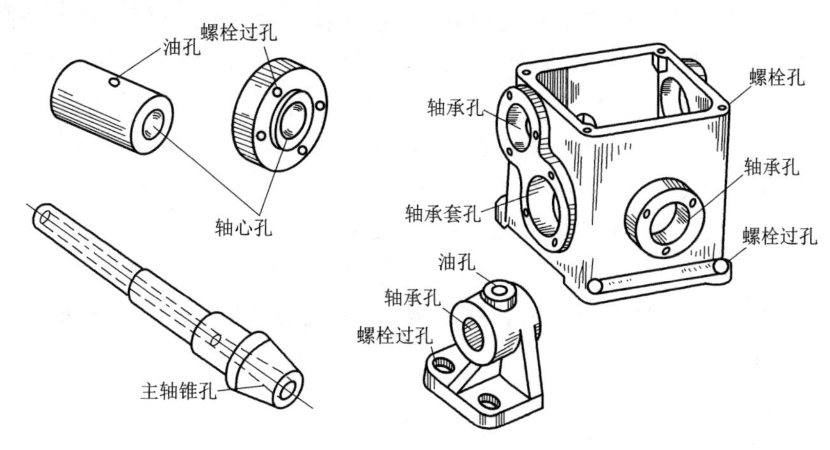

图 4-5　常见孔的种类

2）常用加工方案及特点

孔加工常用加工方案：钻孔、扩孔、铰孔、车孔、镗孔、拉孔、磨孔、金刚石镗、精密磨削、超精加工、研磨、珩磨、抛光。

孔加工特种加工方案：电火花穿孔、超声波穿孔、激光打孔。

（1）钻孔。

精度：IT11～IT12 级，*Ra* 范围为 12.5～25.0 μm，属粗加工。

刀具：麻花钻，规格为 ϕ(0.1～100) mm，常用 ϕ(3～50) mm。

设备：钻床、车床、镗床、铣床。

（2）扩孔。

精度：IT9～IT10 级，*Ra* 范围为 3.2～6.3 μm，属半精加工。

刀具：扩孔钻，规格为 ϕ(10～100) mm，常用 ϕ(15～50) mm。

设备：钻床、车床、镗床、铣床。

特点：导向性好，切削平稳；刚性好，切削条件好。

（3）铰孔。

粗铰：IT7～IT8 级，*Ra* 范围为 0.8～1.6 μm。

精铰：IT6～IT7 级，*Ra* 范围为 0.2～0.4 μm。

刀具：铰刀，规格为 ϕ(10～100) mm，常用 ϕ(10～40) mm。

设备：钻床、镗床、车床、铣床。

特点：精度高，表面粗糙度低；纠正位置误差的能力很差，位置精度需由前一道工序保证；铰刀是定尺寸刀具，能保证铰孔的表面质量；适应性差；可加工钢、铸铁和有色金属工件，不宜加工淬火或硬度过高的工件。

（4）镗孔。

粗镗（车）：IT11～IT12 级，*Ra* 范围为 12.5～25.0 μm。

半精镗（车）：IT9～IT10 级，*Ra* 范围为 3.2～6.3 μm。

精镗（车）：IT7～IT8 级，*Ra* 范围为 0.8～1.6 μm。

刀具：镗刀。

设备：镗床、车床、铣床、钻床。

特点：适应性较强；可有效校正原孔的轴线偏斜；生产效率低；镗刀的制造和刃磨简单，费用低；可加工钢、铸铁和有色金属工件，不易加工淬火钢和高硬钢工件。

（5）磨孔。

粗磨：IT7~IT8 级，*Ra* 范围为 0.8~1.6 μm。

精磨：IT6~IT7 级，*Ra* 范围为 0.2~0.4 μm。

精密磨：IT5 级，*Ra* 范围为 0.025~0.200 μm。

特点：适应性较广；可纠正孔的轴线歪斜；生产效率低；可加工未淬硬的钢件或铸铁件、淬硬的钢件，但不能加工有色金属工件；适合加工浅孔、阶梯孔、大直径孔等，不宜于加工深孔、小孔。

（6）拉孔。

粗拉：IT7~IT8 级，*Ra* 范围为 0.8~1.6 μm。

精拉：IT6~IT7 级，*Ra* 范围为 0.4~0.8 μm。

特点：精度高，表面粗糙度低；生产效率高；不能纠正孔的轴线歪斜；对前一工序要求不高；不能加工台阶孔、盲孔、薄壁零件的孔。

（7）研磨孔。

精度：IT4~IT6 级，*Ra* 范围为 0.008~0.100 μm。

（8）珩磨孔。

精度：IT4~IT6 级，*Ra* 范围为 0.05~0.40 μm。

3）选择加工方案

（1）未淬硬的钢件或铸铁件。

①要在实体材料上加工孔，首先应钻孔。对于已经铸出或锻出的孔，应首先扩孔或镗孔。

②中等精度和表面粗糙度的孔（IT7~IT8 级，*Ra* 范围为 0.8~1.6 μm）。

a. 直径<12 mm，钻→铰。

b. 12 mm<直径<30 mm，钻→扩→铰。

c. 30 mm<直径<80 mm 时分以下几种情况。

（a）深孔：钻→扩→铰。

（b）非深孔，盘套类回转体零件：钻→粗镗→半精镗→铰或磨。

（c）非深孔，箱体、支架类零件：钻→粗镗→半精镗→铰或镗。

（d）非深孔，大批大量生产盘套类零件：钻→粗镗→半精镗→拉。

d. 直径>80 mm 时分以下几种情况。

（a）盘套类回转体零件：钻→粗镗→半精镗→磨。

（b）箱体、支架类零件：钻→粗镗→半精镗→镗。

（2）淬火钢件。

钻→镗→（淬火）→磨。

精度为 IT6 级以下，表面粗糙度 *Ra* 为 0.2 μm 以下的孔：光整加工。

研磨：生产效率低，可加工各种材料。

珩磨：生产效率高，可加工除塑性较大以外的各种材料。

（3）有色金属材料。

精加工：精镗、精细镗、精铰、手铰、精拉。

5. 编程指令

1）孔加工的 6 个动作

孔加工的过程如图 4-6 所示，一般都由以下 6 个动作组成。

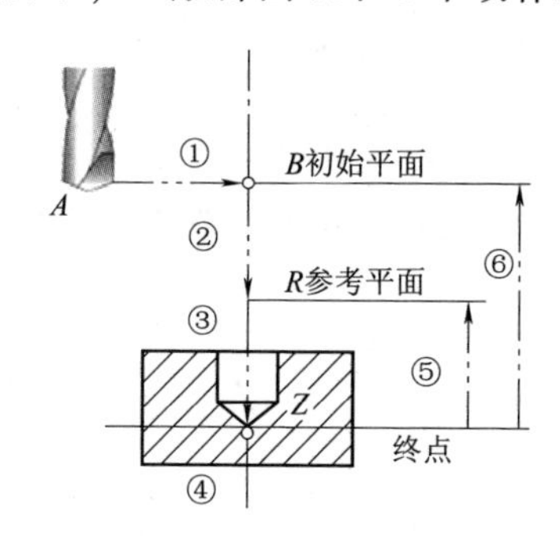

图 4-6　孔加工的 6 个动作

（1）操作①：快速定心（A→B）。

快速定位到孔心上方。

（2）操作②：快速接近工件（B→R）。

刀具沿 Z 轴方向快速运动到 R 参考平面。

（3）操作③：孔加工（R→Z）。

孔加工过程（钻孔、铰孔、攻螺纹等）。

（4）操作④：孔底动作（Z 点）。

（5）操作⑤：刀具快速退回 R 平面（Z→R）。

（6）操作⑥：刀具快速退回初始平面（Z→B）。

2）编程指令

孔加工固定循环指令使编程变得更加容易和简单。如果没有孔加工固定循环指令，那么一般一个孔数控加工程序段需组合多个单一动作程序段才能完成，另外，固定循环能缩短程序，节省存储空间。孔加工固定循环指令如表 4-3 所示。

表 4-3　孔加工固定循环指令

G 代码	钻削	孔底动作	回退	应用
G73	间歇进给	暂停	快速移动	高速深孔钻削
G74	切削进给	暂停→主轴顺时针旋转	切削进给	左旋攻螺纹
G76	切削进给	主轴定向停止	快速移动	精镗孔
G80	—	—	—	取消固定循环
G81	切削进给	—	快速移动	钻孔，钻中心孔
G82	切削进给	暂停	快速移动	钻孔，锪镗或粗镗
G83	间歇进给	暂停	快速移动	深孔钻

续表

G 代码	钻削	孔底动作	回退	应用
G84	切削进给	暂停→主轴逆时针旋转	切削进给	右旋攻螺纹
G85	切削进给	—	切削进给	精镗孔、铰孔
G86	切削进给	主轴停止	快速移动	粗镗孔
G87	切削进给	主轴顺时针旋转	快速移动	背镗孔
G88	切削进给	暂停→主轴停止	手动移动	镗孔
G89	切削进给	暂停	切削进给	精镗（盲孔和台阶孔）

在本任务中加工普通孔（相对深孔），主要介绍 G81，G82，G85，G86，G80 等指令。

(1) 钻孔循环指令 G81。

指令格式：

```
G98;
G99  G81 X_ Y_ Z_ R_ F_;
G80;
```

G81 指令动作如图 4-7 所示，指令各地址的意义如表 4-4 所示。

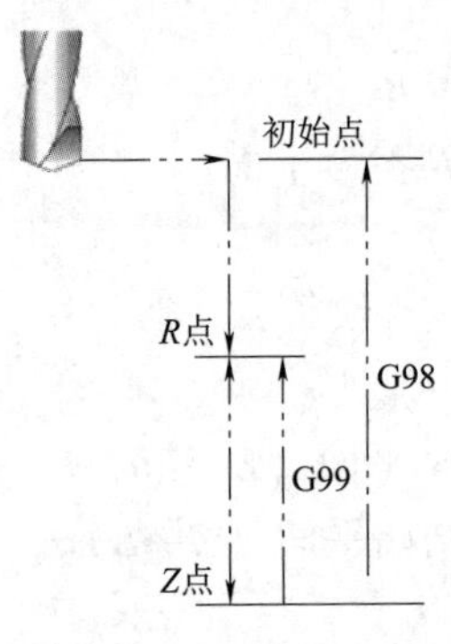

图 4-7　G81 指令动作

(2) 锪孔循环指令 G82。

指令格式：

```
G98;
G99  G82 X_ Y_ Z_ R_ P_ F_;
G80;
```

与 G81 指令格式类似，唯一的区别是，G82 指令在孔底有暂停动作，即当钻头加工到孔底位置时，刀具不做进给运动，并保持旋转状态（暂停时间由 P 代码指定，单位为 ms）。该指令使孔的表面更光滑，在加工盲孔时可提高孔底精度，一般用于扩孔、锪孔、镗台阶孔和钻盲孔。

表 4-4　指令各地址的意义

序号	指令地址	意义
1	G98，G99	到达孔底后快速返回选择的平面。G98 指令，返回初始平面；G99 指令，返回 R 参考平面
2	G81	表示钻孔循环指令
3	X_ Y_	孔的 X，Y 坐标
4	Z_	孔底 Z 坐标
5	F_	进给速度，mm/min
6	R_	参考平面的 Z 坐标
7	G80	取消钻孔循环指令

（3）精镗循环指令 G85。

指令格式：

```
G98;
G99  G85 X_ Y_ Z_ R_ F_;
G80;
```

G85 指令用于精镗孔加工，指令格式同 G81 指令，镗削至孔底时，主轴无暂停，并以切削速度退回指定平面，如图 4-8 所示。这样可以高精度地完成孔加工而不损伤工件已加工表面，即常讲的正面精镗循环，也可用于铰孔。

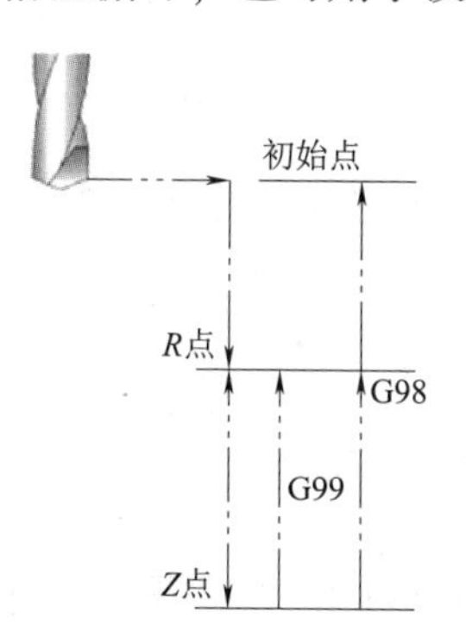

图 4-8　G85 指令动作

（4）粗镗循环指令 G86。

G86 指令格式与 G85 指令相同，但退回动作有区别。G86 指令粗镗时，刀具根据孔心 X，Y 坐标值定位后，快速移动到 R 点，然后从 R 点到 Z 点执行镗孔，到达孔底时，刀具快速移动退回指定平面。

（5）精镗循环指令 G76。

指令格式：

```
G98;
G99  G76 X_ Y_ Z_ R_ Q_ P_ F_;
G80;
```

G76 指令用于精镗孔加工。镗削至孔底时，主轴停止在定向位置，即准停，再使刀尖偏移离开加工表面，然后再退刀。这样可以高精度、高效率地完成孔加工而不损伤工件已加工表面。

在指令格式中，*Q* 表示刀尖的偏移量，一般为正数，移动方向由机床参数设定。

G76 指令精镗循环的加工过程包括以下几个步骤。

①在 *XY* 平面内快速定位。

②快速运动到 *R* 平面。

③向下按指定的进给速度精镗孔。

④孔底主轴准停，*P* 表示孔底替停时间，单位为 ms。

⑤镗刀偏移。

⑥从孔内快速退刀。

G76 指令动作的工作过程如图 4-9 所示。

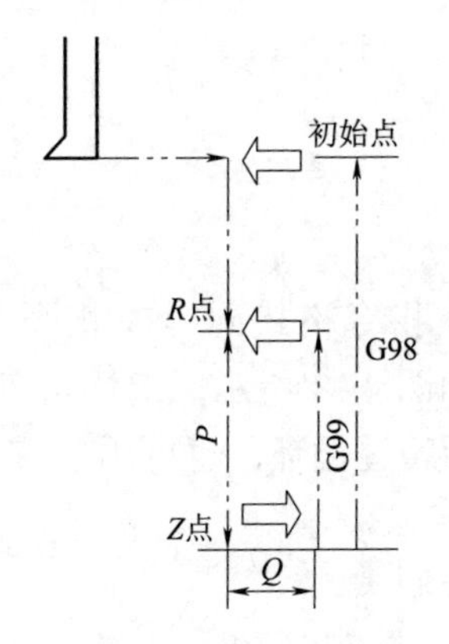

图 4-9　G76 指令动作

（6）背镗循环指令 G87。

指令格式：

```
G98 G87 X_ Y_ Z_ R_ Q_ P_ F_;
G80;
```

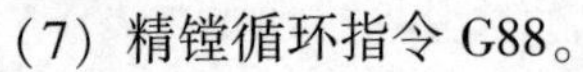

如图 4-10 所示，G87 指令背镗时，根据孔的位置坐标 *X*，*Y* 定位后，主轴在固定的旋转位置上停止。刀具在刀尖的相反方向上偏移 *Q* 值，并在孔底（*R* 点）定位（快速移动），然后刀具沿刀尖的方向移动 *Q* 值，主轴正转启动。沿 *Z* 轴正向镗孔至 *Z* 点，暂停 *P* 毫秒。在 *Z* 点，主轴再次停在固定的旋转位置，刀具沿刀尖的相反方向移动 *Q* 值，最后刀具返回至初始位置（只能返回初始位置，不返回 *R* 点）。

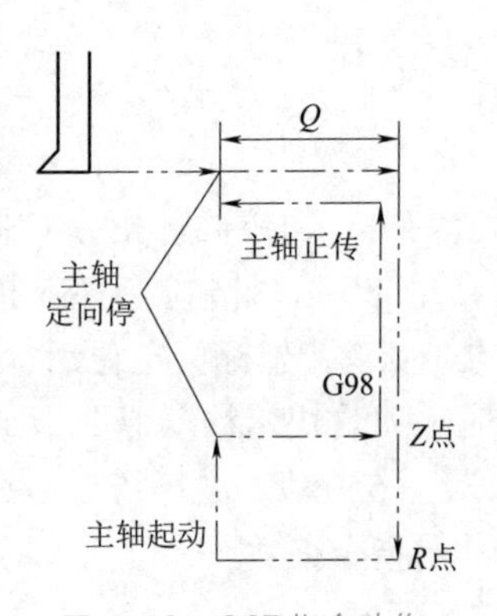

图 4-10　G87 指令动作

（7）精镗循环指令 G88。

指令格式：

```
G98;
G99  G88 X_ Y_ Z_ R_ P_ F_;
G80;
```

学习笔记

G88 指令精镗时，刀具根据孔的位置坐标 X，Y 定位后，快速移动至 R 点，然后从 R 点到 Z 点执行镗孔，到达孔底时，执行暂停，然后主轴停止；刀具从孔底（Z 点）手动返回至 R 点，到 R 点后，主轴正转，并且执行快速定位指令至初始位置。G88 指令动作如图 4-11 所示。

（8）精镗循环指令 G89。

指令格式：

```
G98;
G99  G89 X_ Y_ Z_ R_ P_ F_;
G80;
```

G89 指令与 G85 指令几乎相同，不同的是 G89 指令在孔底执行暂停，其指令动作如图 4-12 所示。

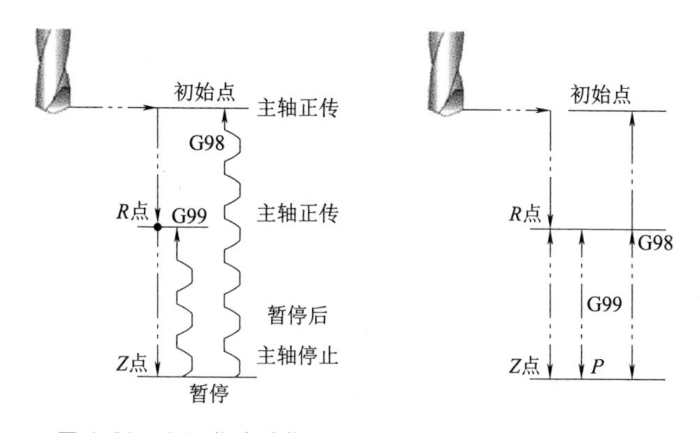

图 4-11　G88 指令动作　　图 4-12　G89 指令动作

注意：

（1）指令取消。由于孔加工循环指令为模态指令，因此，一旦某个孔加工固定循环指令有效，则在指定其他孔加工方法，或能够取消孔加工固定循环指令的 G 代码（G80，G01 指令等）前均有效。取消孔加工固定循环指令有以下两种方法。

①采用 G80 指令。执行 G80 指令后，固定循环（G73，G74，G76，G81～G89 指令）功能被取消，R 点和 Z 点的参数以及除 F 外的所有孔加工参数均被取消。

②01 组的 G 代码也会起到取消固定循环的作用，如 G01，G02，G03 指令等。

（2）轴切换。必须在改变钻孔轴之前取消孔加工固定循环指令。

（3）加工。在不包含 X 轴、Y 轴、Z 轴、R 或其他轴的程序段中，不执行相应加工。

（4）P 表示在执行孔加工的程序段中指定暂停时间，作为模态数据被存储。

（5）Q 表示孔底的偏移量时在固定循环指令中保持模态值；在 G73 指令和 G83 指令中表示每一次的切削深度。

任务实施

根据生产需要，工件选用机用虎钳装夹，校正机用虎钳固定钳口与工作台 X 轴方向平行，将工件 200 mm×25 mm 侧面贴近固定钳口后压紧，并校正工件上表面的平行度。选择合适的刀具和切削用量，编制数控加工程序。

注意：因孔为通孔，故为避免加工时刀具与夹具碰撞，装夹时工件应上移 10 mm 左右。为保证孔的完整性，孔底 *Z* 值的绝对值应大于孔深与麻花钻头锥尖高度两者之和 3~5 mm。

1. 确定加工方案

1）确定工件坐标系和对刀点

在 *XOY* 平面内确定以 *O* 点为工件原点，*Z* 轴方向以工件上表面为工件原点，建立工件坐标系，如图 4-1 所示。$4\times\phi22^{+0.025}_{0}$ mm 孔关于原点均匀分布，便于确定孔心位置尺寸。采用试切法把 *O* 点作为对刀点。

2）确定加工方法和刀具

根据各孔的尺寸精度和表面质量要求确定加工方法及选用刀具，如表 4-5 所示。

表 4-5 加工方法与选用刀具

加工内容	加工方法	选用刀具
$4\times\phi22^{+0.025}_{0}$ mm	点孔→钻孔→扩孔→铰孔	ϕ3 mm 中心钻，ϕ20 mm 麻花钻，ϕ21.8 mm 麻花钻，ϕ22 mm 铰刀

3）确定切削用量

各刀具切削参数与刀具长度补偿如表 4-6 所示。

表 4-6 刀具切削参数与刀具长度补偿

刀具参数	ϕ3 mm 中心钻	ϕ20 mm 麻花钻	ϕ21.8 mm 麻花钻	ϕ22 mm 铰刀
主轴转速/(r·min^{-1})	2 200	500	500	200
进给速度/(mm·min^{-1})	110	100	100	30
刀具长度补偿	H1/T1	H2/T2	H3/T3	H4/T4

2. 编制数控加工程序

压板中普通孔（一般企业称为浅孔）的数控加工程序如表 4-7 所示。

表 4-7 普通孔的数控加工程序

程序	注释
O4001;	程序编号 4001
N0010 G54 G90 G17 G21 G49 G40;	程序初始化
N0020 M03 S2200;	主轴顺时针旋转，转速为 2 200 r/min
N0030 G00 G43 Z150.0 H1 M08;	*Z* 轴方向快速定位，建立 1 号刀具长度补偿，切削液开
N0040 X75.0 Y75.0;	*X* 轴、*Y* 轴方向快速定位
N0050 G99 G81 Z-2.0 R2.0 F110;	打中心孔 1，进给速度为 110 mm/min
N0060 X-75.0;	打中心孔 2
N0070 Y-75.0;	打中心孔 3
N0080 X75.0;	打中心孔 4
N0090 G49 G80 G00 Z150.0;	取消固定循环，取消 1 号刀具长度补偿
N0100 M05;	主轴停止

续表

程序	注释
N0110 M00;	程序停止，手动更换 2 号刀具
N0120 M03 S500;	主轴顺时针旋转，转速为 500 r/min
N0130 G43 G00 Z100.0 H2;	Z 轴方向快速定位，建立 2 号刀具长度补偿
N0140 G99 G81 X75.0 Y75.0 Z-30.0 R5.0 F100;	钻加工孔 1，进给速度为 100 mm/min
N0150 X-75.0;	钻加工孔 2
N0160 Y-75.0;	钻加工孔 3
N0170 X75.0;	钻加工孔 4
N0180 G49 G80 G00 Z150.0;	取消固定循环，取消 2 号刀具长度补偿，Z 轴方向快速定位
N0190 M05;	主轴停止
N0200 M00;	程序停止，调用 3 号刀具
N0210 M03 S500;	主轴顺时针旋转，转速为 500 r/min
N0220 G43 G00 Z100.0 H3;	Z 轴方向快速定位，调用 3 号刀具长度补偿
N0230 G99 G81 X75.0 Y75.0 Z-30.0 R5.0 F100;	扩孔加工孔 1，进给速度为 100 mm/min
N0240 X-75.0;	扩孔加工孔 2
N0250 Y-75.0;	扩孔加工孔 3
N0260 X75.0;	扩孔加工孔 4
N0270 G49 G80 G00 Z150.0;	取消固定循环，取消 3 号刀具长度补偿
N0280 M05;	主轴停止
N0290 M00;	程序停止，调用 4 号刀具
N0300 M03 S200;	主轴顺时针旋转，转速为 200 r/min
N0310 G43 G00 Z100.0 H4;	Z 轴方向快速定位，调用 4 号刀具长度补偿
N0320 G99 G81 X75.0 Y75.0 Z-30.0 R5.0 F30;	铰加工孔 1，进给速度为 30 mm/min
N0330 X-75.0;	铰加工孔 2
N0340 Y-75.0;	铰加工孔 3
N0350 X75.0;	铰加工孔 4
N0360 G49 G00 Z150.0 M09;	取消固定循环，取消 4 号刀具长度补偿，Z 轴方向快速定位，切削液关
N0370 M05	主轴停止
N0380 M30;	程序结束

3. 程序检验

1）利用数控加工仿真软件验证

将编制好的程序，导入数控加工仿真软件，观察刀具轨迹和加工结果，以验证程序的正确性。

（1）毛坯、刀具、工具、量具准备。

刀具：ϕ3 mm 中心钻、ϕ20 mm 麻花钻、ϕ21.8 mm 麻花钻、ϕ22 mm 铰刀。

量具：0~125 mm 游标卡尺、0~25 mm 内测千分尺、深度尺、0~150 mm 钢尺（每组 1 套）。

材料：45 钢。

①将 200 mm×200 mm×25 mm 的工件正确安装在机床上。

②将 ϕ3 mm 中心钻正确安装在刀位上。

③正确摆放所需工具、量具。

学习笔记

(2) 程序输入与编辑。

①开机。

②回参考点。

③输入程序。

④程序图形校验。

(3) 零件的数控铣削加工。

①主轴正转。

②*X* 轴、*Y* 轴、*Z* 轴方向对刀，设置工件坐标系原点。

③进行相应刀具参数设置。

④自动加工。

2) 组内成员互相检查

根据编制程序，逆向画出刀具轨迹，以验证程序的正确性。

3) 求助教师或实验员进行验证

求助教师或实验员，参考正确的数控加工程序，以验证编制程序的正确性。

任务评价

对任务完成情况进行评价，并填写到表 4-8 中。

表 4-8 任务完成情况评价表

序号	评价项目		自评			师评		
			A	B	C	A	B	C
1	编程准备	刀具选择						
2		进刀点确定						
3		切削用量选择						
4		进给路线确定						
5		退刀点确定						
6	程序编制	程序开头部分设定						
7		加工部分						
8		退刀及程序结束部分						
9	程序验证	利用数控加工仿真软件验证数控加工程序						
综合评定								

任务2　深孔零件的编程与加工

任务描述

图 4-13 所示为一液压缸导向套，其他外形尺寸与表面粗糙度已达到图纸要求，只需要加工 8×ϕ11 mm 的螺栓过孔即可，材料为 45 钢。

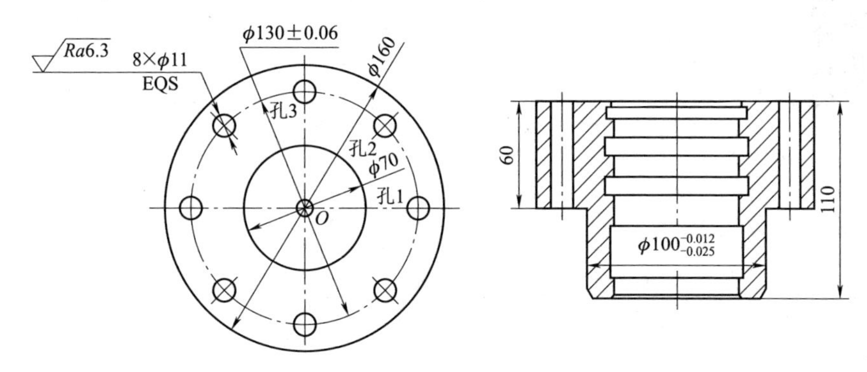

图 4-13　导向套

学前准备

（1）FANUC 0i 数控系统编程手册。

（2）确保数控铣床能正常工作。

学习目标

（1）熟练运用 FANUC 0i 数控系统的深孔啄钻指令 G73 和 G83。

（2）能够制订深孔类零件的加工工艺。

（3）能够编制深孔类零件的铣削程序。

素养目标

（1）尊重劳动，热爱劳动，具有较强的安全生产和实践能力。

（2）具有质量意识、成本意识，以及精益求精的工匠精神。

预备知识

1. 深孔循环加工指令

在生产一线，深孔循环加工常称为啄式钻，即间歇钻削。深孔啄钻指令有 G83 指令和 G73 指令。

1）深孔啄钻固定循环指令 G83

指令格式：

```
G98;
G99  G83 X_ Y_ Z_ R_ P_ Q_ F_;
G80;
```

G83 指令与 G81 指令的主要区别：G83 指令是深孔加工，采用间歇进给（分多次进给），有利于排屑；每次进给深度为 Q，直到孔底位置为止，该指令由于钻孔时有多次提刀动作，每次均提刀至 R 平面（见图 4-14），因此钻孔效率较低。Q 为每次切削进给最大深度，单位为 mm。孔底可以暂停，用 P 代码指定暂停时间。

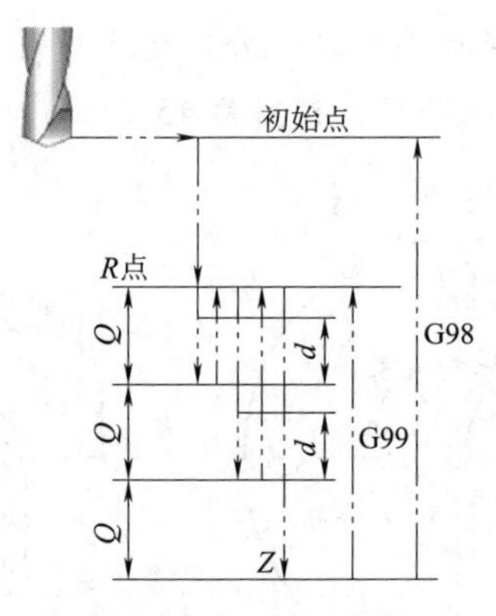

图 4-14　G83 指令动作

注意：通常生产中对深径比大于 3 的孔要采用深孔加工，一是排屑方便，二是加工质量较好。G83 指令用于细小孔和盲孔加工。

2）高速深孔啄钻固定循环指令 G73

指令格式：

```
G98;
G99  G73 X_ Y_ Z_ R_ P_ Q_ F_;
G80;
```

G73 指令与 G83 指令的主要区别：G73 指令同样采用间歇进给（分多次进给），也有多次提刀动作，但每次提刀高度通过设置系统内部参数 d 来控制，一般小于每次切削进给最大深度 Q 值，如图 4-15 所示。由于 G73 指令每次提刀高度小于 G83 指令的提刀高度，生产效率较高，因此称为高速深孔啄钻。孔底可以暂停，用 P 代码指定暂停时间。

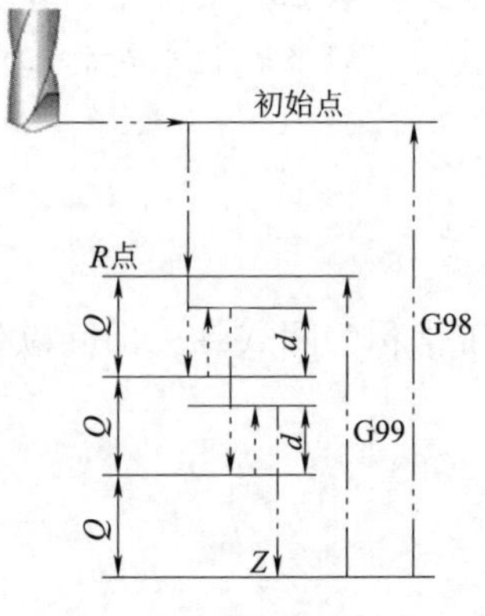

图 4-15　G73 指令动作

2. 极坐标指令（G15， G16）

编程与加工中所用坐标系一般采用直角坐标系，但在回转体中进行孔加工时，用极坐标系方便，而且加工精度高。

1）功能

终点坐标值可以用极坐标（半径与角度）输入。角度正向是所选平面第 1 轴正向的逆时针转向，而负向则是顺时针转向。半径与角度可以用绝对值指令或增量值指令（G90，G91）指定。

2）指令格式

G□□ G△△ G16；　//开始极坐标指令(极坐标方式)

G◇◇ IP_；　//极坐标加工指令

G15；　//取消极坐标指令或方式

说明如下。

（1）G16：极坐标指令。

（2）G□□：极坐标指令的平面选择指令为 G17，G18 或 G19 指令。

（3）G△△：绝对方式编程或增量方式编程。绝对方式编程指令 G90 指定工件坐标系的原点作为极坐标系的原点，从该点测量半径。增量方式编程指令 G91 指定当前位置作为极坐标系的原点，并从该点测量半径。

（4）G◇◇：加工准备功能指令，如 G00，G01 或 G81 指令等。IP：指定极坐标系选择平面的轴地址及其值。第 1 轴：极坐标半径；第 2 轴：极坐标极角。

3）编程举例

图 4-16 所示为 3 个螺栓底孔，孔深为 20 mm。

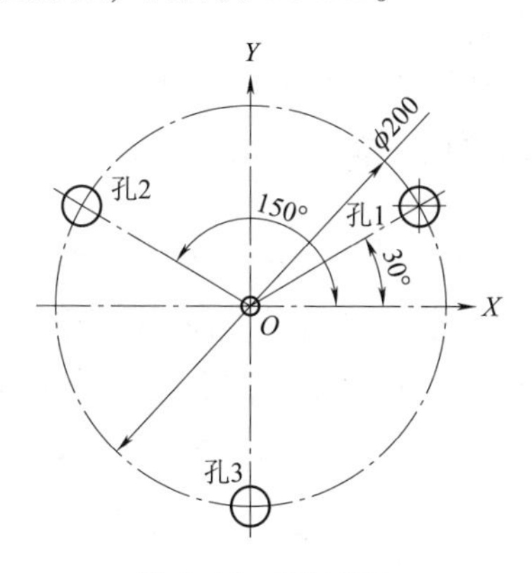

图 4-16　螺栓底孔

（1）用绝对值指令指定角度和半径，如表 4-9 所示。

表 4-9　极坐标系下绝对方式编程程序

程序	注释
N10 G17 G90 G16;	指定极坐标指令；选择 *XOY* 平面；设定工件坐标系的原点作为极坐标系的原点
N20 G99 G81 X100. 0 Y30. 0 Z-20. 0 R5. 0 F200;	加工孔 1（半径为 100 mm 且与 *X* 轴夹角为 30°）

续表

程序	注释
N30 Y150.0;	加工孔 2（半径为 100 mm 且与 *X* 轴夹角为 150°）
N40 Y270.0; N50 G15 G80;	加工孔 3（半径为 100 mm 且与 *X* 轴夹角为 270°） 取消极坐标指令，取消固定循环指令

（2）以增量编程指令指定角度和半径，如表 4-10 所示。

表 4-10　极坐标系下以增量方式编程程序

程序	注释
N10 G17 G91 G16; N20 G99 G81 X100.0 Y30.0 Z-25.0 R5.0 F200; N30 Y120.0; N40 Y120.0; N50 G15 G80;	指定极坐标指令；选择 *XOY* 平面；设定刀具所在位置作为极坐标系的原点（假设刀具在工件坐标系零点的正上方） 加工孔 1 加工孔 2（孔 2 相对孔 1 角度增量为 120°） 加工孔 3（孔 3 相对孔 2 角度增量为 120°） 取消极坐标指令，取消固定循环指令

任务实施

1. 确定加工方案

导向套为回转体零件，选用三爪自定心卡盘装夹，将导向套下端 $\phi100_{-0.025}^{-0.012}$ mm 外圆贴近三卡爪的内侧面，固定后夹紧，并校正工件上表面的平行度。

1）确定工件坐标系和对刀点

8×ϕ11 mm 孔关于圆周均匀分布，为便于确定孔心位置坐标，确定 ϕ160 mm 外圆的上表面中心为工件坐标系的原点，如图 4-13 所示，采用试切法把 *O* 点作为对刀点。

2）确定加工方法和刀具

由于 8×ϕ11 mm 孔径尺寸精度为自由公差，表面粗糙度 *Ra* 为 6.3 μm，故选用点孔→钻孔→扩孔的加工方法。8×ϕ11 mm 以回转体轴心线为中心圆周均匀分布，依据孔位置特点选取极坐标系逆时针由孔 1 开始加工，避免了用直角坐标系时孔位置数值计算的工作量，而且加工精度较高。选用刀具、切削参数等如表 4-11 和表 4-12 所示。

表 4-11　加工方法与选用刀具

加工内容	加工方法	选用刀具
8×ϕ11 mm	点孔→钻孔→扩孔	ϕ3 mm 中心钻，ϕ9.5 mm 麻花钻，ϕ11 mm 麻花钻

表 4-12　刀具切削参数与刀具长度补偿

刀具参数	ϕ3 mm 中心钻	ϕ9.5 mm 麻花钻	ϕ11 mm 麻花钻
主轴转速/(r·min^{-1})	2 200	650	550
进给速度/(mm·min^{-1})	110	100	80
刀具长度补偿	H1/T1	H2/T2	H3/T3

2. 编制数控加工程序

深孔数控加工参考程序如表 4-13 所示。

表 4-13　深孔数控加工参考程序

程序	注释
O4002;	程序编号 4002
N0010 G54 G90 G17 G21 G49 G40;	程序初始化
N0020 M03 S2200;	主轴顺时针旋转，转速为 2 200 r/min
N0030 G00 G43 Z150. 0 H1 M08;	快速定位，建立 1 号刀具长度补偿，切削液开
N0040 X0 Y0;	*X* 轴、*Y* 轴方向快速定位
N0050 G17 G90 G16;	选择 *XOY* 平面建立极坐标系
N0060 G99 G81 X65. 0 Y0 Z-2. 0 R3. 0 F110;	加工中心孔 1，进给速度为 110 mm/min
N0070 Y45. 0;	加工中心孔 2
N0080 Y90. 0;	加工中心孔 3
N0090 Y135. 0;	加工中心孔 4
N0100 Y180. 0;	加工中心孔 5
N0110 Y225. 0;	加工中心孔 6
N0120 Y270. 0;	加工中心孔 7
N0130 Y315. 0;	加工中心孔 8
N0140 G49 G80 G00 Z150. 0;	取消固定循环，取消 1 号刀具长度补偿
N0150 M05;	主轴停止
N0160 M00;	程序停止，手动更换 2 号刀具
N0170 M03 S650;	主轴顺时针旋转，转速为 650 r/min
N0180 G43 G00 Z100. 0 H02;	*Z* 轴方向快速定位，建立 2 号刀具长度补偿
N0190 G99 G83 X65. 0 Y0. Z-62. 0 R5. 0 Q5. 0 F100;	深孔啄钻加工孔 1（也可用 G73 高速深孔啄钻固定循环指令），进给速度为 100 mm/min
N0200 Y45. 0;	深孔啄钻加工孔 2
N0210 Y90. 0;	深孔啄钻加工孔 3
N0220 Y135. 0;	深孔啄钻加工孔 4
N0230 Y180. 0;	深孔啄钻加工孔 5
N0240 Y225. 0;	深孔啄钻加工孔 6
N0250 Y270. 0;	深孔啄钻加工孔 7
N0260 Y315. 0;	深孔啄钻加工孔 8
N0270 G49 G00 Z150. 0;	取消固定循环，取消 2 号刀具长度补偿，快速定位
N0280 M05;	主轴停止
N0290 M00;	程序停止，手动更换 3 号刀具
N0300 M03 S550;	主轴顺时针旋转，转速为 550 r/min
N0310 G43 G00 Z100. 0 H03;	*Z* 轴方向快速定位，建立 3 号刀具长度补偿
N0320 G99 G82 X65. 0 Y0. 0 Z-62. 0 R5. 0 P3000 F60;	扩孔加工孔 1，进给速度为 60 mm/min
N0330 Y45. 0;	扩孔加工孔 2
N0340 Y90. 0;	扩孔加工孔 3
N0350 Y135. 0;	扩孔加工孔 4
N0360 Y180. 0;	扩孔加工孔 5
N0370 Y225. 0;	扩孔加工孔 6
N0380 Y270. 0;	扩孔加工孔 7
N0390 Y315. 0	扩孔加工孔 8
N0400 G15 G49 G00 Z150. 0 M09;	取消极坐标、固定循环、刀具长度补偿指令，切削液关
N0410 M05;	主轴停止
N0420 M30;	程序结束

3. 程序检验

1）利用数控加工仿真软件验证

将编制好的程序，导入数控加工仿真软件，观察刀具轨迹和加工结果，以验证程序的正确性。

（1）毛坯、刀具、工具、量具准备。

刀具：ϕ3 mm 中心钻、ϕ9.5 mm 麻花钻、ϕ11 mm 麻花钻。

量具：0~125 mm 游标卡尺、0~25 mm 内测千分尺、深度尺、0~150 mm 钢尺（每组 1 套）。

材料：45 钢。

①将工件正确安装在机床上。

②将 ϕ3 mm 中心钻正确安装在刀位上。

③正确摆放所需工具、量具。

（2）程序输入与编辑。

①开机。

②回参考点。

③输入程序。

④程序图形校验。

（3）零件的数控铣削加工。

①主轴正转。

② X 轴、Y 轴、Z 轴方向对刀，设置工件坐标系原点。

③进行相应刀具参数设置。

④自动加工。

2）组内成员互相检查

根据编制程序，逆向画出刀具轨迹，以验证程序的正确性。

3）求助教师或实验员进行验证

求助教师或实验员，参考正确的数控加工程序，以验证编制程序的正确性。

注意：

（1）深孔加工指令选用技巧。

加工深径比大于 3 的孔时采用深孔啄钻；加工直径小于 10 mm 的孔用 G83 指令，如果要提高生产效率，则考虑高速深孔啄钻固定循环指令 G73。

（2）使用直角坐标系，计算繁重。

措施：圆形分布孔在图纸上标注角度时，最好使用极坐标系。

（3）加工顺序较乱。

措施：一般从平行 X 轴且在正方向位置处开始，顺时针或逆时针加工。

任务评价

对任务完成情况进行评价，并填写到表 4-14 中。

表 4-14 任务完成情况评价表

<table>
<tr><th rowspan="2">序号</th><th rowspan="2" colspan="2">评价项目</th><th colspan="3">自评</th><th colspan="3">师评</th></tr>
<tr><th>A</th><th>B</th><th>C</th><th>A</th><th>B</th><th>C</th></tr>
<tr><td>1</td><td rowspan="5">编程准备</td><td>刀具选择</td><td></td><td></td><td></td><td></td><td></td><td></td></tr>
<tr><td>2</td><td>进刀点确定</td><td></td><td></td><td></td><td></td><td></td><td></td></tr>
<tr><td>3</td><td>切削用量选择</td><td></td><td></td><td></td><td></td><td></td><td></td></tr>
<tr><td>4</td><td>进给路线确定</td><td></td><td></td><td></td><td></td><td></td><td></td></tr>
<tr><td>5</td><td>退刀点确定</td><td></td><td></td><td></td><td></td><td></td><td></td></tr>
<tr><td>6</td><td rowspan="3">程序编制</td><td>程序开头部分设定</td><td></td><td></td><td></td><td></td><td></td><td></td></tr>
<tr><td>7</td><td>加工部分</td><td></td><td></td><td></td><td></td><td></td><td></td></tr>
<tr><td>8</td><td>退刀及程序结束部分</td><td></td><td></td><td></td><td></td><td></td><td></td></tr>
<tr><td>9</td><td>程序验证</td><td>利用数控加工仿真软件验证数控加工程序</td><td></td><td></td><td></td><td></td><td></td><td></td></tr>
<tr><td colspan="3">综合评定</td><td colspan="3"></td><td colspan="3"></td></tr>
</table>

任务3 螺纹孔零件的编程与加工

任务描述

图 4-17 所示为一压盖，其他外形尺寸与表面粗糙度已达到图纸要求，只需要加工 5×M16-6H 的螺纹孔即可，材料为 45 钢。

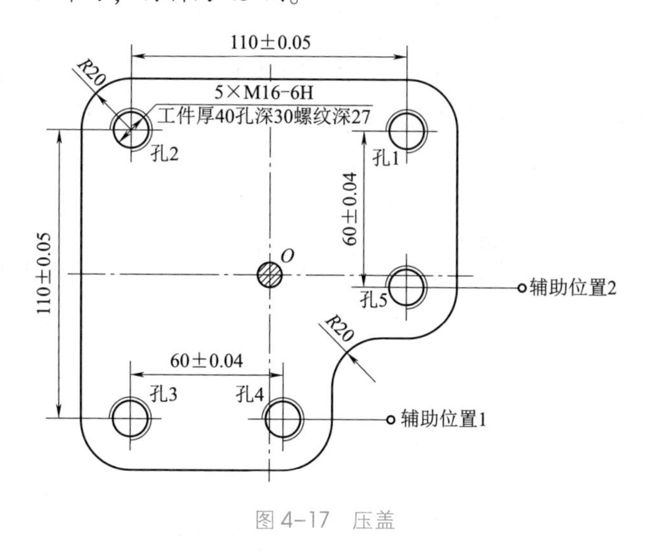

图 4-17 压盖

学前准备

（1）FANUC 0i 数控系统编程手册。

（2）确保数控铣床能正常工作。

学习笔记

学习目标

(1) 熟练运用 FANUC 0i 数控系统的攻螺纹循环指令 G74 和 G84。

(2) 能够制订螺纹孔类零件的加工工艺。

(3) 能够编制螺纹孔类零件的铣削程序。

素养目标

(1) 尊重劳动，热爱劳动，具有较强的安全生产和实践能力。

(2) 具有质量意识、成本意识，以及精益求精的工匠精神。

预备知识

1. 攻螺纹循环指令

右旋攻螺纹循环指令（G84）和左旋攻螺纹循环指令（G74）可以采用标准方式攻螺纹或刚性攻螺纹两种方法加工螺纹。

1）标准方式攻螺纹

在标准方式中攻螺纹，使用辅助指令 M03，M04 和 M05，使主轴旋转和停止，并沿着攻螺纹轴移动。

(1) 右旋攻螺纹循环指令 G84。

指令格式：

```
G98;
G99  G84 X_ Y_ Z_ R_ P_ F_;
G80;
```

G84 指令格式与 G82 指令相同，动作上的主要区别：主轴顺时针旋转执行攻螺纹，当到达孔底时，为了回退，主轴以相反方向旋转，直到返回动作完成。其指令动作如图 4-18 所示。

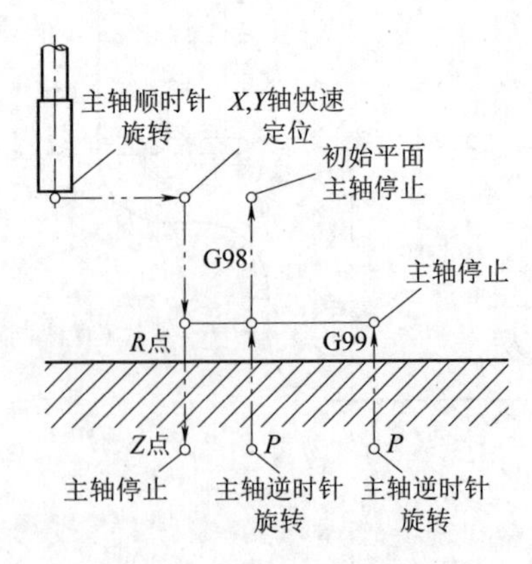

图 4-18 标准方式 G84 指令动作

注意：

①在攻螺纹期间忽略进给倍率，进给量可以不等于螺纹导程。

学习笔记

②暂停生效时，进给暂停，但主轴不停止，直到返回动作完成，主轴停止。

③回退时主轴逆时针旋转。

（2）左旋攻螺纹循环指令 G74。

指令格式：

```
G98;
G99  G74 X_ Y_ Z_ R_ P_ F_;
G80;
```

G74 指令格式与 G84 指令相同，动作相反：主轴逆时针旋转执行攻螺纹，当到达孔底时，为了回退，主轴以相反方向即顺时针旋转，直到返回动作完成。其指令动作如图 4-19 所示。

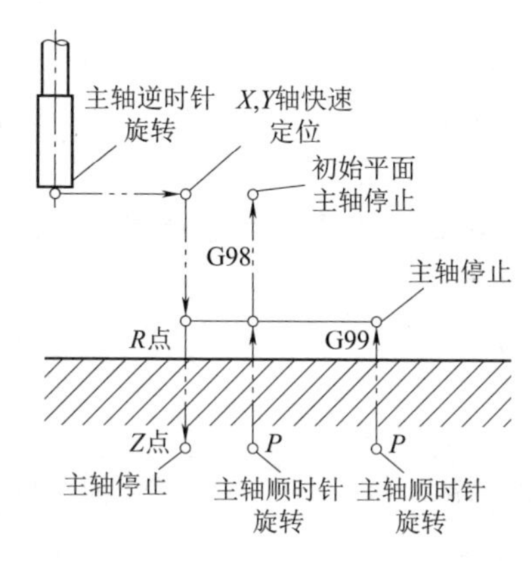

图 4-19　标准方式 G74 指令动作

注意：

①回退时主轴顺时针旋转。

②其他事项同 G84 指令。

2）刚性攻螺纹

采用刚性攻螺纹时，用主轴电动机控制攻螺纹过程，主轴电动机的工作和伺服电动机一样，由攻螺纹轴和主轴之间的插补来执行攻螺纹。主轴每旋转一周，沿攻螺纹轴产生一定的进给（螺纹导程），即使在加减速期间，这个操作也不变化。刚性攻螺纹中不用标准方式攻螺纹中使用的浮动丝锥卡头，因此可以得到较快和较精准的攻螺纹。

（1）右旋刚性攻螺纹循环指令 G84。

指令格式：

```
G98;
G99  G84 X_ Y_ Z_ R_ P_ F_;
G80;
```

该 G84 指令格式与标准方式 G84 指令格式相同。其指令动作如图 4-20 所示。沿 X 轴和 Y 轴定位后，执行快速定位指令至 R 点。主轴正转（顺时针旋转），从 R 点到 Z 点执行攻螺纹。当螺纹完成时，主轴停止并执行暂停，然后主轴以相反方向旋转，刀具退回 R 点，主轴停止。如果用 G98 指令，则快速移动至初始位置。

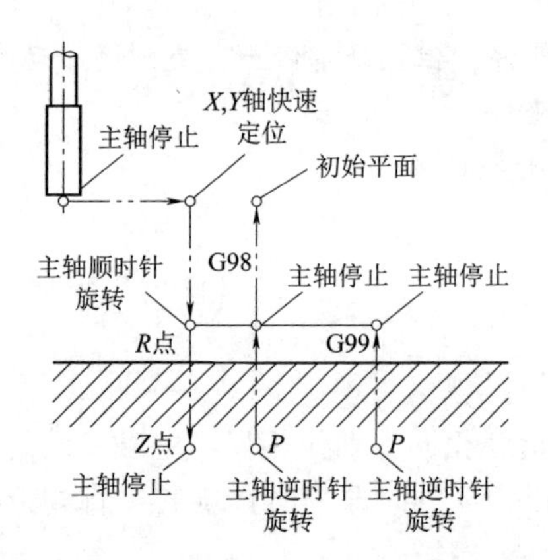

图 4-20　刚性攻螺纹下 G84 指令动作

注意：

①进给倍率。在攻螺纹期间进给倍率和主轴倍率为 100%，但是，回退时进给倍率可以调到 200%。

②进给速度 *F*。在每分钟进给方式中，进给速度=螺纹导程×主轴转速。在每转进给方式中，进给速度等于螺纹导程。

③*F* 的单位，如表 4-15 所示。

表 4-15　*F* 的单位

指令	公制输入单位	英制输入单位	备注
G94	mm/min	in/min	允许小数点编程
G95	mm/r	in/r	

④刚性攻螺纹在攻螺纹指令段前或段中指定“M29 S××××”。

（2）左旋刚性攻螺纹循环指令 G74。

该 G74 指令格式与标准方式 G74 指令格式相同。其指令动作如图 4-21 所示。沿 *X* 轴和 *Y* 轴定位后，执行快速定位指令至 *R* 点。主轴反转（逆时针旋转），从 *R* 点到 *Z* 点执行攻螺纹。当螺纹完成时，主轴停止并执行暂停，然后主轴以相反方向旋转，刀具退回 *R* 点，主轴停止。如果用 G98 指令，则快速移动至初始位置。

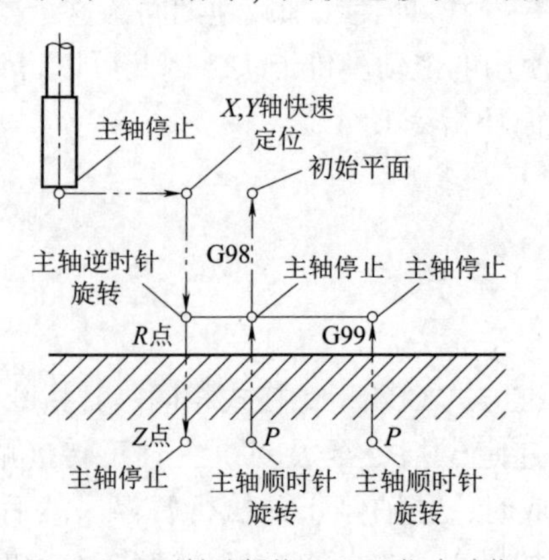

图 4-21　刚性攻螺纹下 G74 指令动作

学习笔记

注意事项同右旋刚性攻螺纹循环指令 G84。

（3）刚性攻螺纹编程实例。

加工螺纹导程为 2 mm（在加工中，主轴旋转一周，螺纹刀在 Z 轴方向行进 2 mm，一般称螺纹导程为 2 mm，其实应为 2 mm/r）的螺纹孔，深度为 30 mm，孔心位置：$X=120$ mm，$Y=100$ mm。假设主轴速度为 200 r/min，计算其进给速度，然后编程。

刚性攻螺纹时，在每分钟进给方式中，进给速度=螺纹导程×主轴转速=2 000 mm/min；在每转进给方式中，进给速度=螺纹导程=2 mm/r。刚性攻螺纹参考程序如表 4-16 所示。

表 4-16　刚性攻螺纹参考程序

进给方式	程序	注释
每分进给方式	G94；	指定每分钟进给指令
	G00 X120.0 Y100.0；	孔心定位
	M29 S200；	指定刚性攻螺纹
	G84 Z-30.0 R5.0 P1000 F2000；	刚性攻螺纹（若左旋则用 G74 指令）
每转进给方式	G95；	指定每转进给指令
	G00 X120.0 Y100.0；	孔心定位
	M29 S200；	指定刚性攻螺纹
	G84 Z-30.0 R5.0 P1000 F2.0；	刚性攻螺纹（若左旋则用 G74 指令）

2. 消除反向间隙的刀具轨迹

刀具轨迹是数控加工过程中刀具相对于被加工工件的运动轨迹和方向。刀具轨迹的确定非常重要，因为它与零件的加工精度和表面质量密切相关。

确定刀具轨迹的一般原则如下。

（1）保证零件的加工精度和表面粗糙度。

（2）方便数值计算，减少编程工作量。

（3）尽量缩短刀具轨迹，减少进退刀时间和其他辅助时间。

（4）尽量减少程序段数。

（5）消除反向间隙。

在这里重点介绍避免引入反向误差的问题。数控机床在反向运动时会出现反向间隙，在刀具轨迹中将反向间隙带入，就会影响刀具的定位精度，增加工件的定位误差。如果孔间的位置精度要求不高，则可采取图 4-22 所示刀具轨迹，但该轨迹存在一定的反向误差。反之，如果孔间位置精度要求较高（IT8 级以下），则需要消除反向误差，此时应采取的刀具轨迹如图 4-23 所示。

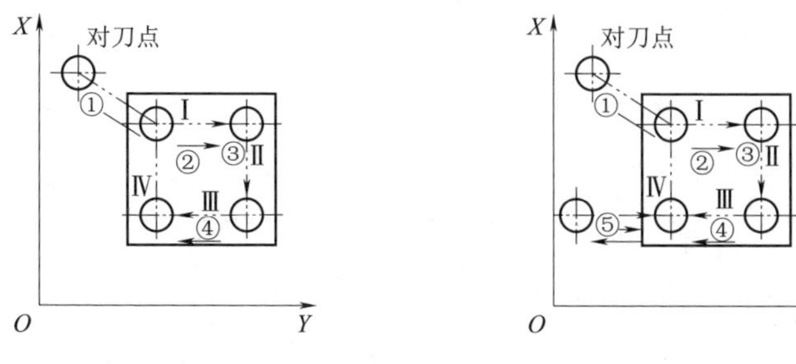

图 4-22　存在反向误差的刀具轨迹　　图 4-23　消除反向误差的刀具轨迹

学习笔记

任务实施

1. 确定加工方案

由于压盖为缺少一个角的四方体，两边不对称，因此不宜选取机用虎钳。要加工的螺纹孔为盲孔，夹具可选用三块压板（见图 4-24），校正工件上表面的平行度后压紧。装夹时要考虑加工时刀具与工件及夹具不能发生干涉。

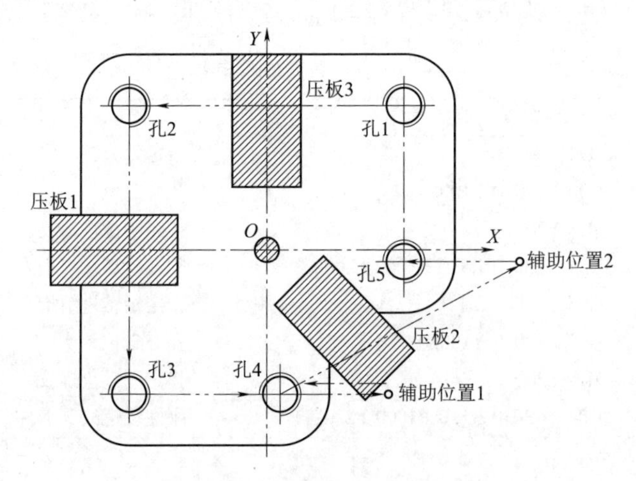

图 4-24　装夹方式及加工路线

1）确定工件坐标系和对刀点

以 *XOY* 平面内工件上表面 150 mm×150 mm 的中心为工件原点，建立工件坐标系，如图 4-17 所示。采用试切对刀方法时把 *O* 点作为对刀点。

2）确定加工方法和刀具

加工 5×M16-6H 螺纹，需要先钻出底孔，再攻螺纹。故选用点孔→钻孔→攻螺纹的加工方法。孔间位置精度要求较高，为了避免机床反向运动时产生反向误差，设计的加工路线如图 4-24 所示。根据机械加工螺纹底孔规格标准《普通螺纹 基本牙型》（GB/T 192—2003）查得 M16-6H 螺纹底孔最大尺寸为 ϕ14.210 mm，最小尺寸为 ϕ13.835 mm，钢件的推荐钻头直径为 14 mm。本任务中 5×M16-6H 螺纹孔的加工方法与选用刀具、刀具切削参数与刀具长度补偿如表 4-17 和表 4-18 所示。

表 4-17　加工方法与选用刀具

加工内容	加工方法	选用刀具
5×ϕ14	点孔→钻孔	ϕ3 mm 中心钻，ϕ14 mm 麻花钻
5×M16-6H	攻螺纹	M16 mm 丝锥

表 4-18　刀具切削参数与刀具长度补偿

刀具参数	ϕ3 mm 中心钻	ϕ14 mm 麻花钻	M16 mm 丝锥
主轴转速/(r·min^{-1})	2 200	500	100
进给速度/(mm·min^{-1})	110	80	60
刀具长度补偿	H1/T1	H2/T2	H3/T3

学习笔记

2. 编制数控加工程序

参考程序如表 4-19 所示。

表 4-19 参考程序

程序	注释
O4003;	程序编号 4003
N0010 G54 G90 G17 G21 G49 G40;	程序初始化
N0020 M03 S2200;	主轴顺时针旋转，转速为 2 200 r/min
N0030 G00 G43 Z150.0 H01 M08;	快速定位，建立 1 号刀具长度补偿，切削液开
N0040 Z30.0;	确定初始平面的位置
N0050 X55.0 Y55.0;	*X* 轴、*Y* 轴方向快速定位至孔 1
N0060 G99 G81 Z-2.0 R5.0 F110;	加工中心孔 1，进给速度为 110 mm/min（注意初始平面的 *Z* 坐标值要比压板上表面的 *Z* 坐标值大 3~5 mm）
N0070 X-55.0;	加工中心孔 2
N0080 Y-55.0;	加工中心孔 3
N0090 G00 X50.0;	到辅助位置 1 处，以消除孔 4 的反向误差
N0100 G99 G81 X5.0 Z-2.0 R5.0 F110;	加工中心孔 4
N0110 G00 X80.0 Y-5.0;	到辅助位置 2 处，以消除孔 5 的反向误差
N0120 G98 G81 X55.0 Z-2.0 R5.0 F110;	加工中心孔 5
N0130 G49 G00 Z150.0;	取消固定循环，取消 1 号刀具长度补偿
N0140 M05 M09;	主轴停止，切削液关
N0150 M00;	程序停止，手动更换 2 号刀具
N0160 M03 S500;	主轴顺时针旋转，转速为 500 r/min
N0170 G43 G00 Z100.0 H02 M08;	建立 2 号刀具长度补偿，切削液开
N0180 Z30.0;	确定初始平面位置
N0190 G99 G73 X55.0 Y55.0 Z-30.0 R5.0 Q5.0 F80;	加工底孔 1，进给速度为 80 mm/min
N0200 X-55.0;	加工底孔 2
N0210 Y-55.0;	加工底孔 3
N0220 G00 X50.0;	到辅助位置 1 处，以消除孔 4 的反向误差
N0230 G99 G73 X5.0 Z-30.0 R5.0 Q5.0 F60;	加工底孔 4
N0240 G00 X80.0 Y-5.0;	到辅助位置 2 处，以消除孔 5 的反向误差
N0250 G98 G73 X55.0 Y-5.0 Z-30.0 R5.0 Q5.0 F60;	加工底孔 5
N0260 G49 G00 Z150.0 M09;	取消固定循环，取消 2 号刀具长度补偿，*Z* 轴方向快速定位，切削液关
N0270 M05;	主轴停止
N0280 M00;	程序停止，手动更换 3 号刀具
N0290 M03 S100;	主轴顺时针旋转，转速为 100 r/min
N0300 G43 G00 Z100.0 H03 M08;	*Z* 轴方向快速定位，建立 3 号刀具长度补偿，切削液开
N0310 Z30;	确定初始平面位置
N0320 G99 G84 X55.0 Y55.0 Z-27.0 R5.0 P1000 F60;	加工螺纹孔 1，进给速度为 60 mm/min，并在孔底暂停 1 s
N0330 X-55.0;	加工螺纹孔 2
N0340 Y-55.0;	加工螺纹孔 3
N0350 G00 X50.0;	到辅助位置 1 处，以消除孔 4 的反向误差
N0360 G99 G84 X5.0 Z-27.0 R5.0 P1000 F50;	加工螺纹孔 4
N0370 G00 X80.0 Y-5.0;	到辅助位置 2 处，以消除孔 5 的反向误差
N0380 G98 G84 X55.0 Y-5.0 Z-27.0 R5.0 P1000 F50;	加工螺纹孔 5
N0390 G49 G00 Z150.0 M09;	取消固定循环、刀具长度补偿，切削液关
N0400 M30;	程序结束

学习笔记

3. 程序检验

1）利用数控加工仿真软件验证

将编制好的程序，导入数控加工仿真软件，观察刀具轨迹和加工结果，以验证程序的正确性。

（1）毛坯、刀具、工具、量具准备。

刀具：ϕ3 mm 中心钻、ϕ14 mm 麻花钻、M16 mm 丝锥。

量具：0~125 mm 游标卡尺、0~25 mm 内测千分尺、深度尺、0~150 mm 钢尺（每组 1 套）、M16 mm 塞规。

材料：45 钢。

①将工件正确安装在机床上。

②将 ϕ3 mm 中心钻正确安装在刀位上。

③正确摆放所需工具、量具。

（2）程序输入与编辑。

①开机。

②回参考点。

③输入程序。

④程序图形校验。

（3）零件的数控铣削加工。

①主轴正转。

②X 轴、Y 轴、Z 轴方向对刀，设置工件坐标系原点。

③进行相应刀具参数设置。

④自动加工。

2）组内成员互相检查

根据编制程序，逆向画出刀具轨迹，以验证程序的正确性。

3）求助教师或实验员进行验证

求助教师或实验员，参考正确的数控加工程序，以验证编制程序的正确性。

注意：

（1）孔加工方案不合理，直接攻螺纹。

措施：一般小于 M20 mm 的螺纹孔要先加工底孔，再用丝锥攻螺纹；大于 M20 mm 的螺纹孔要钻孔→镗孔→刚性镗螺纹。

（2）孔加工路线不合理，存在反向误差。

措施：孔间位置精度要求较高时，应先越过孔心位置（快速至一处辅助位置，一般不执行孔加工动作），再回退至孔心加工该孔。

（3）G84 指令和 G74 指令中 F 值错误。

措施：标准方式下攻螺纹时，F 值与导程没有直接关系；刚性攻螺纹时，每转方式编程情况下 F 值等于螺纹导程；每分钟方式编程情况下 F 值等于螺纹导程与主轴转速的积。

学习笔记

任务评价

对任务完成情况进行评价，并填写到表 4-20 中。

表 4-20　任务完成情况评价表

序号	评价项目		自评			师评		
			A	B	C	A	B	C
1	编程准备	刀具选择						
2		进刀点确定						
3		切削用量选择						
4		进给路线确定						
5		退刀点确定						
6	程序编制	程序开头部分设定						
7		加工部分						
8		退刀及程序结束部分						
9	程序验证	利用数控加工仿真软件验证数控加工程序						
综合评定								

项目五　复杂轮廓零件的编程与加工（用户宏程序的运用）

任务1　椭圆内腔零件的编程与加工

任务描述

某生产厂家要求对椭圆内腔轮廓进行精加工，粗加工和半精加工已经完成，如图5-1所示，材料为45钢。

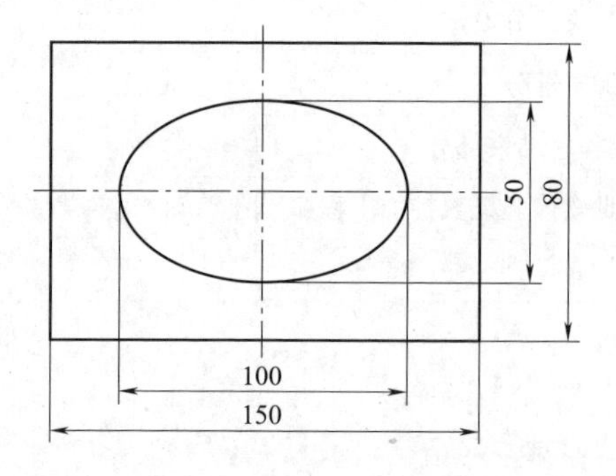

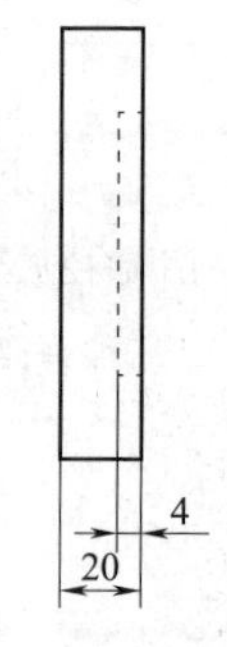

图5-1　椭圆内腔零件

由于椭圆轮廓表面还有一个加工余量，因此加工椭圆的内腔轮廓只要按轮廓编程的方法即可，但由于椭圆为高阶曲线，所以不能直接用圆弧插补指令来编程，如果将椭圆轮廓分成若干线段，在每条线段上做直线或圆弧插补，则需要计算出这些线段端点的坐标，直接计算比较麻烦，可以将其坐标值用宏变量来表示。

学前准备

（1）FANUC 0i数控系统编程手册。

（2）数控加工仿真软件。

（3）加工常用工具、量具。

学习目标

（1）了解用户宏程序的基本概念，熟悉用户宏程序的各类变量。

（2）能够使用用户宏程序正确编制复杂轮廓零件的数控加工程序。

素养目标

（1）养成独立思考的学习习惯。

（2）具有团队协作精神和沟通能力。

预备知识

1. 复杂轮廓零件加工刀具

立铣刀一般有3~4个刀齿，用于加工平面、台阶、槽和相互垂直的平面，圆柱上的切削刃是主切削刃，端面上分布着副切削刃，如图5-2所示。立铣刀工作时只能沿刀具径向做进给运动，不能沿轴线方向做进给运动。用立铣刀铣槽时槽宽有扩张，因此要选用直径比槽宽略小的铣刀。

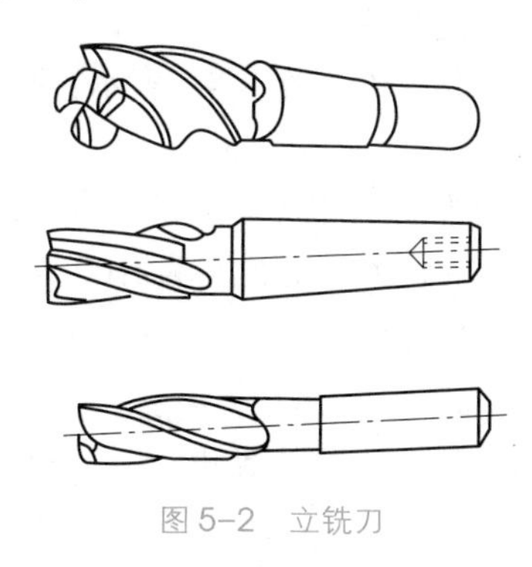

图5-2 立铣刀

2. 复杂轮廓零件的加工方案

复杂轮廓零件的加工方案应考虑加工表面的尺寸精度和表面粗糙度、零件的结构形状和尺寸大小、热处理情况、材料的性能以及零件的批量等。

（1）尺寸精度：长度、深度等。

（2）形状精度：圆度、圆柱度及轴线的直线度。

（3）位置精度：同轴度、平行度、垂直度。

（4）表面质量：表面粗糙度、表面硬度等。

3. 宏程序的分类

1）A类宏程序

（1）用户宏功能。

用户宏功能是提高数控机床性能的一种特殊功能。通过把能完成某一功能的一系列指令像子程序一样存入存储器，然后用一个总指令代表它们，使用时只需给出这个总指令就能执行该功能。

（2）变量。

在常规的主程序和子程序内，经常将一个具体的数值赋给一个地址。为了使程序更具通用性、更加灵活，在宏程序中设置了变量，可以将一个变量赋给一个地址。

变量可以用符号“#”和跟随其后的变量序号来表示，如#*i*。将跟随在一个地址后的数值用一个变量来代替，即引入了变量。变量分为公共变量和系统变量两类，它们的用途和性质都不同。公共变量是在主程序和主程序调用的各用户宏程序内公用的变量。数控系统不同，各变量号的设置也不一样，使用时注意查看对应的数控系统编程手册。例如，0MC系统公共变量的序号为#100~#131，#500~#531。其中#100~#131公共变量在电源断电后即清零，重新开机时被设置为0；#500~#531公共变量即使在电源断电后，它们的值也保持不变，因此又称保持型变量。

系统变量是有固定用途的变量，它的值决定系统的状态。系统变量包括刀具偏置变量、接口的输入/输出信号变量、位置信息变量等。

（3）宏功能相关指令。

①宏程序调用指令 G65。

G65 指令可以实现丰富的宏功能，包括算术运算、逻辑运算等。

指令格式：G65 Hm P#i Q#j R#k;

其中，m 表示宏程序功能，数值范围为 01～99；#i 表示存放运算结果的变量名；#j 表示被操作的第一个变量，也可以是一个常数；#k 表示被操作的第二个变量，也可以是一个常数。

例如，当程序功能为加法运算时：程序 P#100 Q#101 R#102; 的含义为#100 = #101+#102；程序 P#100 Q-#101 R#102; 的含义为#100 = -#101+#102；程序 P#100 Q#101 R#150; 的含义为#100 = #101+#150。

②宏功能运算及控制指令。

宏功能指令包括算术运算指令、逻辑运算指令、三角函数指令和控制类指令。

算术运算指令如表 5-1 所示。

表 5-1　算术运算指令

G 代码	H 代码	功能	定义
G65	H01	定义，替换	#i=#j
G65	H02	加	#i=#j+#k
G65	H03	减	#i=#j-#k
G65	H04	乘	#i=#j×#k
G65	H05	除	#i=#j/#k
G65	H21	平方根	#i=$\sqrt{\#j}$
G65	H22	绝对值	#i=|#j|
G65	H23	求余	#i=#j-trunc(#j/#k)×#k
		—	trunc，丢弃小于 1 的分数部分
G65	H24	BCD 码→二进制码	#i=BIN(#j)
G65	H25	二进制码→BCD 码	#i=BCD(#j)
G65	H26	复合乘/除	#i=(#i×#j)/#k
G65	H27	复合平方根 1	#i= $\sqrt{\#j^2+\#k^2}$
G65	H28	复合平方根 2	#i= $\sqrt{\#j^2-\#k^2}$

以下是算术运算指令的使用方法。

- 变量的定义和替换 #i=#j。

指令格式：G65 H01 P#i Q#j;

例：G65 H01 P#101 Q1005;（#101=1005）。

G65 H01 P#101 Q-#112;（#101=-#112）。

学习笔记

- 加法 $\#i=\#j+\#k$。

指令格式：G65 H02 P#i Q#j R#k;

例：G65 H02 P#101 Q#102 R#103;（#101=#102+#103）。

- 减法 $\#i=\#j-\#k$。

指令格式：G65 H03 P#i Q#j R#k;

例：G65 H03 P#101 Q#102 R#103;（#101=#102−#103）。

- 乘法 $\#i=\#j\times\#k$。

指令格式：G65 H04 P#i Q#j R#k;

例：G65 H04 P#101 Q#102 R#103;（#101=#102×#103）。

- 除法：$\#i=\#j / \#k$。

指令格式：G65 H05 P#i Q#j R#k;

例：G65 H05 P#101 Q#102 R#103;（#101=#102/#103）。

- 平方根 $\#i=\sqrt{\#j}$。

指令格式：G65 H21 P#i Q#j;

例：G65 H21 P#101 Q#102;（$\#101=\sqrt{\#102}$）。

- 绝对值 $\#i=|\#j|$。

指令格式：G65 H22 P#i Q#j;

例：G65 H22 P#101 Q#102;（#101=|#102|）。

- 复合平方根 1 $\#i=\sqrt{\#j^2+\#k^2}$。

指令格式：G65 H27 P#i Q#j R#k;

例：G65 H27 P#101 Q#102 R#103;（$\#101=\sqrt{\#102^2+\#103^2}$）。

- 复合平方根 2 $\#i=\sqrt{\#j^2-\#k^2}$。

指令格式：G65 H28 P#i Q#j R#k;

例：G65 H28 P#101 Q#102 R#103;（$\#101=\sqrt{\#102^2-\#103^2}$）。

逻辑运算指令如表 5-2 所示。

表 5-2　逻辑运算指令

G 代码	H 代码	功能	定义
G65	H11	逻辑或	$\#i=\#j$ OR $\#k$
G65	H12	逻辑与	$\#i=\#j$ AND $\#k$
G65	H13	异或	$\#i=\#j$ XOR $\#k$

以下是逻辑运算指令的使用方法。

- 逻辑或 $\#i=\#j$ OR $\#k$。

指令格式：G65 H11 P#i Q#j R#k;

例：G65 H11 P#101 Q#102 R#103;（#101=#102 OR #103）。

- 逻辑与 $\#i=\#j$ AND $\#k$。

指令格式：G65 H12 P#i Q#j R#k;

例：`G65 H12 P#101 Q#102 R#103;`（#101=#102 AND #103）。

三角函数指令如表 5-3 所示。

表 5-3　三角函数指令

G 代码	H 代码	功能	定义
G65	H31	正弦	#*i*=#*j*×SIN(#*k*)
G65	H32	余弦	#*i*=#*j*×COS(#*k*)
G65	H33	正切	#*i*=#*j*×TAN(#*k*)
G65	H34	反正切	#*i*=ATAN(#*j*/#*k*)

以下是三角函数指令的使用方法。

- 正弦函数 #*i*=#*j*×SIN(#*k*)。

指令格式：`G65 H31 P#i Q#j R#k;`（单位：(°)）。

例：`G65 H31 P#101 Q#102 R#103;`（#101=#102×SIN(#103)）。

- 余弦函数 #*i*=#*j*×COS(#*k*)。

指令格式：`G65 H32 P#i Q#j R#k;`（单位：(°)）。

例：`G65 H32 P#101 Q#102 R#103;`（#101=#102×COS(#103)）。

- 正切函数 #*i*=#*j*×TAN#*k*。

指令格式：`G65 H33 P#i Q#j R#k;`（单位：(°)）。

例：`G65 H33 P#101 Q#102 R#103;`（#101=#102×TAN(#103)）。

- 反正切 #*i*=ATAN(#*j*/#*k*)。

指令格式：`G65 H34 P#i Q#j R#k;`（单位：(°)，0°≤#*j*≤360°）。

例：`G65 H34 P#101 Q#102 R#103;`（#101=ATAN(#102/#103)）。

控制类指令如表 5-4 所示。

表 5-4　控制类指令

G 代码	H 代码	功能	定义
G65	H80	无条件转移	GOTO*n*
G65	H81	条件转移 1	IF#*j*=#*k*，GOTO*n*
G65	H82	条件转移 2	IF#*j*!=#*k*，GOTO*n*
G65	H83	条件转移 3	IF#*j*>#*k*，GOTO*n*
G65	H84	条件转移 4	IF#*j*<#*k*，GOTO*n*
G65	H85	条件转移 5	IF#*j*>=#*k*，GOTO*n*
G65	H86	条件转移 6	IF#*j*<=#*k*，GOTO*n*
G65	H99	产生 P/S 报警	P/S 报警号 500+*n* 出现

以下是控制类指令的使用方法。

- 无条件转移。

指令格式：`G65 H80 Pn;`（其中 *n* 为程序段号）。

例：`G65 H80 P120;`（转移到 N120）。

• 条件转移 1 #*j* EQ #*k*(=)。

指令格式：`G65 H81 Pn Q#j R#k;`（其中 *n* 为程序段号）。

例：`G65 H81 P1000 Q#101 R#102;`

若#101=#102，则转移到 N1000 程序段；若#101≠#102，则执行下一程序段。

• 条件转移 2 #*j* NE #*k*(≠)。

指令格式：`G65 H82 Pn Q#j R#k;`（其中 *n* 为程序段号）。

例：`G65 H82 P1000 Q#101 R#102;`

若#101≠ #102，则转移到 N1000 程序段；若#101=#102，则执行下一程序段。

• 条件转移 3 #*j* GT #*k*(>)。

指令格式：`G65 H83 Pn Q#j R#k;`（其中 *n* 为程序段号）。

例：`G65 H83 P1000 Q#101 R#102;`

若#101>#102，则转移到 N1000 程序段；若#101≤#102，则执行下一程序段。

• 条件转移 4 #*j* LT #*k*(<)。

指令格式：`G65 H84 Pn Q#j R#k;`（其中 *n* 为程序段号）。

例：`G65 H84 P1000 Q#101 R#102;`

若#101<#102，则转移到 N1000 程序段；若#101≥#102，则执行下一程序段。

• 条件转移 5 #*j* GE #*k*(≥)。

指令格式：`G65 H85 Pn Q#j R#k;`（其中 *n* 为程序段号）。

例：`G65 H85 P1000 Q#101 R#102;`

若#101≥#102，则转移到 N1000 程序段；若#101<#102，则执行下一程序段。

• 条件转移 6 #*j* LE #*k*(≤)。

指令格式：`G65 H86 Pn Q#j Q#k;`（其中 *n* 为程序段号）。

例：`G65 H86 P1000 Q#101 R#102;`

若#101≤#102，则转移到 N1000 程序段；若#101>#102，则执行下一程序段。

注意：由 G65 指令规定的 H 代码不影响偏移量的任何选择。

如果用于各算术运算的 Q 代码或 R 代码未被指定，则作为 0 处理。

在分支转移目标地址中，如果序号为正值，则检索过程是先向大程序号查找；如果序号为负值，则检索过程是先向小程序号查找。

转移目标序号可以是变量。

2）B 类宏程序

（1）B 类宏程序定义和宏指令。

B 类宏程序是由用户编制的专用程序，它类似于子程序，使用规定的指令作为代号进行调用。B 类宏程序的代号称为宏指令。

（2）变量。

普通数控加工程序直接用数值指定 G 代码和移动距离，如 G01 和 X100.0。而使用 B 类宏程序时，G 代码和移动距离既可用数值直接指定也可用变量指定，如#1=#2+100，`G01 X#1 F300;`。当用变量时，变量值可用程序或 MDI 操作面板上的操作改变。

①变量的表示。

计算机允许使用变量名，而用户宏程序则不行。变量用变量符号“#”和后面的变量号指定，如#1。表达式可用于指定变量号，此时，要把表达式放在方括号中。

例：#[#1+#2-12]。

②变量的类型。

变量根据变量号可以分成四种类型，如表 5-5 所示。

表 5-5　变量的类型

变量号	变量类型	功能
#0	空变量	该变量总是空，没有值能赋给该变量
#1~#33	局部变量	局部变量只能用于在宏程序中存储数据，如运算结果。当断电时，局部变量初始化为空。调用宏程序时，自变量对局部变量赋值
#100~#199 #500~#999	公共变量	公共变量在不同的宏程序中意义相同。当断电时，变量#100~#199 初始化为空；变量#500~#999 的数据保存，即使断电也不会丢失
#1000~	系统变量	系统变量用于读和写 CNC 运行时各种数据的变化，如刀具的当前位置和刀具补偿值

③变量值的范围。

局部变量和公共变量可以是 0 值或$-10^{47}\sim-10^{-29}$ 值或 $10^{-29}\sim10^{47}$ 值，如果计算结果超出有效范围，则发出 P/S 报警 NO. 111。

④小数点的省略。

当在程序中定义变量值时，小数点可以省略。

例：当定义“#1=123;”时，变量#1 的实际值是 123. 000。

⑤变量的引用。

当在程序中使用变量值时，指令后跟变量号的地址。当使用表达式指定变量时，要把表达式放在方括号中。

例：G01 X[#1+#2] F#3;

被引用变量的值会根据地址的最小设定单位自动四舍五入。

例：当 G00 X#1; 以 1/1000 mm 的单位执行时，CNC 把 12. 3456 赋值给变量#1，实际指令值为 G00 X12. 346;。

当改变引用变量的值的符号时，要把负号“-”放在“#”的前面。

例：G00 X-#1;

当引用未定义的变量时，变量及地址都被忽略。

例：当变量#1 的值是 0，并且变量#2 的值是空时，G00 X#1 Y#2; 的实际指令值为 G00 X0;。

⑥未定义的变量。

当变量值未定义时，这样的变量称为空变量。变量#0 总是空变量，它不能写，只能读。

(3) 宏程序调用。

可用以下方法调用宏程序：非模态调用（G65 指令）；模态调用（G66，G67 指令）；用 G 代码调用宏程序；用 M 代码调用宏程序；用 M 代码调用子程序；用 T 代码调用子程序。

本书只介绍非模态调用和模态调用宏程序，其他详细内容请查看各数控机床的操作说明书。

调用指令格式如下。

①非模态调用（G65 指令）。

指令格式：G65 P(宏程序号) L(重复次数)(变量分配)；

调用宏程序时可用两种形式的自变量指定：自变量指定Ⅰ和自变量指定Ⅱ。自变量指定Ⅰ可使用除 G，L，O，N 和 P 以外的字母，每个字母指定一次。自变量指定Ⅱ可使用 A，B，C 和 I_i，J_i，K_i（i 为 1~10）。根据使用字母的不同，系统自动决定自变量指定的类型。自变量指定Ⅰ如表 5-6 所示，自变量指定Ⅱ如表 5-7 所示。

表 5-6 自变量指定Ⅰ

地址	变量号	地址	变量号	地址	变量号
A	#1	I	#4	T	#20
B	#2	J	#5	U	#21
C	#3	K	#6	V	#22
D	#7	M	#13	W	#23
E	#8	Q	#17	X	#24
F	#9	R	#18	Y	#25
H	#11	S	#19	Z	#26

表 5-7 自变量指定Ⅱ

地址	变量号	地址	变量号	地址	变量号
A	#1	K_3	#12	J_7	#23
B	#2	I_4	#13	K_7	#24
C	#3	J_4	#14	I_8	#25
I_1	#4	K_4	#15	J_8	#26
J_1	#5	I_5	#16	K_8	#27
K_1	#6	J_5	#17	I_9	#28
I_2	#7	K_5	#18	J_9	#29
J_2	#8	I_6	#19	K_9	#30
K_2	#9	J_6	#20	I_{10}	#31
I_3	#10	K_6	#21	J_{10}	#32
J_3	#11	I_7	#22	K_{10}	#33

注意：地址 G，L，O，N 和 P 不能在自变量中使用。

不需要指定的地址可以省略，对应省略地址的局部变量设为空。

地址一般不需要按字母顺序指定，但应符合字地址可变程序段格式。但是 I，J 和 K 需要按字母顺序指定。I，J，K 的下标用于确定自变量指定的顺序，在实际编程中不写。

学习笔记

②模态调用（G66，G67 指令）。

指令格式：G66 P(宏程序号) L(重复次数)(变量分配)；

宏程序的编制格式与子程序相同。

(4) 算术和逻辑运算。

算术运算指令包括变量的定义和替换、加减运算、乘除运算、函数运算、运算的组合和括号的应用。

算术和逻辑运算指令如表 5-8 所示。运算符如表 5-9 所示。

表 5-8 算术和逻辑运算指令

功能	格式	备注
赋值	#i=#j	有时又称定义
加法 减法 乘法 除法	#i=#j+#k; #i=#j-#k; #i=#j×#k; #i=#j/#k;	—
正弦 反正弦 余弦 反余弦 正切 反正切	#i=SIN(#j); #i=ASIN(#j); #i=COS(#j); #i=ACOS(#j); #i=TAN(#j); #i=ATAN(#j/#k);	角度以（°）指定，90°30′表示为 90.5°
平方根 绝对值 舍入 上取整 下取整 自然对数 指数函数	#i=SQRT(#j); #i=ABS(#j); #i=ROUND(#j); #i=FUX(#j); #i=FIX(#j); #i=LN(#j); #i=EXP(#j);	—
或 异或 与	#i=#j OR #k; #i=#j XOR #k; #i=#j AND #k;	逻辑运算逐位按二进制数执行
从 BCD 转为 BIN 从 BIN 转为 BCD	#i=BIN(#j); #i=BCD(#j);	用于与 PMC 的信号交换

表 5-9 运算符

运算符	含义
EQ	等于(=)
NE	不等于(≠)

续表

运算符	含义
GT	大于(>)
GE	大于或等于(≥)
LT	小于(<)
LE	小于或等于(≤)

（5）宏程序语句。

宏程序语句是指：包含算术和逻辑运算的程序段；包含控制语句（如 GOTO，DO，END）的程序段；包含宏程序调用指令（如用 G65，G66，G67 指令或其他 G 代码、M 代码调用宏程序）的程序段。

（6）转移和循环。

在程序中，使用 GOTO 语句和 IF 语句可以改变控制的流向，有三种转移和循环语句可以使用：GOTO 语句（无条件转移）；IF 语句（条件转移：IF…THEN…）；WHILE 语句（当……时循环）。

下面分别详细介绍。

①无条件转移（GOTO 语句）。

转移到标有程序段号 n 的程序段。

指令格式：`GOTOn;`（其中 n 为程序段号 1~99999）

例：
```
GOTO2;
GOTO#12;
```

②条件转移（IF 语句）。

- IF [条件表达式]　GOTOn;

例：
```
IF [#1GT20]   GOTO4;
  ⋮
N4 G00G91X30.0;
```

- IF [条件表达式]　THEN;

例：`IF [#2EQ#4]   THEN#5=0;`

③循环（WHILE 语句）。

在 WHILE 后指定一个条件表达式。当指定条件满足时，执行从 DO 到 END 之间的程序；否则，转到 END 后的程序段。

指令格式：
```
WHILE [条件表达式]   DOm;
  ⋮
ENDm;
```

在 DO…END 循环中的标号 1~3 可根据需要多次使用。但是，当程序有交叉重复循环（DO 范围的重叠）时，会出现报警。

学习笔记

任务实施

1. 确定装夹方案

工件选用机用虎钳装夹，校正机用虎钳固定钳口与工作台 X 轴方向平行，将工件侧面贴近固定钳口后压紧，并校正工件上表面的平行度。

2. 确定加工方法和刀具

加工方法与选用刀具如表 5-10 所示。

表 5-10 加工方法与选用刀具

加工内容	加工方法	选用刀具
椭圆内腔	铣削	ϕ10 mm 铣刀

3. 确定切削用量

(1) 铣削背吃刀量的确定。

背吃刀量按照经验值确定，精加工时取 0.1~0.5 mm。

(2) 铣削进给速度的确定。

进给速度根据经验值取 50 mm/min。

(3) 铣削主轴转速的确定。

主轴转速根据经验值取 800 r/min。

刀具切削参数与刀具长度补偿值如表 5-11 所示。

表 5-11 刀具切削参数与刀具长度补偿

刀具参数	背吃刀量/mm	主轴转速/($r \cdot min^{-1}$)	进给速度/($mm \cdot min^{-1}$)	刀具长度补偿
ϕ10 mm 铣刀	0.5	800	50	H01

4. 确定工件坐标系和对刀点

在 XOY 平面内确定以 O 点为工件原点，Z 轴方向以工件上表面为工件原点，建立工件坐标系，如图 5-3 所示。采用手动对刀方法把 O 点作为对刀点。

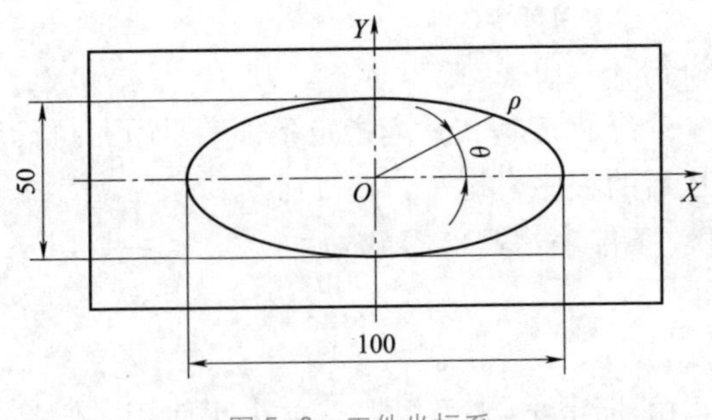

图 5-3 工件坐标系

5. 编制数控加工程序

椭圆内腔零件数控加工参考程序如表 5-12 所示。

表 5-12　椭圆内腔零件数控加工参考程序

程序	注释
O5001;	程序编号 5001
N10 G54;	选择 G54 工件坐标系
N20 G90 G40 G16;	程序初始化，采用极坐标编程，*X* 为半径，*Y* 为角度
N30 G00 X0 Y0;	*X* 轴、*Y* 轴方向快速定位
N40 M03 S800;	主轴顺时针旋转，转速为 800 r/min
N50 G00 Z-5.0;	*Z* 轴方向快速定位
N60#1=50.0;	长半轴（*X*）数值假设为 a
N70#2=25.0;	短半轴（*Y*）数值假设为 b
N80#3=50.0;	半径变量赋初值为 50
N90#4=0;	角度变量赋初值为 0
N100 WHILE[#4LE360.0] DO1;	当#4 小于或等于 360°，循环 1 继续
N110 G01 G41 X#3 Y#4 D02 F50;	建立刀具半径左补偿至 *X* 半轴顶点
N120#4=#4+1;	角度每次增量为 1°
N130#5=#1 * #1 * SIN[#4] * SIN[#4];	#5=$a^2\sin^2\theta$
N140#6=#2 * #2 * COS[#4] * COS[#4];	#6=$b^2\cos^2\theta$
N150#3=#1 * #2 * SQRT[1/[#5+#6]];	$\rho=ab\sqrt{\dfrac{1}{b^2\cos^2\theta+a^2\sin^2\theta}}$
N160 END1;	循环 1 结束
N170 G00 G40 X0 Y0;	回到加工起点
N180 G15;	极坐标编程取消
N190 G00 Z100.0 M05;	刀具沿 *Z* 轴方向快速提刀，主轴停止
N200 X100.0 Y100.0;	刀具沿 *X* 轴、*Y* 轴方向快速退刀，回到刀具初始位置
N210 M30;	程序结束

6. 仿真加工

（1）打开宇龙数控加工仿真加工软件，选择数控铣床。
（2）机床回参考点。
（3）选择毛坯、材料、夹具、安装工件。
（4）安装刀具。
（5）建立工件坐标系。
（6）上传数控加工程序。
（7）自动加工。
椭圆内腔零件的仿真加工路线和加工效果如图 5-4 和图 5-5 所示。

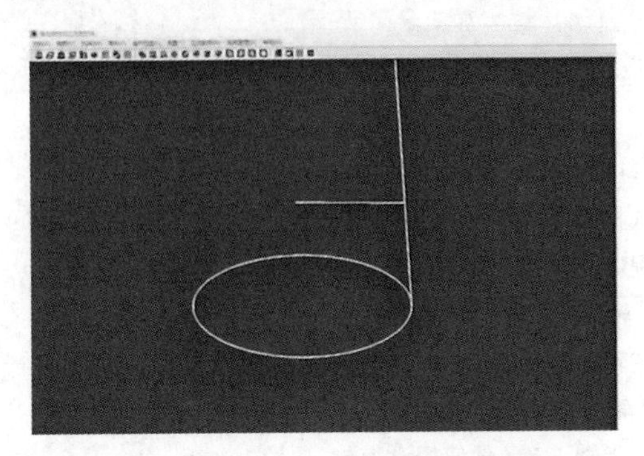

图 5-4　椭圆内腔零件的仿真加工路线

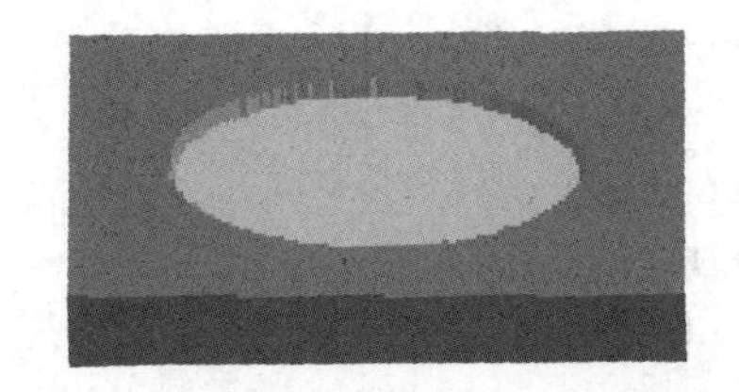

图 5-5　椭圆内腔零件的仿真加工效果

7. 机床加工

(1) 毛坯、刀具、工具、量具准备。

刀具：ϕ10 mm 铣刀。

量具：0~125 mm 游标卡尺、0~25 mm 内测千分尺、深度尺、0~150 mm 钢尺、三坐标测量机。

毛坯：45 钢，尺寸为 150 mm×80 mm×20 mm。

①将 150 mm×80 mm×20 mm 的毛坯正确安装在机床上。

②将 ϕ10 mm 铣刀正确安装在主轴上。

③正确摆放所需工具、量具。

(2) 程序输入与编辑。

①开机。

②回参考点。

③输入程序。

④程序图形校验。

(3) 零件的数控铣削加工。

①主轴正转。

②*X* 轴、*Y* 轴、*Z* 轴方向对刀，设置工件坐标系。

③进行相应刀具参数设置。

④自动加工。

8. 零件检测

使用游标卡尺、塞规、三坐标测量机等量具对零件进行检测。

任务评价

对任务完成情况进行评价，并填写到表 5-13 中。

学习笔记

表 5-13　任务完成情况评价表

序号	评价项目		自评			师评		
			A	B	C	A	B	C
1	加工准备	刀具选择						
2		工件装夹						
3		加工工艺制订						
4		程序编制						
5		切削用量选择						
6	操作规范	工作服、劳保鞋、工作帽穿戴规范						
7		工具、量具、刀具摆放整齐、规范、不重叠						
8		使用专用工具清理切屑						
9		未出现危险操作行为						
10	加工质量	表面质量						
11		倒角倒钝						
12		表面有无损伤						
综合评定								
注：未注尺寸公差按 IT10 级标准执行，尺寸合格为 A 级，超差在 0.005 mm 内为 B 级，否则为 C 级。								

任务 2　半球体零件的编程与加工

任务描述

某机械加工车间需加工一半球体零件，球体半径为 40 mm，零件图如图 5-6 所示，材料为 45 钢。

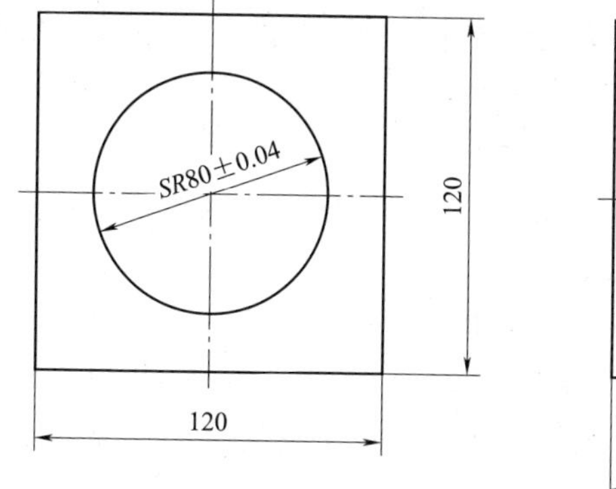

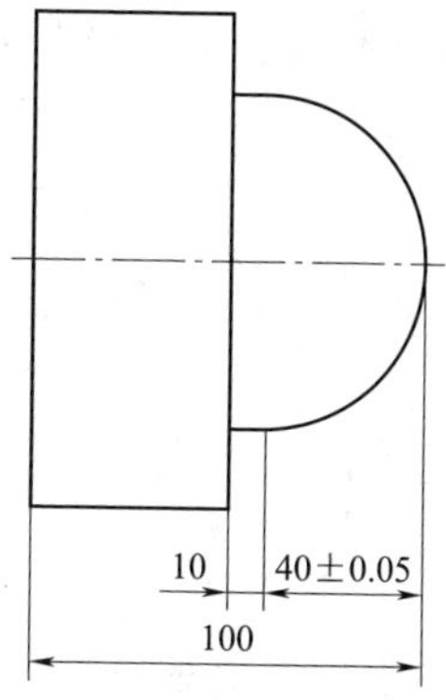

图 5-6　半球体零件

学前准备

（1）FANUC 0i 数控系统编程手册。

学习笔记

(2) 数控加工仿真软件。

(3) 加工常用工具、量具。

学习目标

(1) 能够分析曲面零件的工艺性能，正确选择设备、刀具、夹具与切削用量，能够制订数控加工工艺。

(2) 能够使用用户宏程序正确编制曲面零件的数控加工程序。

素养目标

(1) 具有适度的自信，积极的工作态度。

(2) 具备良好人际交往能力，形成良好的职业素养。

预备知识

1. 复杂曲面加工刀具

球头刀（见图 5-7）广泛应用于仿形铣、曲面铣、槽铣等加工方式，特别适合模具、叶片等复杂曲面的加工及圆角清根的粗加工和半精加工，如大型汽车企业模具的加工、汽轮机叶片的粗加工等。应用于汽车、模具、航空、重工等行业的球头刀，属于整体硬质合金刀具。硬质合金广泛应用于可转位车刀、铣刀、镗刀及工具系统。

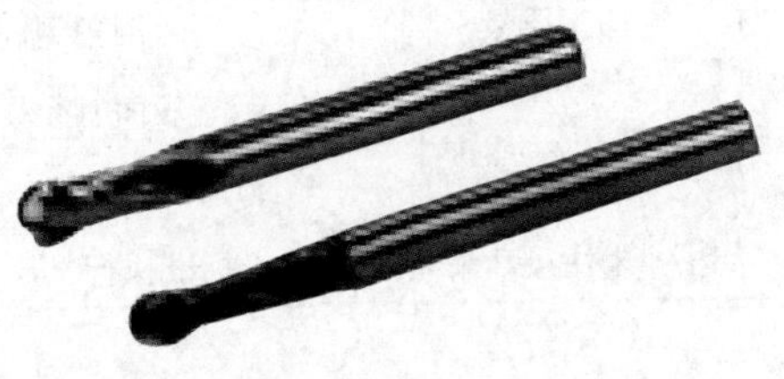

图 5-7　球头刀

2. 半球体的工件坐标系

加工圆柱体时，在 XOY 平面内确定以 O 点为工件原点，Z 轴方向以工件上表面为工件原点，建立工件坐标系，采用手动对刀方法把零件上端面中心作为对刀点。加工半球体时，在 XOY 平面内确定以 O 点为工件原点，Z 轴方向以球体中心为工件原点，建立工件坐标系，采用手动对刀方法把球体中心作为对刀点，如图 5-8 所示。

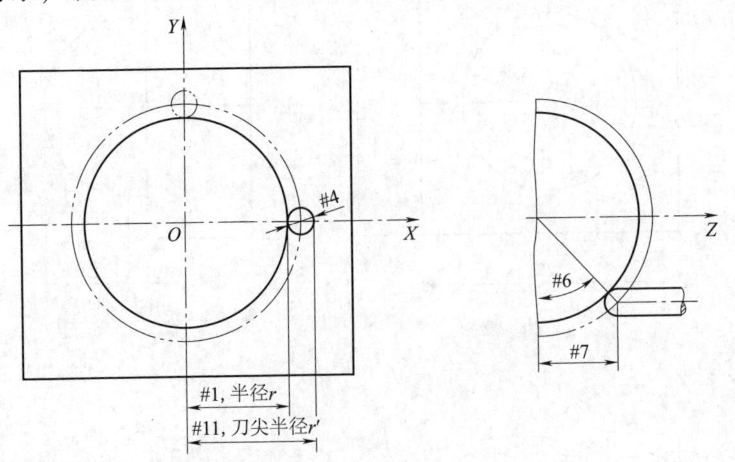

图 5-8　零件加工半球体时的工件坐标系

任务实施

1. 确定装夹方案

工件选用机用虎钳装夹，校正机用虎钳固定钳口与工作台 X 轴方向平行，将工件侧面贴近固定钳口后压紧，并校正工件上表面的平行度。

2. 确定加工方法和刀具

加工方法与选用刀具如表 5-14 所示。

表 5-14 加工方法与选用刀具

加工内容	加工方法	选用刀具
圆柱体	铣削	ϕ50 mm 立铣刀，长 140 mm
半球体	铣削	ϕ10 mm 球头刀，长 120 mm

3. 确定切削用量

确定加工方案和刀具后，要选择合适的刀具切削参数，并确定其相应的刀具长度补偿值，如表 5-15 所示。

表 5-15 刀具切削参数与刀具长度补偿

刀具参数	主轴转速/($r \cdot min^{-1}$)	进给速度/($mm \cdot min^{-1}$)	刀具长度补偿
ϕ50 mm 立铣刀	800	200	H1/T1
ϕ10 mm 球头刀	1 500	300，2 000	H2/T2

4. 编制数控加工程序

圆柱体数控加工参考程序如表 5-16 所示。

表 5-16 圆柱体数控加工参考程序

程序	注释
O5002;	程序编号 5002
G54;	选择 G54 工件坐标系
G28;	回机床参考点
G00 X65.0 Y100.0 M03 S800;	X 轴、Y 轴方向快速定位，主轴顺时针旋转，转速为 800 r/min
G43 Z50.0 H01;	Z 轴方向快速定位，建立 1 号刀具长度补偿
G00 Z0;	Z 轴方向快速定位
#1=40.0;	球体半径为 40 mm
#2=0;	工件上平面坐标
N5 G01 Z [#2-5.0] F200;	每层下刀 5 mm
G41 D01 X#1 Y0;	建立刀具半径补偿至 X 轴顶点
#101=360.0;	角度变量赋初值 360°
N10#102=#1 * COS [#101];	X 坐标值变量
#103=#1 * SIN [#101];	Y 坐标值变量
G01 X#102 Y#103;	圆加工
#101=#101-1.0;	角度每次增量为 1°

学习笔记

续表

程序	注释
IF [#101GE0] GOTO10;	如果角度大于或等于0°，则循环继续
G00 Z20.0;	Z轴方向退刀
G40 X65.0 Y100.0;	回到加工起点
#2=#2-5.0;	每层平面坐标值减5 mm
IF [#2GE-50.0] GOTO5;	如果未到Z-50处，则循环继续
G00 Z50.0;	Z轴方向退刀
M05;	主轴停止
M30;	程序结束

球体数控加工参考程序如表5-17所示。

表5-17 球体数控加工参考程序

程序	注释
O5003;	程序编号5003
G54;	选择G54工件坐标系
G28;	回机床参考点
G44 H02 Z60.0;	Z轴方向快速定位，建立2号刀具长度补偿
#1=40.0;	球体半径为40 mm
#4=4.0;	刀具半径为4 mm
#17=2.0;	环绕圆一周时的角度递增量为2°
#18=1.5;	自下而上分层时角度递增量为1.5°（能整除）
M03 S1500;	主轴顺时针旋转，转速为1 500 r/min
N5 G00 X0 Y0 Z50.0;	X轴、Y轴、Z轴方向快速定位
#11=#1+#4;	刀具中心在球面X轴方向上的最大长度
#6=0;	自下而上分层时角度自变量，赋初始值为0°（起点与X轴重合，终点为90°）
WHILE [#6LT90] DO1;	当#6小于90°，即还没到Z轴方向圆顶时，循环1继续
#9=#11*COS [#6];	计算任意层时（随#6的角度变化）刀具中心在X轴方向上的长度
#7=#11*SIN [#6];	任意层时刀具中心在Z轴方向上的长度
N10 G00 X [#9+#4] Y#4;	刀具沿X轴、Y轴方向移到切入起点坐标
N20 Z [#7-#4];	刀具沿Z轴方向移到层的加工表面
N30 G03 X#9 Y0 R#4 F300;	圆弧切入
#5=0;	圆周初始角赋值
WHILE [#5LE360] DO2;	当#5小于或等于360°时，循环2继续，完成1周的铣削
#15=#9*COS [#5];	X坐标值
#16=#9*SIN [#5];	Y坐标值
N40 G01 X#15 Y#16 F2000;	直线拟合插补段
#5=#5+#17;	圆周角度递增量赋值
END2;	每层圆周加工循环结束
N50 G03 X [#9+#4] Y-#4 R#4;	圆弧切出
N60 G00 Z [#7-#4+1.0];	Z轴方向提刀
N70 Y#4;	刀具沿Y轴方向从切出点移到切入起点
#6=#6+#18;	分层角度递增量赋值

续表

程序	注释
END1;	循环 1 结束
N80 G00 Z100.0;	Z 轴方向退刀
X100.0 Y100.0;	X 轴、Y 轴方向退刀
M05;	主轴停止
M30;	程序结束

5. 仿真加工

仿真加工过程参考项目五任务 1 的仿真加工。半球体零件的仿真加工效果和仿真加工路线分别如图 5-9~图 5-12 所示。

图 5-9　圆柱体仿真加工效果

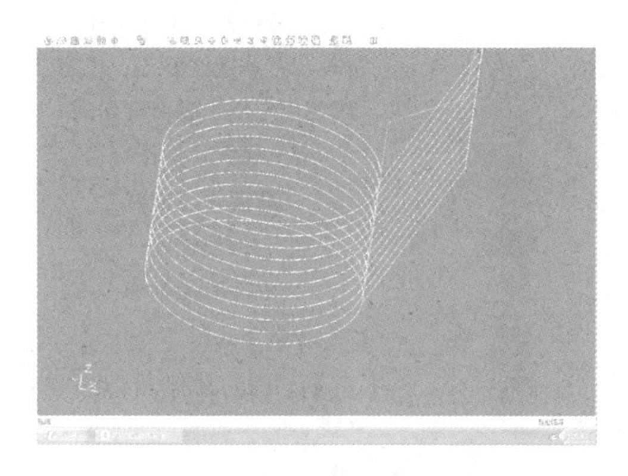

图 5-10　圆柱体仿真加工路线

图 5-11　球体仿真加工效果

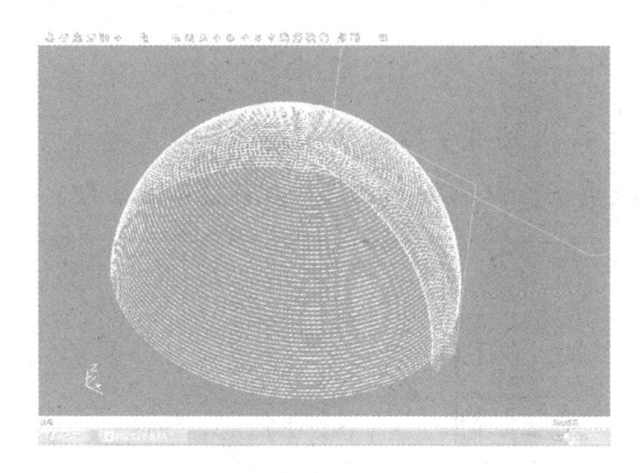

图 5-12　球体仿真加工路线

6. 机床加工

机床加工过程参考项目五任务 1 的机床加工。

7. 零件检测

零件检测过程参考项目五任务 1 的零件检测。

任务评价

对任务完成情况进行评价，并填写到表 5-18 中。

表 5-18　任务完成情况评价表

序号	评价项目		自评			师评		
			A	B	C	A	B	C
1	加工准备	刀具选择						
2		工件装夹						
3		加工工艺制订						
4		程序编制						
5		切削用量选择						
6	操作规范	工作服、劳保鞋、工作帽穿戴规范						
7		工具、量具、刀具摆放整齐、规范、不重叠						
8		使用专用工具清理切屑						
9		未出现危险操作行为						
10	加工质量	曲面表面质量						
11		倒角倒钝						
12		表面有无损伤						
综合评定								
注：未注尺寸公差按 IT10 级标准执行，尺寸合格为 A 级，超差在 0.005 mm 内为 B 级，否则为 C 级。								

任务 3　均布孔零件的编程与加工

任务描述

图 5-13 所示为一均布孔零件，其厚度为 20 mm，其他外形尺寸与表面粗糙度已达到图纸要求，只需要加工 13×ϕ10 mm 通孔即可，材料为 45 钢。

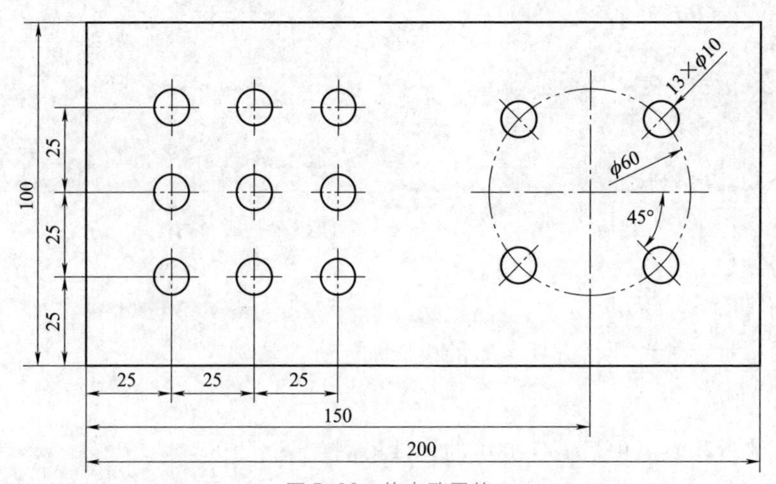

图 5-13　均布孔零件

学习笔记

学前准备

（1）FANUC 0i 数控系统编程手册。
（2）数控加工仿真软件。

学习目标

（1）能够分析具有均布特征零件的结构特点、加工要求，理解加工技术要求。
（2）能够使用用户宏程序正确编制具有均布特征的数控加工程序。

素养目标

（1）具有安全文明生产的意识。
（2）具备吃苦耐劳的敬业精神。

预备知识

1. 分析加工方案

均布孔有圆周孔和矩阵孔两种，加工时要选择合适的加工方法。
（1）均布孔零件毛坯为长方体，装夹时应确定选用何种夹具，如何进行装夹。
（2）根据所掌握的知识选择合理的方法加工 13×ϕ10 mm 通孔。
（3）根据所加工孔的位置分布特点，确定加工工艺路线，并选择相应刀具。

2. 选择合适的切削用量

确定加工方案和刀具后，要选择合适的刀具切削参数，并确定其相应的刀具长度补偿值。

3. 确定工件坐标系

依据简化编程、便于加工的原则，确定工件坐标系原点。

任务实施

1. 确定装夹方案

该工件选取机用虎钳装夹，校正工件上表面的平行度后压紧。装夹时要考虑加工时刀具与工件及夹具不能发生干涉。

2. 确定加工方法和刀具

先加工矩阵孔，再加工圆周孔。本任务中 13×ϕ10 mm 通孔的加工方法、选用刀具及切削参数如表 5-19 和表 5-20 所示。

表 5-19　加工方法与选用刀具

加工内容	加工方法	选用刀具
13×ϕ10 mm	钻孔	ϕ10 mm 钻头

表 5-20　刀具切削参数与刀具长度补偿

刀具参数	主轴转速/($r \cdot min^{-1}$)	进给速度/($mm \cdot min^{-1}$)	刀具长度补偿
ϕ10 mm 钻头	500	100	无

3. 确定工件坐标系和对刀点

本任务建立两个工件坐标系：在 *XOY* 平面内加工矩阵孔时，确定以工件上表面左下角为工件原点，建立工件坐标系；加工圆周孔时，以中心圆圆心为工件原点，建立工件坐标系。采用手动试切法对刀。

4. 编制数控加工程序

均布孔零件数控加工参考程序如表 5-21 所示。

表 5-21　均布孔零件数控加工参考程序

程序	注释
O5005;	程序编号 5005
G54;	选择 G54 工件坐标系
S500 M03;	主轴顺时针旋转，转速为 400 r/min
G00 Z50.0;	*Z* 轴方向快速定位
#101=25.0;	#101=右上孔 *X* 坐标
#102=25.0;	#102=右上孔 *Y* 坐标
#103=25.0;	#103=*X* 轴方向间隔
#104=25.0;	#104=*Y* 轴方向间隔
#106=3;	#106=*Y* 轴方向孔数
WHILE [#106GT0] DO1;	如果 *Y* 轴方向孔数大于 0，则执行循环
#105=3;	#105=*X* 轴方向孔数
WHILE [#105GT0] DO2;	如果 *X* 轴方向孔数大于 0，则执行循环
G90 G98 G81 X#101 Y#102 Z-22.0 R15.0 F100;	钻孔
#101=#101+#103;	*X* 坐标更新
#105=#105-1;	*X* 轴方向孔数减 1
END2;	循环 2 结束
#101=#101-#103;	*X* 坐标修正
#102=#102+#104;	*Y* 坐标更新
#103=-#103;	*X* 轴方向钻孔方向反转
#106=#106-1;	*Y* 轴方向孔数减 1
END1;	循环 1 结束
G55;	选择 G55 工件坐标系
G00 Z50.0;	*Z* 轴方向快速定位
#101=0;	#101=孔的计数
#2=4;	#2=孔个数
#18=30.0;	#18=中心圆半径
#111=45;	#111=角度计数
WHILE [#101LT#2] DO1;	当孔数还小于要求数时，执行循环
#120=#18*COS [#111];	计算孔的 *X* 坐标
#121=#18*SIN [#111];	计算孔的 *Y* 坐标

续表

程序	注释
G90 G98 G81 X#120 Y#121 Z-22.0 R15.0 F100; #101=#101+1; #111=45+360*#101/#2; END1; M30;	钻孔 孔计数加1 计算下一个孔的角度 循环1结束 程序结束

5. 仿真加工

仿真加工过程参考项目五任务1的仿真加工。均布孔零件的仿真加工路线和仿真加工效果如图5-14和图5-15所示。

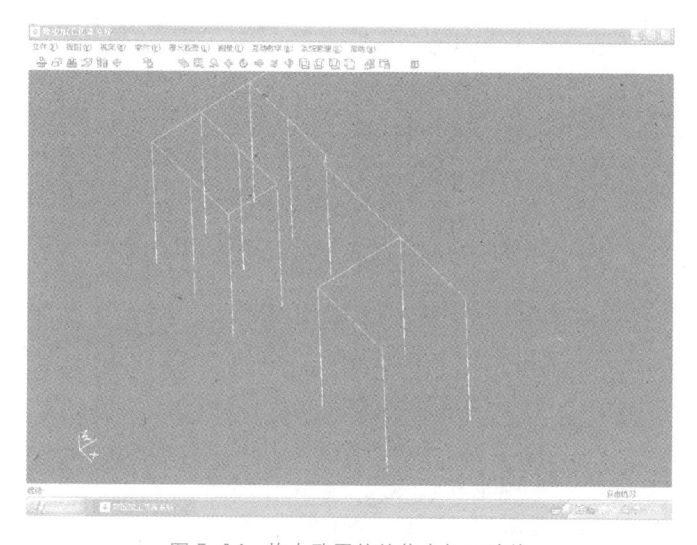

图5-14　均布孔零件的仿真加工路线

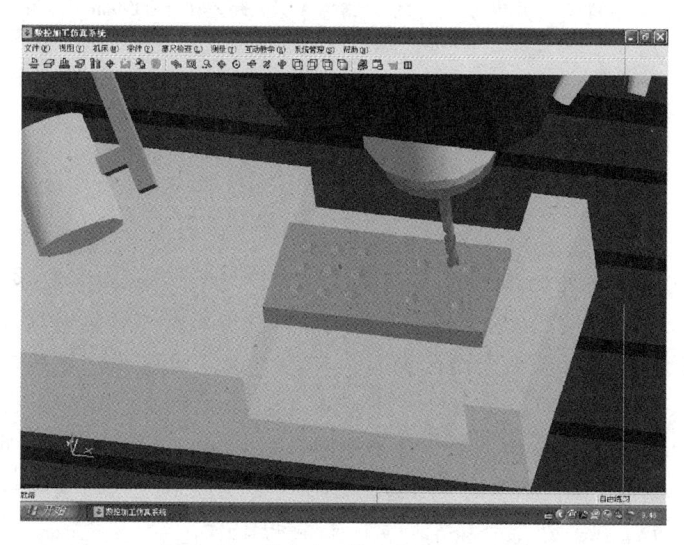

图5-15　均布孔零件的仿真加工效果

6. 机床加工

机床加工过程参考项目五任务 1 的机床加工。

7. 零件检测

零件检测过程参考项目五任务 1 的零件检测。

任务评价

对任务完成情况进行评价，并填写到表 5-22 中。

表 5-22 任务完成情况评价表

序号	评价项目		自评			师评		
			A	B	C	A	B	C
1	加工准备	刀具选择						
2		工件装夹						
3		加工工艺制订						
4		程序编制						
5		切削用量选择						
6	操作规范	工作服、劳保鞋、工作帽穿戴规范						
7		工具、量具、刀具摆放整齐、规范、不重叠						
8		使用专用工具清理切屑						
9		未出现危险操作行为						
10	加工质量	ϕ10 mm（13 处）						
11		表面有无损伤						
综合评定								
注：未注尺寸公差按 IT10 级标准执行，尺寸合格为 A 级，超差在 0.005 mm 内为 B 级，否则为 C 级。								

任务 4 正多边形零件的编程与加工

任务描述

编制正多边形零件外轮廓加工宏程序，能实现边数为 n（n=3，4，5，6，8，9，10，12…，n 能被 360 整除）的外轮廓自上而下环绕分层加工，同时通过控制多边形中心和其中一顶点的连线与水平方向的夹角，可加工出不同摆放位置的正多边形。为编程方便，将编程起始点，即多边形的一个顶点 A 放在 X 轴上，要加工出所要求的摆放位置，需用 G68 指令进行旋转，旋转角度为 OA 与 OA'的夹角，如图 5-16 所示。

现在需要加工图 5-17 所示的正六边形零件，其他外形尺寸与表面粗糙度已达到图纸要求，只需要加工正六边形外轮廓即可，材料为 45 钢。

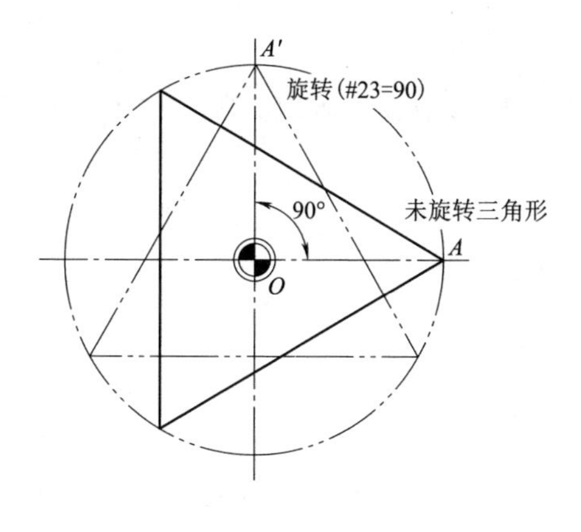

图 5-16　坐标系旋转

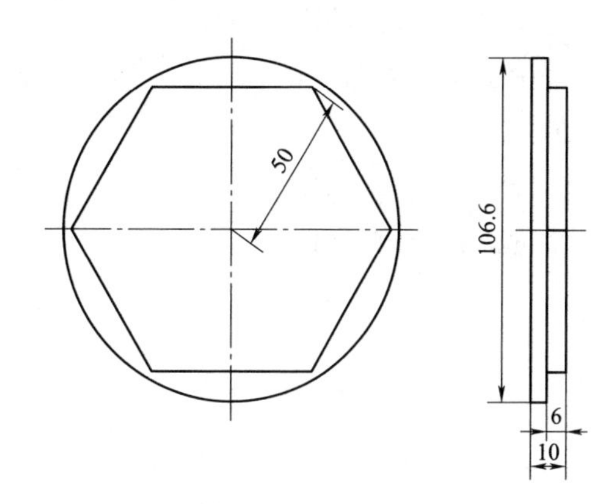

图 5-17　正六边形零件

学前准备

（1）FANUC 0i 数控系统编程手册。

（2）数控加工仿真软件。

（3）加工中心操作规范。

学习目标

（1）能够分析正多边形零件的结构特点、加工要求，理解加工技术要求。

（2）能够制订正多边形零件的加工工艺。

（3）能够使用用户宏程序编制正多边形零件的数控加工程序。

素养目标

（1）具有团队协作和沟通能力。

（2）具备质量和效率意识。

预备知识

图 5-17 所示的正六边形零件，其外接圆的直径为 100 mm，正六边形轮廓台阶高为 6 mm，用刀具半径为 10 mm 的平底立铣刀进行加工，每层加工间距为 2 mm。按任务描述中的原理，可以控制正六边形中心和其中一顶点的连线与水平方向的夹角，加工出不同摆放位置的正六边形。对于正六边形零件，其中心和其中一顶点的连线与水平方向的夹角为 0°，因此需要加工旋转 0°后的正六边形宏程序。

1. 分析加工方案

（1）正六边形零件毛坯是圆柱形，装夹时应确定选用何种夹具，如何进行装夹。

（2）根据所掌握的知识选择合理的方法加工正六边形零件。

（3）根据正六边形零件外轮廓的位置分布特点，确定加工工艺路线，并选择相应刀具。

学习笔记

2. 选择合适的切削用量

确定加工方案和刀具后，要选择合适的刀具切削参数，并确定其相应的刀具长度补偿值。

3. 确定工件坐标系

依据简化编程、便于加工的原则，确定工件坐标系原点。

任务实施

1. 确定装夹方案

该零件为圆柱形毛坯，宜选取三爪自定心卡盘装夹，校正工件上表面的平行度后夹紧。装夹时要考虑加工时刀具与工件及夹具不能发生干涉。

2. 确定加工方法和刀具

加工正六边形零件，以刀具中心点编程（不用刀具半径补偿功能），编程起始点为 *X* 轴上的 *A* 点，沿顺时针方向进行加工。因为正多边形的各边长相等，边长之间的夹角也相等，所以采用极坐标编程方式，循环完成每一边的加工。

设计的加工路线如图 5-18 所示。本任务中正六边形外轮廓的加工方法、选用刀具及切削参数如表 5-23 和表 5-24 所示。

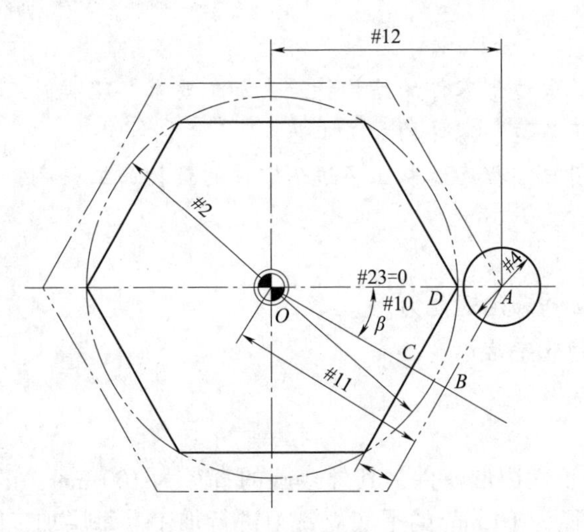

图 5-18　正六边形零件加工路线设计

表 5-23　加工方法与选用刀具

加工内容	加工方法	选用刀具
正六边形外轮廓	铣削	ϕ20 mm 平底立铣刀

表 5-24　刀具切削参数与刀具长度补偿

刀具参数	主轴转速/(r·min^{-1})	进给速度/(mm·min^{-1})	刀具长度补偿
ϕ20 mm 平底立铣刀	800	200	无

学习笔记

3. 确定工件坐标系和对刀点

在 XOY 平面内确定以工件上表面 ϕ120 mm 的中心作为工件原点，建立工件坐标系。采用试切法对刀。

4. 宏程序使用变量

1）初始变量的设置

```
#1=6;       //正多边形的边数
#2=100.0; //正多边形外接圆的直径
#3=6.0;    //轮廓加工的高度尺寸值
#4=10.0;  //刀具半径（平底立铣刀）
#5=0;       //Z 轴方向加工起始点坐标，设为自变量，赋初始值 Z0（工件上表面）
#15=2.0;  //分层加工的层间距
#23=0;     //正多边形旋转角度（正三角形为 90°，正四边形为 45°）
```

2）宏程序中变量及表达式

应用极坐标编程，需计算极坐标和极角。

（1）#10，夹角 β。在正多边形中心与某边中点做一连线 OC（见图 5-18），将 OC 与 OD 之间的夹角 β 设为变量#10，则赋值表达式为#10=180/#10（180 除以边数）。

（2）如图 5-18 所示，以刀具中心点编程，要计算出极半径 OA，需先确定△AOB 中 OB 的长度，而计算 OB 长度首先要确定 OC 的长度。

在△OCD 中，已知∠β(#10)，边长 OD（外接圆半径，#2/2），根据三角函数定义，余弦等于邻边比斜边，即 $\cos\beta=OC/OD$，那么 $OC=OD\cos\beta$=#2/2 * COS[#10]。

#11，OB 边长。在△AOB 中，OB=OC+BC（刀具半径 r 为#4），设 OB 长度为变量#11，赋值表达式为#11=#2/2 * COS[#10]+#4。

#12，极半径 OA 长度。在△AOB 中，已知 OB 和∠β，余弦等于邻边比斜边的定义，即 $\cos\beta=OB/OA$，那么 $OA=OB/\cos\beta$，设 OA 为变量#12，则赋值表达式为#12=#11/COS[#10]。

（3）转移循环设计。

以极角变化次数循环加工边数。

```
#17=1;                      //极角变化次数，初始值为 1
WHILE[#17LE#1] DO2;         //当极角变化次数小于或等于正多边形边数，循环 2
                              继续
G01 Y[-#17* [#10* 2]];       //以极坐标编程方式顺时针加工正多边形的边长，
                               Y 为极角，每加工一边极角依次递减 2β
#17=#17+1;                  //极角变化次数递加到边数即结束循环
END2;
```

深度分层加工循环次数。

```
WHILE[#5LE#3] DO1;        //加工深度循环判断
 ⋮
#5=#5+#15;                //每层加工坐标递增层间距值
END1;
```

5. 编制数控加工程序

正六边形零件数控加工参考程序如表 5-25 所示。

表 5-25　正六边形零件数控加工参考程序

程序	注释
O5006;	程序编号 5006
G15 G69 G17;	程序初始化
#1=6;	正多边形的边数
#2=100.0;	正多边形外接圆的直径
#3=6.0;	轮廓加工的高度尺寸值
#4=10.0;	刀具半径（平底立铣刀）
#5=0;	*Z* 轴方向加工起始点坐标，设为自变量，赋初始值 Z0
#15=2.0;	分层加工的层间距
#23=0;	*OA* 与 *X* 轴的正向夹角（正三角形为 90°，正六边形为 0°）
G54 G90 X0 Y0 Z30.0 M03 S800;	移动工件原点，主轴顺时针旋转，转速为 800 r/min
G68 X0 Y0 R#23;	以多边形中心为中心进行坐标系旋转#23 的角度
G16;	极坐标编程
#10=180/#1;	计算角度 β，180 除以边数
#11=#2/2*COS[#10]+#4;	计算 *OB* 长度（计算 *OA* 的条件）
#12=#11/COS[#10];	计算加工起点的极坐标，*OA* 长度
X#12 Y0;	快速移到加工起点 *A*
WHILE[#5LE#3] DO1;	加工深度循环判断
G00 Z[-#5+1.0];	下刀到加工平面上方 1 mm 处
G01 Z-#5 F200;	刀具进给移到加工平面坐标位置（初始起点 Z0，自上而下）
#17=1;	极角变化次数，初始值为 1
WHILE[#17LE#1] DO2;	当极角变化次数小于或等于正多边形边数时，循环 2 继续
G01 Y[-#17*[#10*2]];	极坐标，*X* 极径不变，*Y* 为极角（每加工一边极角依次递减 2β）
#17=#17+1;	极角变化次数递增到边数即结束循环
END2;	循环 2 结束
#5=#5+#15;	每层加工坐标递增层间距值
END1;	到达 *Z* 轴方向加工深度，循环 1 结束
G00 Z30.0;	抬刀
G15;	取消极坐标方式
G69;	取消坐标系旋转
M30;	程序结束

6. 仿真加工

仿真加工过程参考项目五任务 1 的仿真加工。正六边形零件的仿真加工路线和仿真加工效果如图 5-19 和图 5-20 所示。

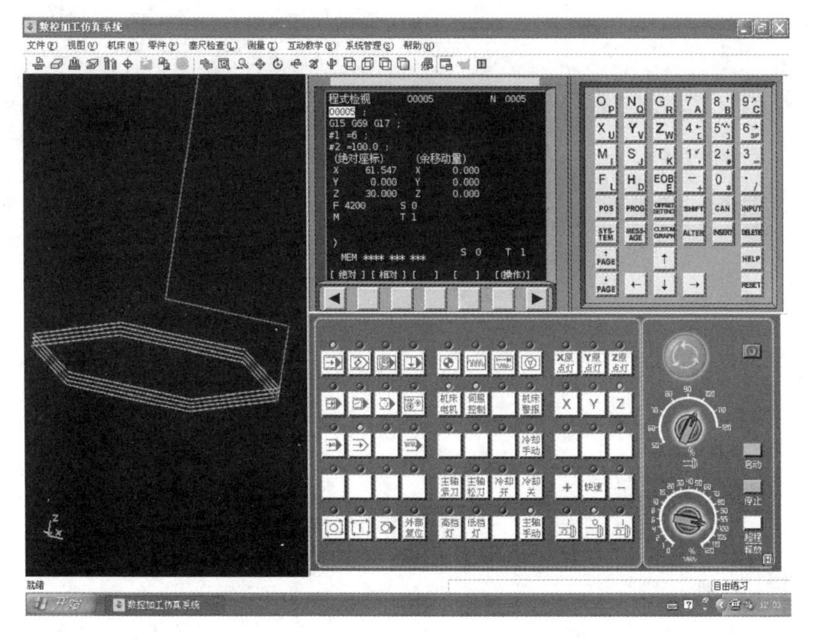

图 5-19　正六边形零件的仿真加工路线

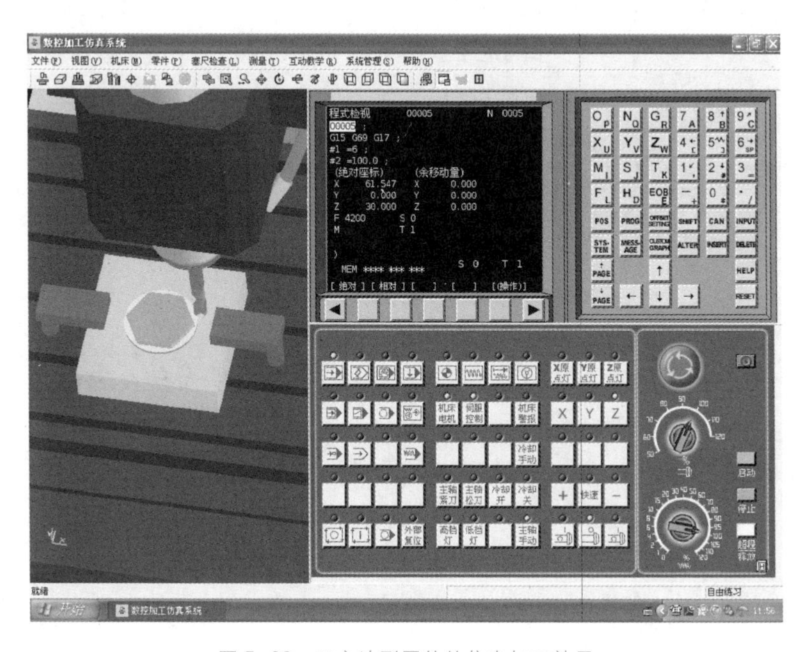

图 5-20　正六边形零件的仿真加工效果

7. 机床加工

机床加工过程参考项目五任务 1 的机床加工。

8. 零件检测

零件检测过程参考项目五任务 1 的零件检测。

学习笔记

任务评价

对任务完成情况进行评价，并填写到表 5-26 中。

表 5-26　任务完成情况评价表

序号	评价项目		自评			师评		
			A	B	C	A	B	C
1	加工准备	刀具选择						
2		工件装夹						
3		加工工艺制订						
4		程序编制						
5		切削用量选择						
6	操作规范	工作服、劳保鞋、工作帽穿戴规范						
7		工具、量具、刀具摆放整齐、规范、不重叠						
8		使用专用工具清理切屑						
9		未出现危险操作行为						
10	加工质量	正六边形表面质量						
11		倒角倒钝						
12		表面有无损伤						
综合评定								
注：未注尺寸公差按 IT10 级标准执行，尺寸合格为 A 级，超差在 0.005 mm 内为 B 级，否则为 C 级。								

学习笔记

项目六　典型零件的数控铣削

任务1　平面类零件粗加工的软件编程

任务描述

图6-1所示为车形凸台零件，其凸台高度为5 mm，材料为45钢。请选择合适的刀具，制订合理的加工工艺，运用UG NX12.0软件自动编程生成数控粗加工程序，并完成加工。

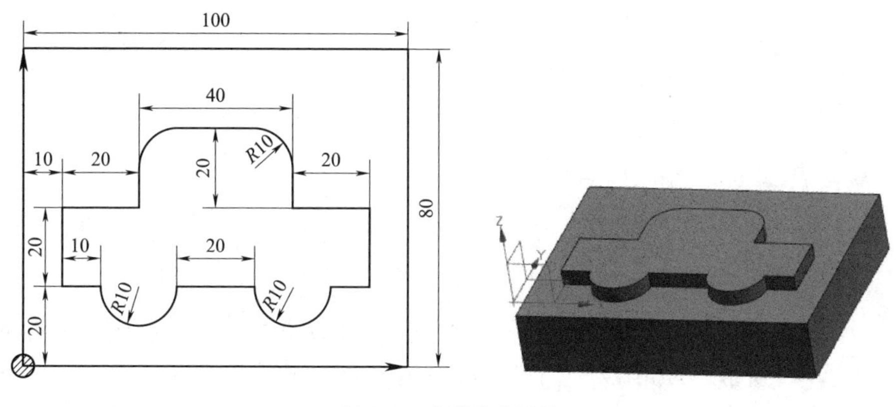

图6-1　车形凸台零件

学前准备

(1) 确保UG NX12.0软件正常运行，计算机与数控铣床正常通信。

(2) 确保数控铣床能正常工作。

学习目标

(1) 掌握FANUC 0i数控系统的缩放功能指令。

(2) 能够分析槽类零件的工艺性能，并制订加工工艺。

(3) 能够编制槽类零件的数控加工程序。

素养目标

(1) 树立文明生产的思想意识。

(2) 培养吃苦耐劳、锐意进取的工匠精神。

(3) 具有质量意识、成本意识，以及精益求精的工匠精神。

预备知识

1. 零件实体建模

(1) 进入建模模块。在工具栏中单击“新建”按钮 ，弹出“新建”对话框，进入“模型”选项卡，在“新文件名”选项组的“名称”文本框中输入“6-1. prt”，选择保存路径，如图 6-2 所示，单击“确定”按钮。

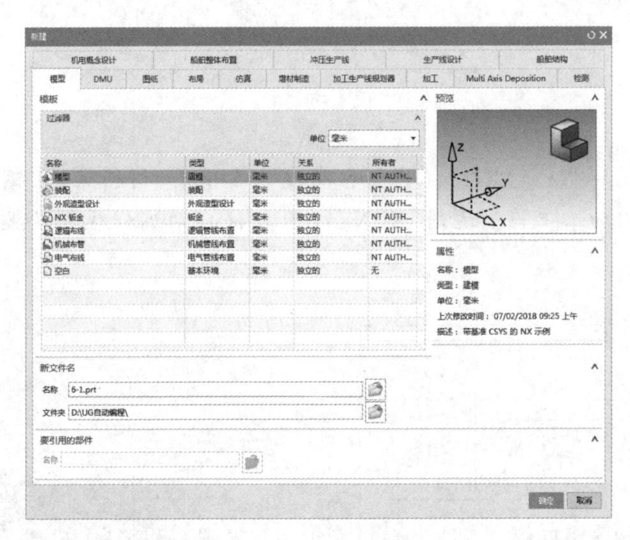

图 6-2 “新建”对话框

(2) 在菜单栏中选择“插入”|“设计特征”|“长方体”命令，弹出“长方体”对话框，如图 6-3 所示。首先在类型下拉列表框中选择“原点和边长”命令，接着单击“原点”选项组中“指定点”右侧的点按钮，弹出“点”对话框，如图 6-4 所示。在“输出坐标”选项组中的 ZC 文本框中输入“-25”（注意：建模原点与加工原点要重合），单击“确定”按钮，返回“长方体”对话框。接着在“尺寸”选项组的“长度（XC）”文本框中输入 100，“宽度（YC）”文本框中输入 80，“高度（ZC）”文本框中输入 20，再次单击“确定”按钮，返回绘图区，得到一长方体模型，如图 6-5 所示。

图 6-3 “长方体”对话框

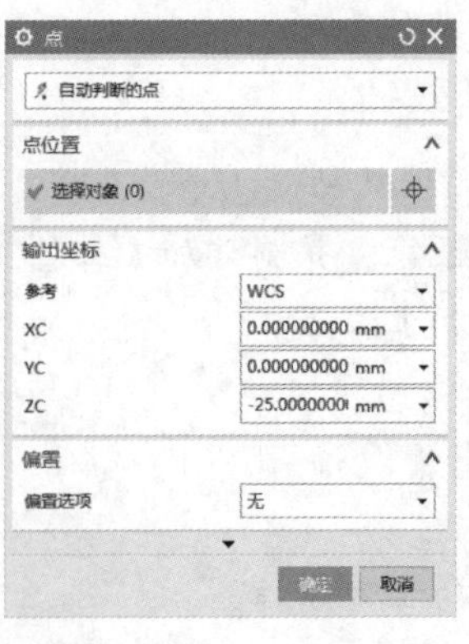

图 6-4 “点”对话框

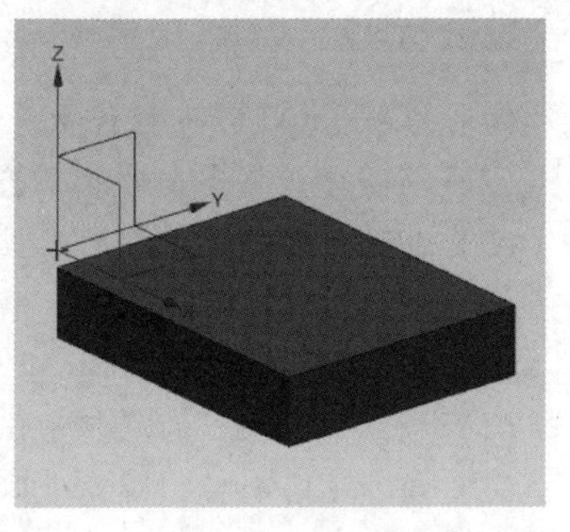

图 6-5 长方体模型

（3）单击“直接草图”选项组中的“草图”按钮，选择长方体上表面作为草图平面，进入草图环境，绘制车形草图，进行尺寸和位置约束，如图 6-6 所示。单击“完成草图”按钮，返回绘图区。单击“拉伸”按钮，弹出“拉伸”对话框，选择车形草图，进行图 6-7 所示参数设置，得到最终零件建模，如图 6-8 所示。

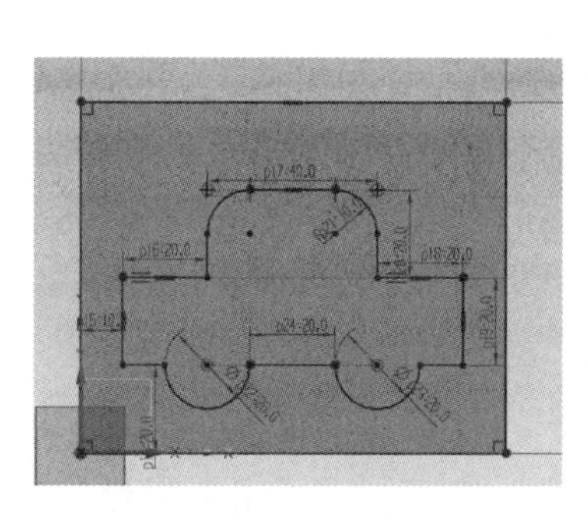

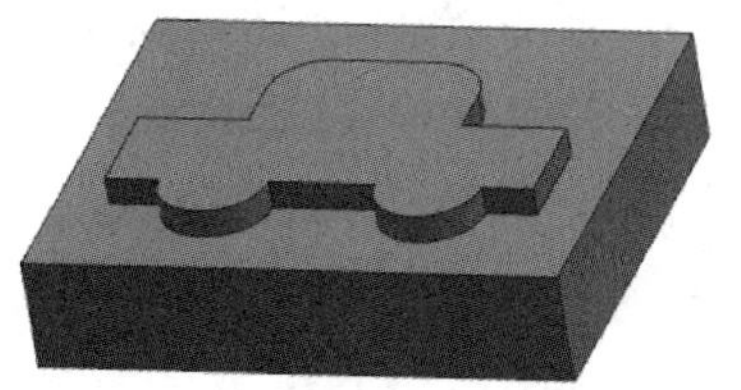

图 6-6　车形草图　　图 6-7　“拉伸”对话框　　图 6-8　车形凸台零件建模

2. 创建毛坯

根据零件尺寸，选择 100 mm×80 mm×26 mm 的长方体进行加工。在建模模块下，创建块状毛坯。

在菜单栏中选择“插入”|“偏置/缩放”|“包容体”命令，弹出“包容体”对话框，如图 6-9 所示。在类型下拉列表框中选择“块”命令，在“对象”选项组中选中所画模型，如图 6-10 所示，系统自动计算出能包容模型的最小块，在目录树中右击“包容块”命令，在弹出的快捷菜单中选择“隐藏”命令，如图 6-11 所示。

图 6-9　“包容体”对话框

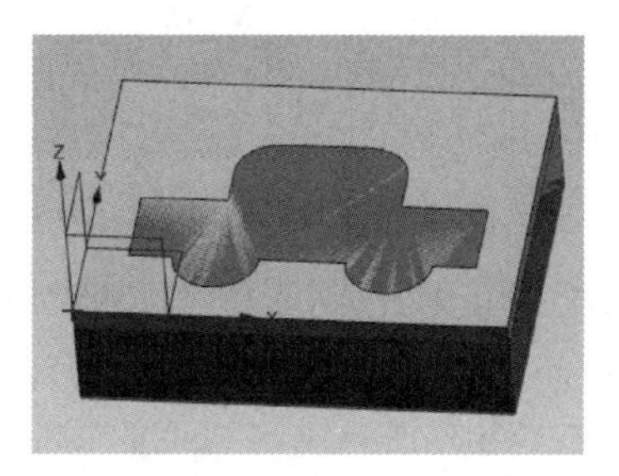

图 6-10　包容体

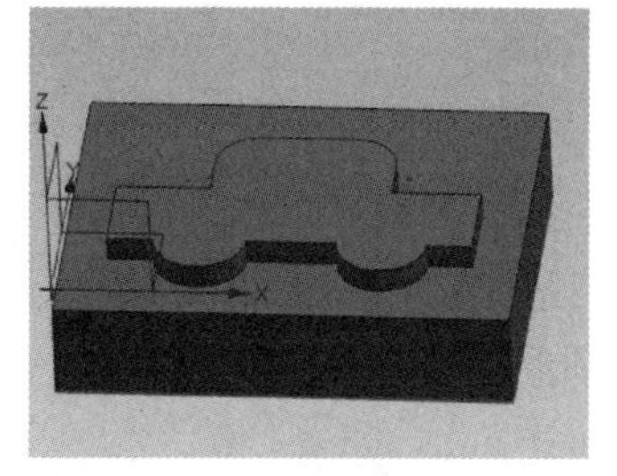

图 6-11　隐藏效果

任务实施

对于车形凸台零件，如果采用手工编程，需要计算刀具中心刀路或刀具半径补偿值，计算量较大，程序较长，并且要考虑过切和欠切等问题。本任务采用 UG NX12.0

学习笔记

软件编程，将难以解决的问题交给 CAD/CAM 软件。下面来确定装夹方案、加工方法、刀具参数和切削用量。

1. 确定装夹方案

根据车形凸台零件的结构特点选用机用虎钳装夹，校正机用虎钳固定钳口与工作台 X 轴方向平行，将 100 mm×80 mm×26 mm 的块体毛坯较长的两侧面贴近固定钳口后，夹紧高度为 10 mm 左右，压紧并校正工件上表面的平行度。

2. 确定加工方法和刀具

在本任务中用平面铣进行粗加工，根据加工零件的特点，选用 ϕ12 mm 平底铣刀，如表 6-1 所示。

表 6-1　加工方法与选用刀具

加工内容	加工方法	选用刀具
车形凸台	粗铣	ϕ12 mm 平底铣刀

3. 确定切削用量

刀具切削参数与刀具长度补偿如表 6-2 所示。

表 6-2　刀具切削参数与刀具长度补偿

刀具参数	主轴转速/(r · min^{-1})	进给速度/(mm · min^{-1})	刀具长度补偿
ϕ12 mm 平底铣刀	2 200	600	H1/T1

4. 加工模块初始化

（1）进入加工模块。在菜单栏中单击“应用模块”标签，如图 6-12 所示，单击“加工”按钮进入加工模块。

图 6-12　“应用模块”标签

（2）加工环境设置。进入加工模块时，系统会弹出“加工环境”对话框，如图 6-13 所示，设置“CAM 会话配置”和“要创建的 CAM 组装”列表框。在“CAM 会话配置”列表框中选择“cam_general”命令，在“要创建的 CAM 组装”列表框中选择“mill_planar”命令（平面铣，刀具轴心线与加工面垂直或平行），接着单击“确定”按钮，进入加工环境。

（3）进入加工模块。单击“几何视图”按钮 ，如图 6-14 所示。

5. 创建坐标系、几何体和刀具

1）坐标系设置

设定编程坐标系，双击“坐标系”命令 ，弹出“MCS 铣削”对话框，如

学习笔记

图 6-15 所示，在其中设置对刀点与编程坐标原点重合。

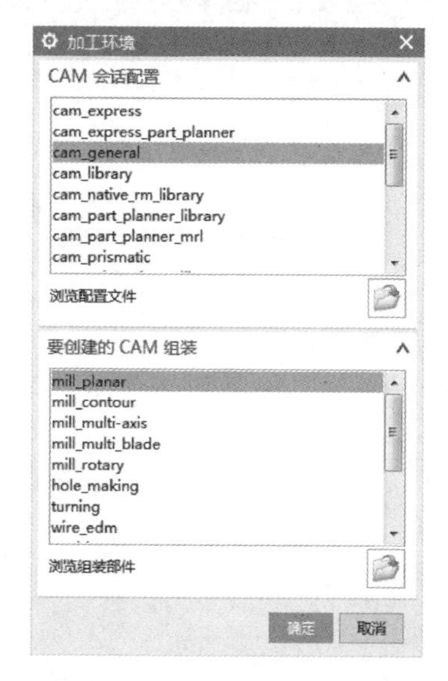

图 6-13 “加工环境”对话框

图 6-14 “几何视图”按钮

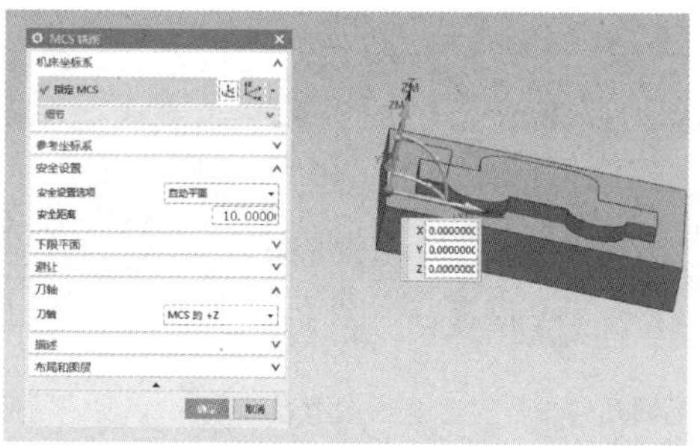

图 6-15 “MCS 铣削”对话框

2）部件毛坯设置

双击几何体命令 WORKPIECE，弹出“工件”对话框，如图 6-16 所示。单击“几何体”选项组中的“指定部件”按钮，弹出“部件几何体”对话框，如图 6-17 所示，框选整个工件，单击“确定”按钮。

单击“指定毛坯”按钮，弹出“毛坯几何体”对话框，如图 6-18 所示。在顶部下拉列表框中选择“包容块”命令，如图 6-19 所示。对包容块尺寸进行设置，如图 6-20 所示。

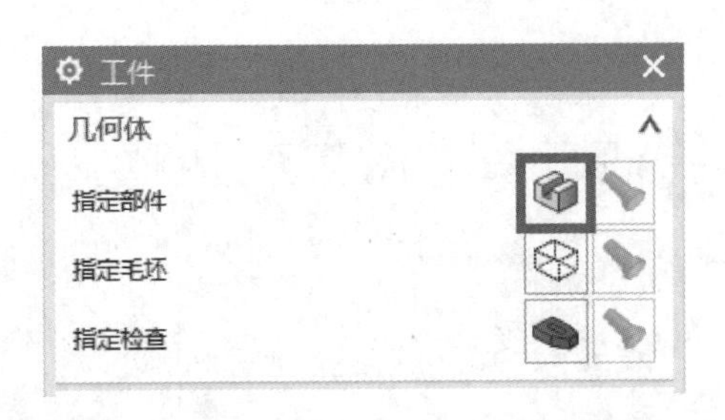

图 6-16 “工件”对话框

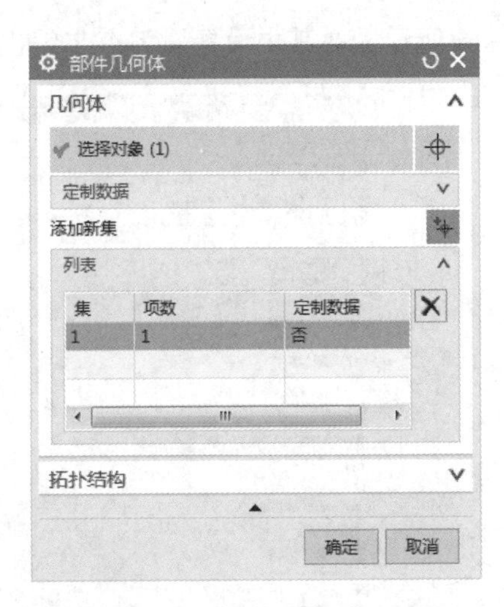

图 6-17 “部件几何体”对话框

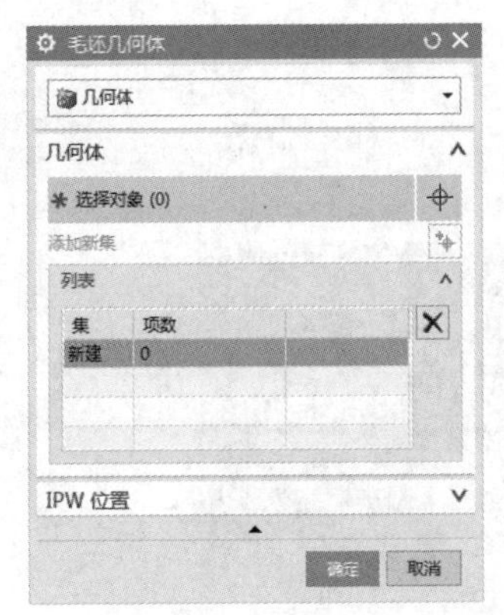

图 6-18 “毛坯几何体”对话框

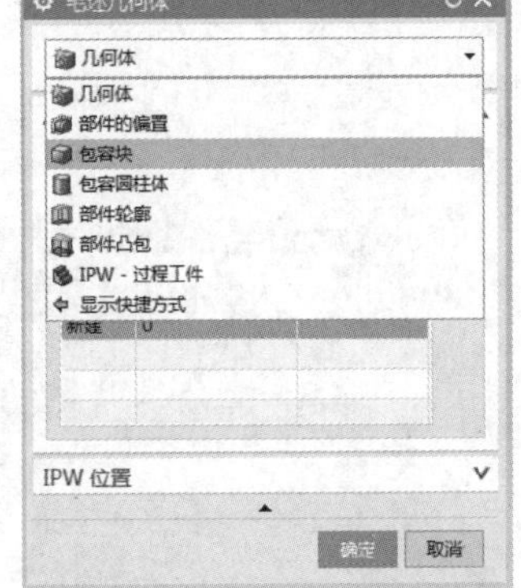

图 6-19 “包容块”命令

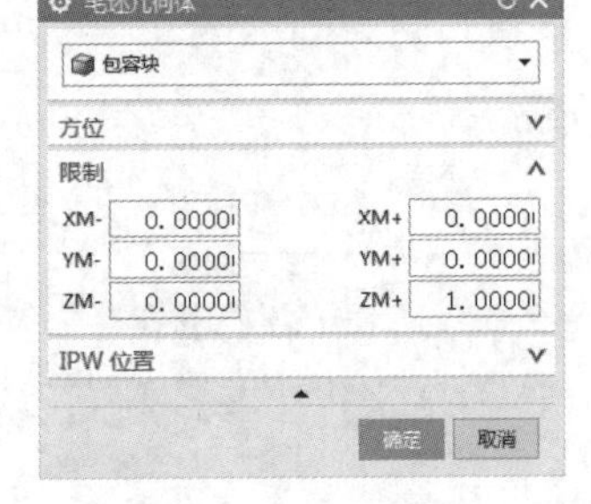

图 6-20 包容块尺寸设置

3）创建刀具

（1）单击“创建刀具”按钮 创建刀具，弹出“创建刀具”对话框，如图 6-21 所示。

（2）设置“刀具子类型”为平底刀，在“名称”文本框中输入 D12，单击“确定”按钮弹出“铣刀-5 参数”对话框，如图 6-22 所示。系统默认新建铣刀为-5 参数铣刀，在“铣刀-5 参数”对话框中输入刀具直径和刀具号，单击“确定”按钮创建铣刀 D12。

6. 创建工序

1）设置“创建工序”对话框

单击“创建工序”按钮 创建工序，弹出“创建工序”对话框，如图 6-23 所示。

（1）在“类型”下拉列表框中选择“mill_planar”命令，再单击“工序子类型”选项组中的相应按钮（见图 6-23）。

（2）在“刀具”下拉列表框中选择“D12（铣刀-5 参数）”命令。

（3）在“方法”下拉列表框中选择“MILL_ROUGH”命令。

学习笔记

单击“确定”按钮，弹出“平面铣-[PLANAR_MILL]”对话框，如图6-24所示。

图6-21 “创建刀具”对话框

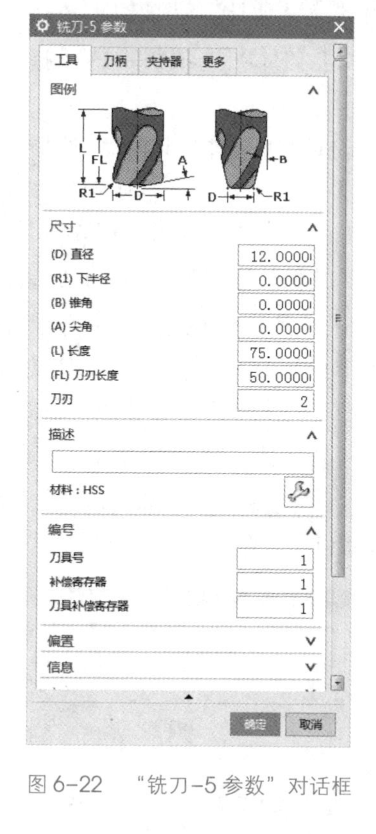

图6-22 “铣刀-5参数”对话框

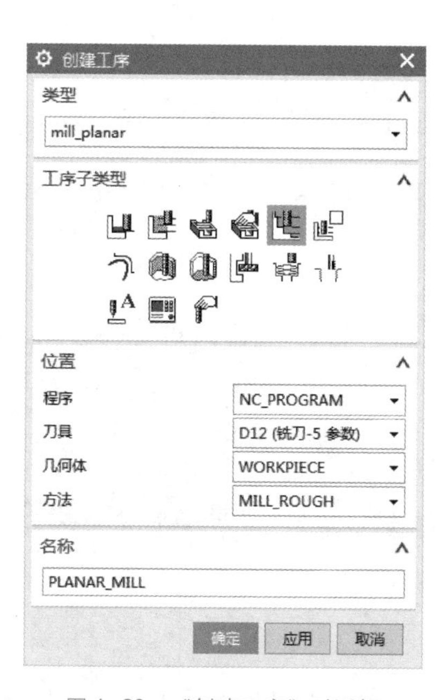

图6-23 “创建工序”对话框

图6-24 “平面铣-[PLANAR_MILL]”对话框

学习笔记

2）设置“平面铣-[PLANAR_MILL]”对话框

（1）设置“几何体”选项组。

①单击“几何体”选项组中的“指定部件边界”按钮，弹出“部件边界”对话框，如图6-25所示。

a. 在“刀具侧”下拉列表框中选择“外侧”命令。

b. 在“平面”下拉列表框中选择“自动”命令。选择车形凸台零件上表面，单击“确定”按钮，返回“平面铣-[PLANAR_MILL]”对话框。

②单击“几何体”选项组中的“指定毛坯边界”按钮，弹出“毛坯边界”对话框，如图6-26所示。在绘图区中选择毛坯上表面矩形边界（在“图层设置”对话框中将毛坯块体设置成可见），在“刀具侧”下拉列表框中选择“内侧”命令，单击“确定”按钮，返回“平面铣-[PLANAR_MILL]”对话框。

③单击“几何体”选项组中的“指定底面”按钮，弹出“平面”对话框，如图6-27所示。在绘图区中选择矩形平面，单击“确定”按钮，返回“平面铣-[PLANAR_MILL]”对话框。

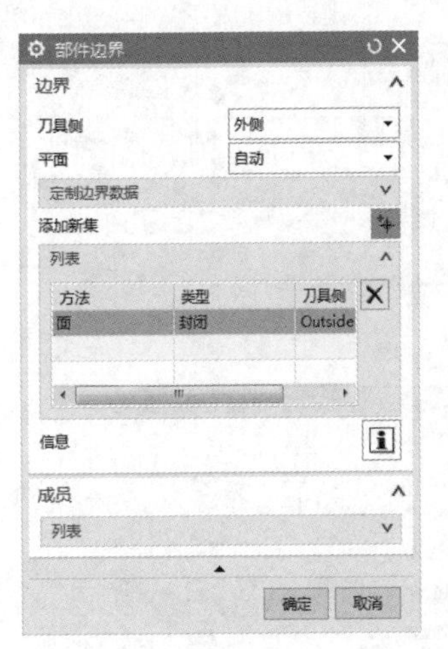

图6-25 “部件边界”对话框

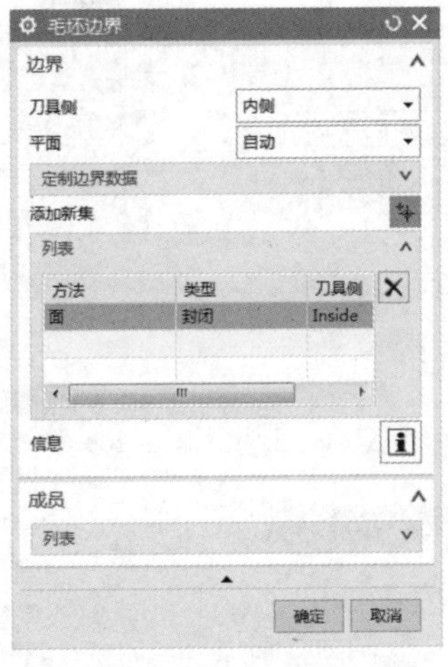

图6-26 “毛坯边界”对话框

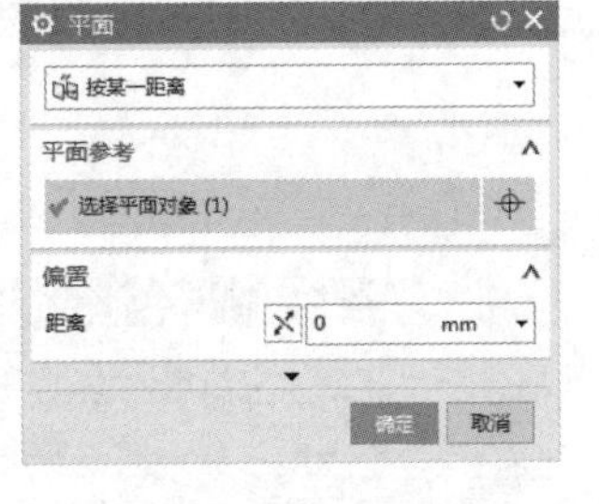

图6-27 “平面”对话框

三个平面选择如图6-28所示。

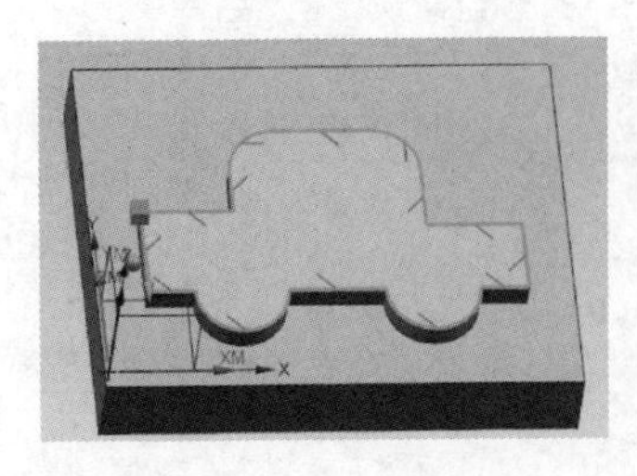
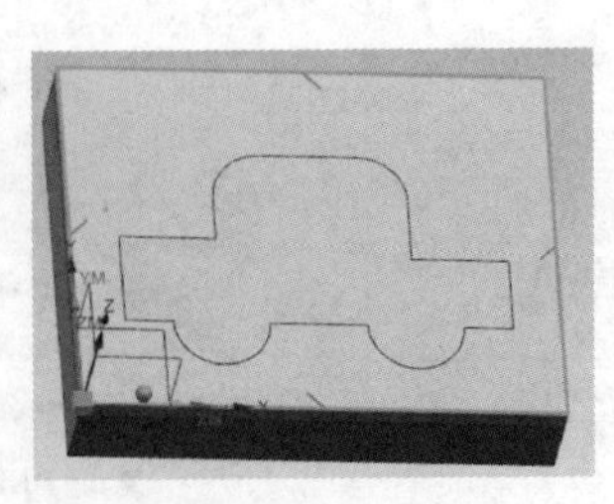
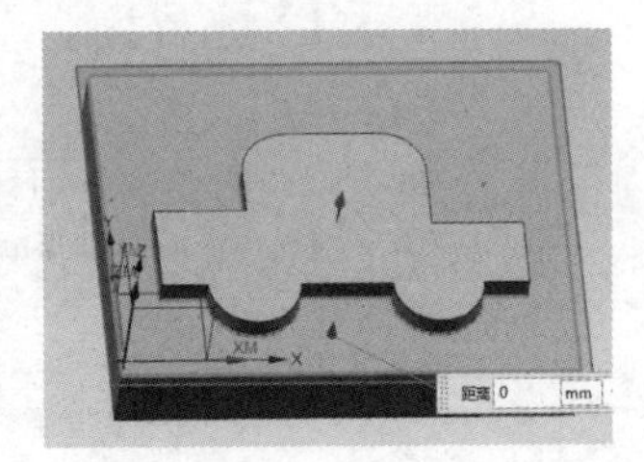

图6-28 平面选择

（2）设置“刀轨设置”选项组。

①在“平面铣-[PLANAR_MILL]”对话框“刀轨设置”选项组的“切削模式”下

学习笔记

拉列表框中选择“跟随周边”命令，在“平面直径百分比”文本框中输入 80，如图 6-29 所示。

②单击“刀轨设置”选项组中的“切削层”按钮 ，弹出“切削层”对话框，在“类型”下拉列表框中选择“恒定”命令，在“每刀切削深度”选项组的“公共”文本框中输入 2，如图 6-30 所示，单击“确定”按钮，返回“平面铣-[PLANAR_MILL]”对话框。

图 6-29 “刀轨设置”选项组

图 6-30 “切削层”对话框

③单击“刀轨设置”选项组中的“切削参数”按钮 ，弹出“切削参数”对话框。单击“策略”标签进入“策略”选项卡，在“切削方向”下拉列表框中选择“顺铣”命令，在“切削顺序”下拉列表框中选择“层优先”命令，在“刀路方向”下拉列表框中选择“向内”命令，如图 6-31 所示。单击“余量”标签进入“余量”选项卡，在“部件余量”文本框中输入 1，在“最终底面余量”文本框中输入 1，如图 6-32 所示，单击“确定”按钮，返回“平面铣-[PLANAR_MILL]”对话框。

图 6-31 “策略”选项卡

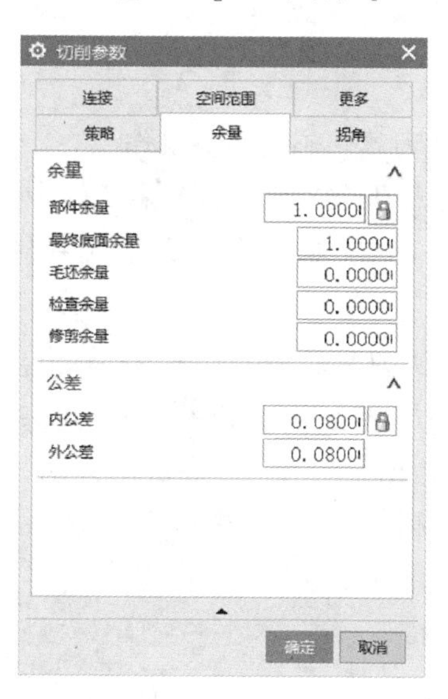

图 6-32 “余量”选项卡

④单击“刀轨设置”选项组中的“非切削移动”按钮，弹出“非切削移动”对话框。

a. 单击“进刀”标签进入“进刀”选项卡，展开“封闭区域”选项组，在“进刀类型”下拉列表框中选择“与开放区域相同”命令；在“开放区域”选项组的“进刀类型”下拉列表框中选择“线性”命令；为避免撞刀，在“长度”文本框中输入 80，如图 6-33 所示。

b. 单击“退刀”标签进入“退刀”选项卡，在“退刀类型”下拉列表框中选择“与进刀相同”命令，如图 6-34 所示。

c. 单击“确定”按钮，返回“平面铣-[PLANAR_MILL]”对话框。

⑤设置进给率和速度参数。

单击“刀轨设置”选项组中的“进给率和速度”按钮，弹出“进给率和速度”对话框，如图 6-35 所示，设定主轴速度、进给率、进刀和退刀速度等。

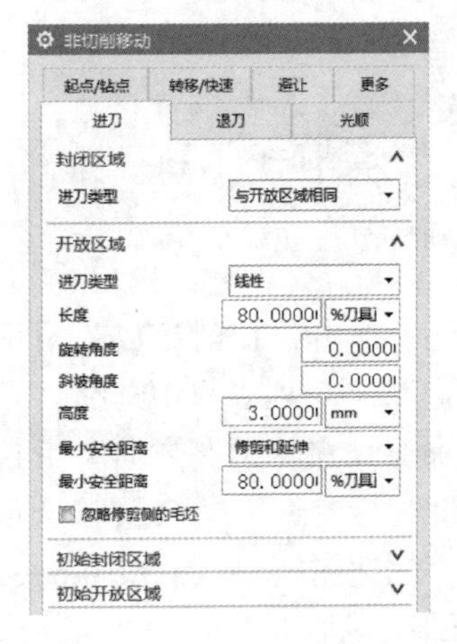

图 6-33 “进刀”选项卡

图 6-34 “退刀”选项卡

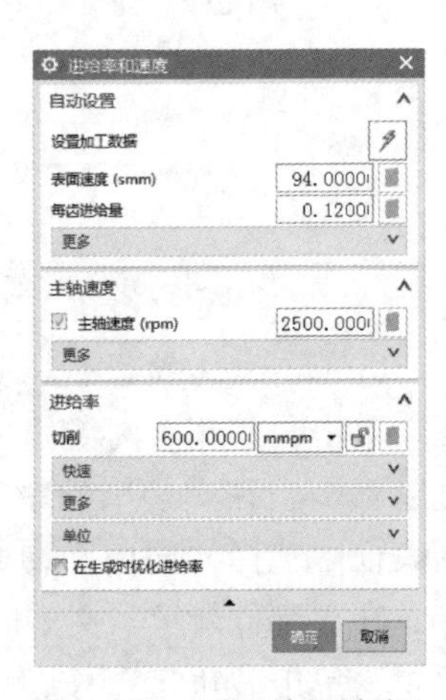

图 6-35 “进给率和速度”对话框

3）生成刀具轨迹及相关操作

（1）生成刀具轨迹。单击菜单栏中的“主页”按钮，在“工序”选项组中单击“生成刀轨”按钮，系统会生成并显示一个所有切削层的刀具轨迹，如图 6-36 所示。

（2）确认刀具轨迹。生成刀具轨迹后，可以单击“确认刀轨”按钮，弹出“刀轨可视化”对话框，单击“3D 动态”按钮，并将动画速度调至合适，然后单击“播放”按钮。仿真加工完成后，绘图区零件如图 6-37 所示。本项操作可以确认刀具轨迹的正确性。对于某些刀具轨迹，还可以用 UG NX12.0 软件的切削仿真功能进一步检查。

7. 后处理

通过仿真加工，确认生成刀具轨迹正确后，接着进行后处理，生成符合机床标准格式的数控加工程序。

（1）在“工序”选项组中单击“后处理”按钮 ，系统弹出“后处理”对话框；或者按图 6-38 所示方法，在“工序导航器-几何”目录树中选择“后处理”命令。

（2）在“后处理”对话框中，选择“后处理器”列表框中的“MILL_3_AXIS”命令，在“文件扩展名”文本框中输入 txt，在“设置”选项组的“单位”下拉列表框中选择“公制/部件”命令，如图 6-39 所示。

（3）单击“后处理”对话框中的“确定”按钮，弹出“后处理提示”对话框，单击“确定”按钮，弹出“信息”对话框，如图 6-40 所示。

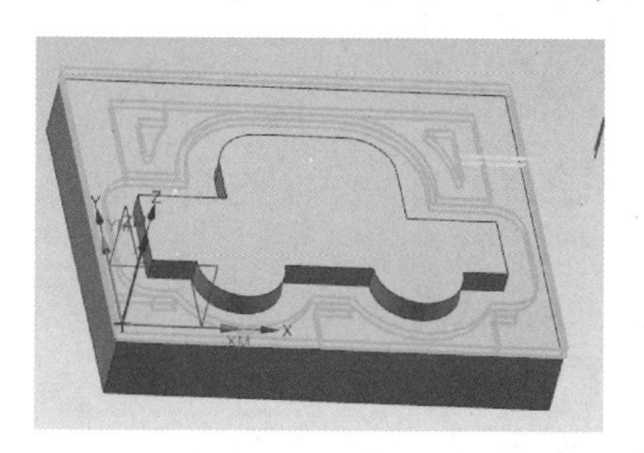

图 6-36　生成刀具轨迹

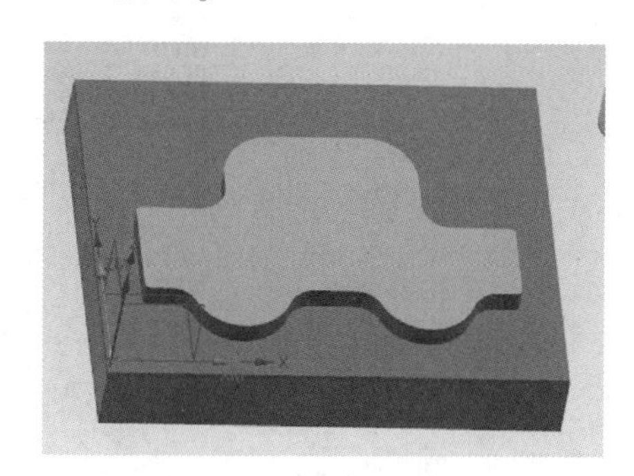

图 6-37　加工完成后的零件

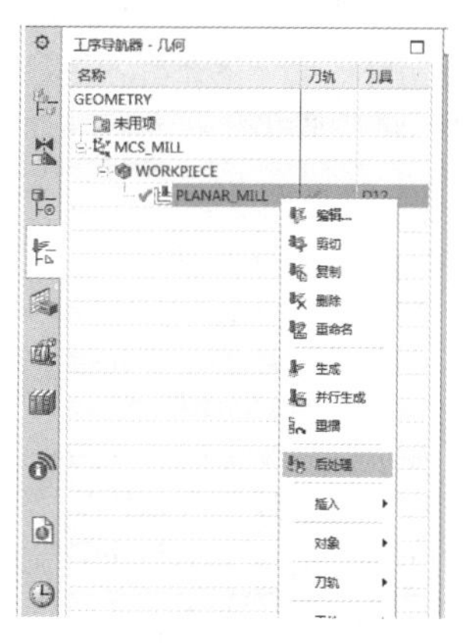

图 6-38　“后处理”按钮

图 6-39　“后处理”对话框

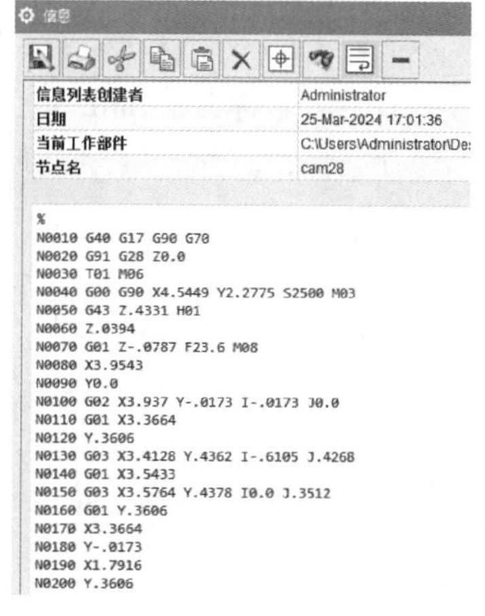

图 6-40　“信息”对话框

8. 后处理及程序编辑

UG NX12.0 软件自动生成的程序不能直接导入宇龙数控加工仿真系统和 FANUC 0i 数控铣床进行零件加工，因为自动生成的程序中有不被数控系统识别的 G 代码，可能还有创建操作时由于误操作导致的乱码或丢失的代码。一般修改步骤如下。

将程序另存为 O0601. txt 文件。

（1）删除程序创建信息。

去掉“信息”对话框中程序开头部分，包括“信息列表创建者”“日期”“当前工作部件”和“节点名”等信息。

（2）将“%”替换成程序名 O6005。

在 FANUC 0i 数控系统中程序开始处没有%，而是程序名，程序名以字母 O 加上四

学习笔记

位数字组成，如 O6005（项目六的第五个程序）。因为本任务是使用 FANUC 0i 数控系统的数控铣床加工零件，所以将文件开头的“%”替换成 O6005。

（3）删除 G70 指令，增加坐标系指令。

删除图 6-41 中 N0010 程序段里不被 FANUC 数控系统识别的 G70 指令，在数控加工程序中一般在第一段用 G54~G59 指令设置工件坐标系，本任务用 G54 指令即可。

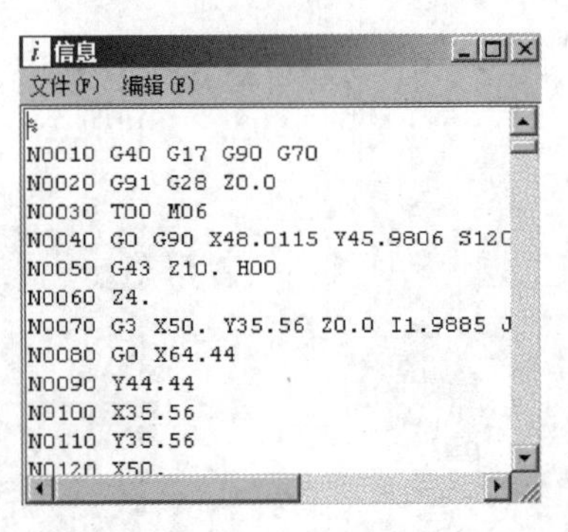

图 6-41 程序信息

（4）删除自动换刀程序段。

图 6-41 中 N0030 T00 M06 是数控加工中心自动换刀程序段，在数控铣床上主轴只装一把铣刀，不能自动换刀，所以删除本段程序。

（5）程序段末尾把 M02 改为 M05，再添加一行 M30。

保存文件，然后直接导入 FANUC 0i 数控铣床系统中进行加工即可。

任务评价

对任务完成情况进行评价，并填写到表 6-3 中。

表 6-3 任务完成情况评价表

序号	评价项目		自评			师评		
			A	B	C	A	B	C
1	工艺制订	刀具选择						
2		进刀点确定						
3		切削用量选择						
4		进给路线确定						
5		退刀点确定						
6	工序选择	程序开头部分设定						
7		刀具轨迹合理						
8		退刀及程序结束部分						
9	CAM 软件使用	正确生成数控加工程序						
10	程序验证	利用数控加工仿真软件验证数控加工程序						
综合评定								

任务2　平面类零件精加工的软件编程

任务描述

运用 UG NX12.0 软件编程，精加工如图 6-42 所示的车形凸台零件（已使用 ϕ12 mm 平底铣刀粗加工），凸台周围及矩形底面各有 1 mm 的余量，凸台最终高度为 5 mm。

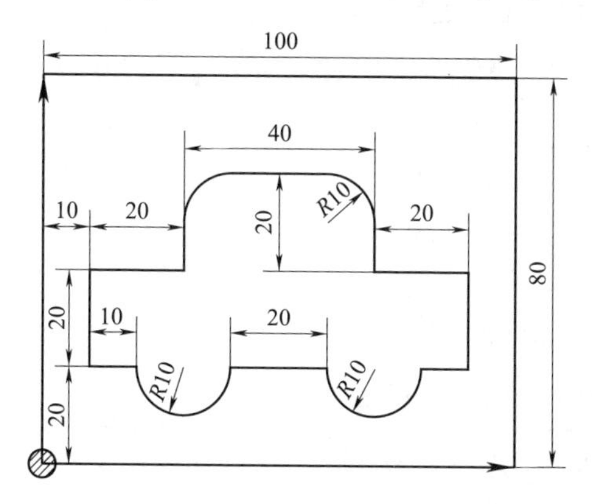

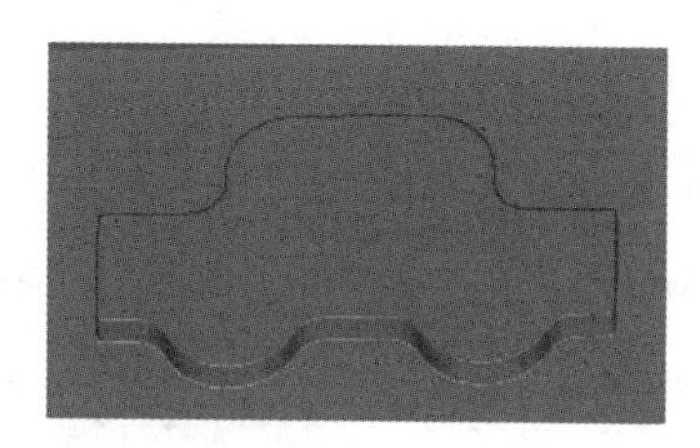

图 6-42　车形凸台零件粗加工后

学前准备

（1）确保 UG NX12.0 软件正常运行，计算机与数控铣床正常通信。

（2）确保数控铣床能正常工作。

学习目标

（1）学会创建毛坯、刀具和坐标系。

（2）能够设置平面铣参数。

（3）能够完成零件仿真加工、检查刀具轨迹，并后处理生成铣削数控加工程序。

素养目标

（1）树立质量、效率意识。

（2）培养独立思考、求真务实、踏实严谨的工作作风。

预备知识

如果采用手工编程，则需要计算精加工时刀具中心轨迹或刀具半径补偿值，计算量较大，程序较长。本任务借助 CAD/CAM 软件进行编程。下面确定装夹方案、加工方法、刀具参数和切削用量。

1. 确定装夹方案及原点

装夹方案及原点设置参考项目六任务 1，粗加工后需要再对刀时，一般采用碰刀法或对刀法进行对刀。

2. 确定加工方法和刀具

在本任务中用平面铣进行精加工，根据加工零件的特点，分两次精铣，第一次精加工（简称一次精铣）选用 ϕ12 mm 平底铣刀精铣底面（尽量提高生产效率），第二次精加工（简称二次精铣）选用 ϕ3 mm 平底铣刀进行车形凸台轮廓加工和清根。加工方法与选用刀具如表 6-4 所示。

表 6-4 加工方法与选用刀具

加工内容	加工方法	选用刀具
车形凸台	一次精铣	ϕ12 mm 平底铣刀
	二次精铣	ϕ3 mm 平底铣刀

3. 确定切削用量

各刀具的切削参数与刀具长度补偿如表 6-5 所示。

表 6-5 刀具切削参数与刀具长度补偿

刀具参数	主轴转速/(r·min^{-1})	进给速度/(mm·min^{-1})	刀具长度补偿
ϕ12 mm 平底铣刀	3 500	400	H1/T1
ϕ3 mm 平底铣刀	7 000	200	H2/T2

任务实施

完成项目六任务 1 的粗加工后继续精加工，打开项目六任务 1 完成的粗加工后文件，如图 6-43 所示。

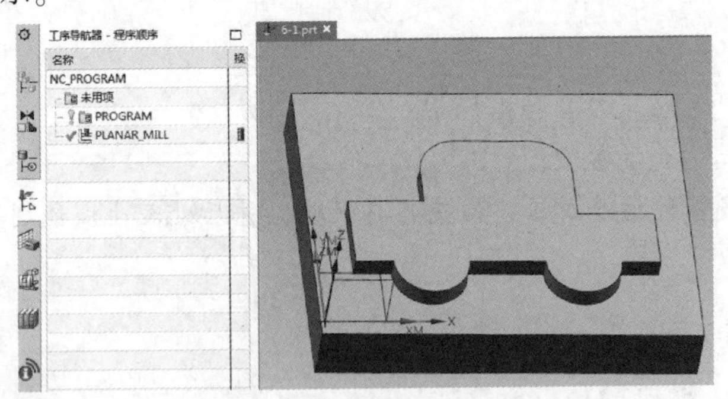

图 6-43 粗加工后零件模型

1. 创建刀具

ϕ12 mm 平底铣刀在项目六任务 1 中已创建，精加工时只需换一把同规格的新铣刀即可，现在创建 ϕ3 mm 的平底铣刀。

（1）单击“创建刀具”按钮，弹出“创建刀具”对话框，如图 6-44 所示。

（2）在“名称”文本框中输入 D3，单击“确定”按钮弹出“铣刀-5 参数”对话框。系统默认新建铣刀为-5 参数铣刀，在“尺寸”选项组的“直径”文本框中输入 3，在“编号”选项组的“刀具号”“补偿寄存器”和“刀具补偿寄存器”文本框中均

学习笔记

输入 2，如图 6-45 所示，单击“确定”按钮创建铣刀 D3。

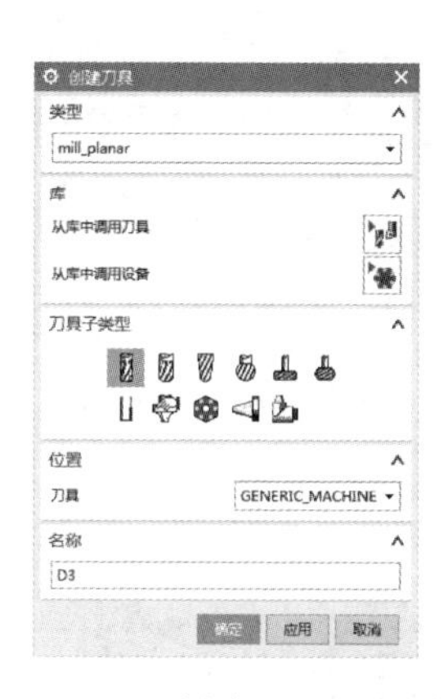

图 6-44　“创建刀具”对话框

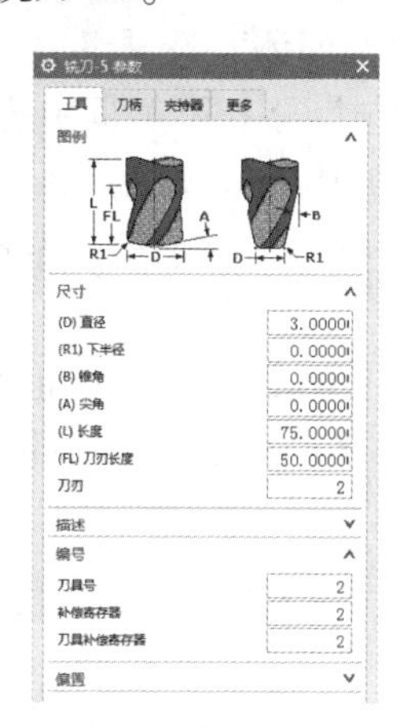

图 6-45　“铣刀-5 参数”对话框

2. 创建一次精铣工序（平面铣精加工工序）

1）设置“创建工序”对话框

单击“创建工序”按钮，弹出“创建工序”对话框，如图 6-46 所示。

（1）在“类型”下拉列表框中选择“mill_planar”命令，单击“工序子类型”选项组中的“底壁铣”按钮 。

（2）在“刀具”下拉列表框中选择“D12（铣刀-5 参数）”命令。

（3）在“几何体”下拉列表框中选择 WORKPIECE 命令。

（4）在“方法”下拉列表框中选择“MILL_FINISH”命令。

（5）在“名称”文本框中输入“J-01”，单击“确定”按钮，弹出“底壁铣-[J-01]”对话框，如图 6-47 所示。

图 6-46　“创建工序”对话框

图 6-47　“底壁铣-［J-01］”对话框

学习笔记

2）设置“底壁铣-[J-01]”对话框

（1）设置“几何体”选项组。

①在“几何体”下拉列表框中选择 WORKPIECE 命令。

②单击“几何体”选项组中的“指定切削区底面”按钮，弹出“切削区域”对话框，如图 6-48 所示。在绘图区中选中矩形底面，单击“确定”按钮，返回“底壁铣-[J-01]”对话框。

③单击“指定壁几何体”按钮，弹出“壁几何体”对话框，如图 6-49 所示。在绘图区中选中车形凸台零件毛坯的周壁，单击“确定”按钮，返回“底壁铣-[J-01]”对话框。

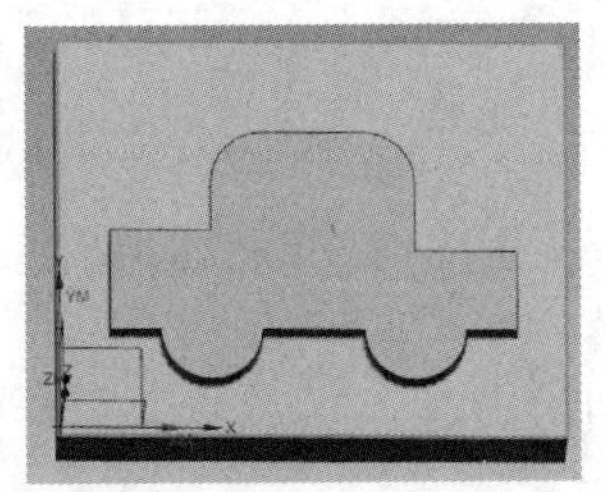

图 6-48 “切削区域”对话框

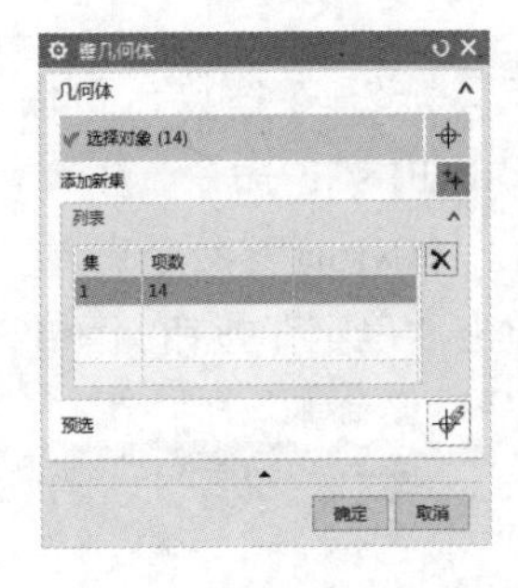

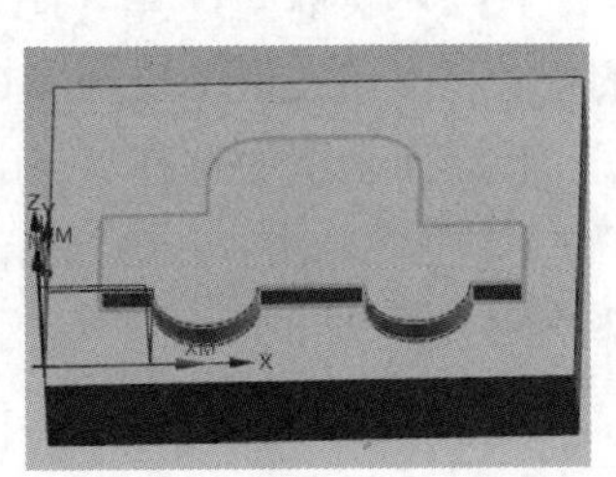

图 6-49 “壁几何体”对话框

（2）设置“刀轨设置”选项组。

①在“底壁铣-[J-01]”对话框“刀轨设置”选项组的“切削区域空间范围”下拉列表框中选择“底面”命令，在“切削模式”下拉列表框中选择“跟随部件”命令，“步距”下拉列表框选择“恒定”命令，或根据生产经验输入 3。

②在“底面毛坯厚度”文本框中输入 1，在“每刀切削深度”文本框中输入 1。

③单击“刀轨设置”选项组中的“切削参数”按钮，弹出“切削参数”对话框。单击“策略”标签进入“策略”选项卡，在“切削方向”下拉列表框中选择“顺铣”命令，如图 6-50 所示。

④单击“余量”标签进入“余量”选项卡，在“部件余量”文本框中输入 1，在“壁余量”文本框中输入 1，在“最终底面余量”文本框中输入 0，如图 6-51 所示。单击“确定”按钮，返回“底壁铣-[J-01]”对话框。

⑤单击“刀轨设置”选项组中的“非切削移动”按钮，弹出“非切削移动”

对话框。单击“进刀”标签进入“进刀”选项卡，在“进刀类型”下拉列表框中选择“与开放区域相同”命令，如图 6-52 所示。单击“确定”按钮，返回“底壁铣-[J-01]”对话框。

⑥单击“刀轨设置”选项组中的“进给率和速度”按钮 ，弹出“进给率和速度”对话框，如图 6-53 所示。在其中设定主轴速度、进给率、进刀和退刀速度等。单击“确定”按钮，返回“底壁铣-[J-01]”对话框。

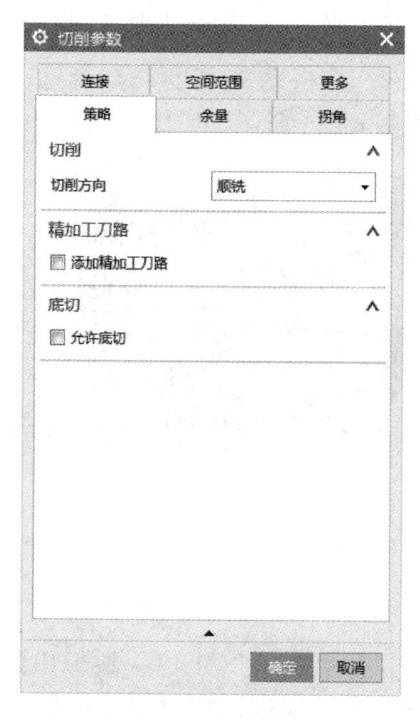

图 6-50 “策略”选项卡

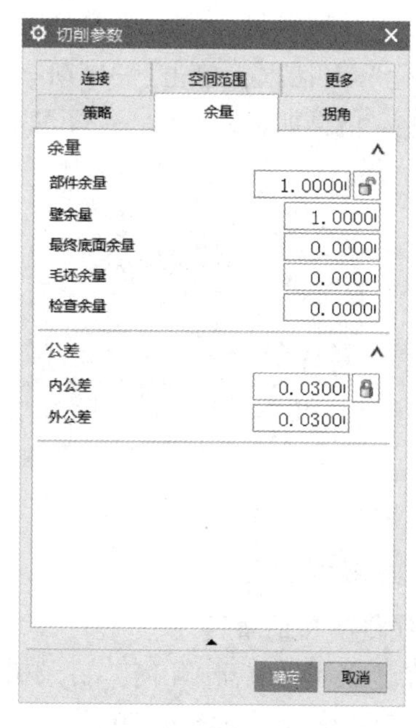

图 6-51 “余量”选项卡

图 6-52 “进刀”选项卡

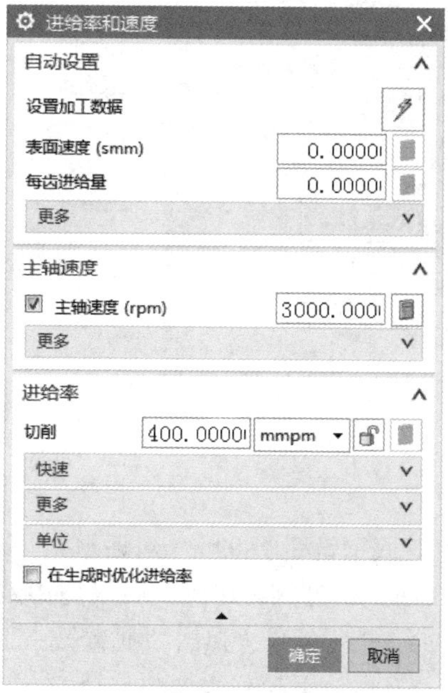

图 6-53 “进给率和速度”对话框

学习笔记

3）生成刀轨及相关操作

完成一次精铣工序的创建后，就可以生成刀具轨迹，并可使用刀具轨迹管理工具对刀具轨迹进行编辑、重显、模拟、输出和编辑刀具位置源文件等操作。

（1）生成刀具轨迹。单击菜单栏中的“主页”按钮，在“工序”选项组中单击“生成刀轨”按钮，系统会生成并显示一个所有切削层的刀具轨迹，如图 6-54 所示。

（2）确认刀具轨迹。生成刀具轨迹后，可以单击“确认刀轨”按钮，弹出“刀轨可视化”对话框，单击“3D 动态”按钮，并将动画速度调至合适，单击“播放”按钮。仿真加工完成后，绘图区零件如图 6-55 所示。

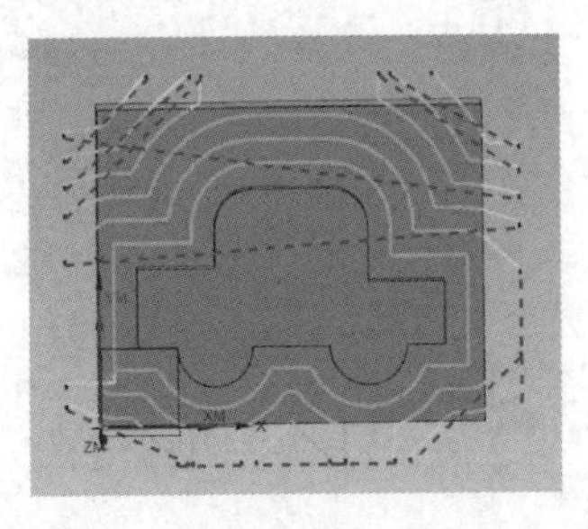

图 6-54　生成刀具轨迹

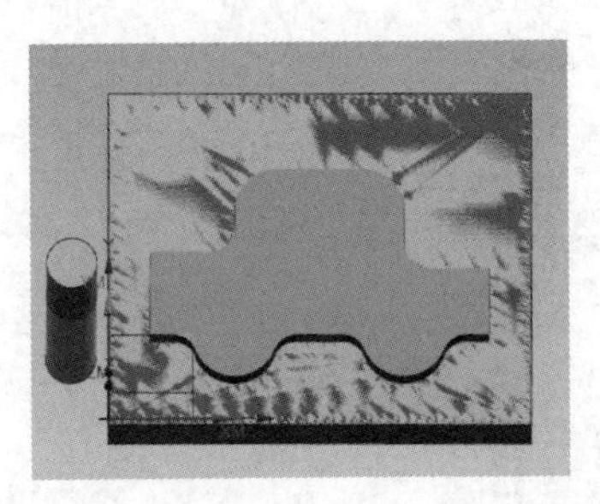

图 6-55　加工完成后的零件

3. 创建二次精铣工序

1）工序复制和重命名

（1）在“工序导航器-几何”目录树中，右击“J-01”工序，在弹出的快捷菜单中选择“复制”命令，如图 6-56 所示，然后粘贴，即可生成“J-01_COPY”工序。

（2）在“工序导航器-几何”目录树中，右击“J-01_COPY”工序，在弹出的快捷菜单中选择“重命名”命令，输入“J-02”，如图 6-57 所示。

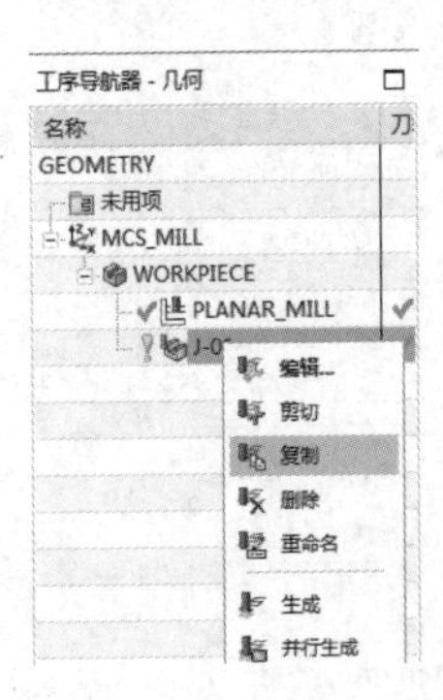

图 6-56　复制工序

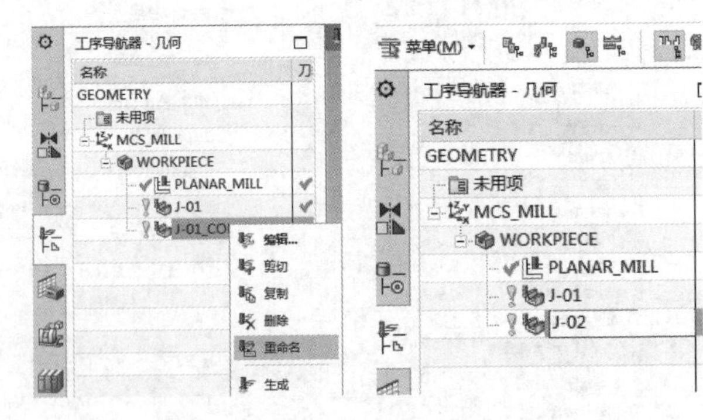

图 6-57　工序重命名

2）设置“底壁铣-[J-02]”对话框

（1）在“工序导航器-几何”目录树中双击或右击“J-02”工序，在弹出的快捷菜单中选择“编辑”命令，弹出“底壁铣-[J-02]”对话框。

（2）在“刀具”下拉列表框中选择 D3 命令。

（3）在“刀轨设置”选项组“切削区域空间范围”下拉列表框中选择“底面”命

令，在“切削模式”下拉列表框中选择“轮廓”命令，在“步距”下拉列表框选择“恒定”命令，或根据生产经验输入6，如图6-58所示。

（4）在“刀轨设置”选项组的“附加刀路”文本框中输入1。

（5）单击“刀轨设置”选项组中的“切削参数”按钮，弹出“切削参数”对话框。单击“策略”标签进入“策略”选项卡，在“切削方向”下拉列表框中选择“顺铣”命令，勾选“壁”选项组中的“岛清根”和“只切削壁”复选框，如图6-59所示。单击“余量”标签进入“余量”选项卡，在“部件余量”文本框中输入0，如图6-60所示。单击“确定”按钮，返回“底壁铣-[J-02]”对话框。

（6）单击“刀轨设置”选项组中的“进给率和速度”按钮，弹出并设置“进给率和速度”对话框，如图6-61所示。

图6-58 “刀轨设置”选项组

图6-59 “策略”选项卡

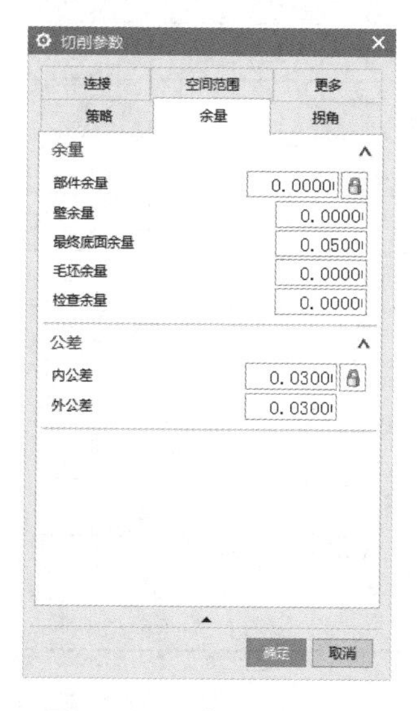

图6-60 “余量”选项卡

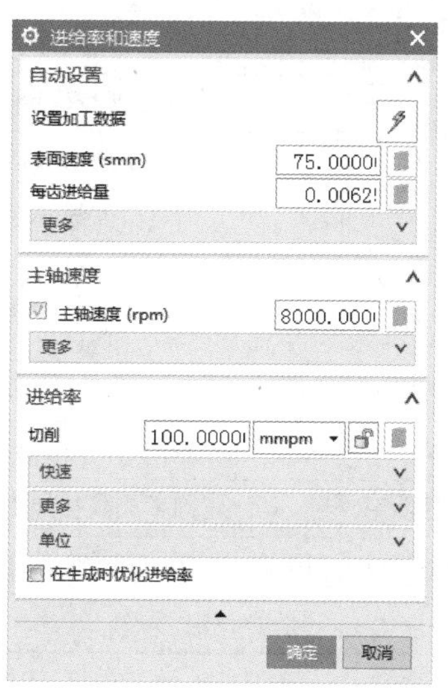

图6-61 “进给率和速度”对话框

(7) 单击“确定”按钮，返回“底壁铣-[J-02]”对话框。

3) 生成刀轨及相关操作

完成二次精铣工序的创建后，生成刀具轨迹。生成刀具轨迹和确认刀具轨迹的操作参考一次精铣工序，刀具轨迹及仿真加工效果如图 6-62 和图 6-63 所示。

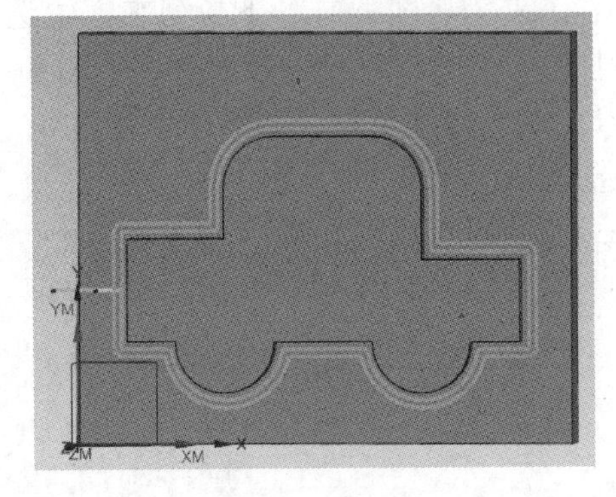

图 6-62　刀具轨迹

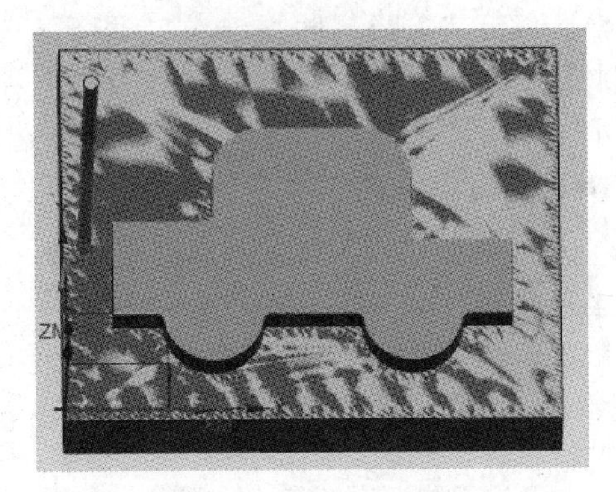

图 6-63　仿真加工效果

4. 后处理及程序编辑

通过仿真加工，确认生成刀具轨迹正确后，接着进行后处理，生成数控加工程序，并进行适当的编辑，使其符合机床标准格式。后处理及程序编辑方法参考项目六任务 1。

任务评价

对任务完成情况进行评价，并填写到表 6-6 中。

表 6-6　任务完成情况评价表

序号	评价项目		自评			师评		
			A	B	C	A	B	C
1	工艺制订	刀具选择						
2		进刀点确定						
3		切削用量选择						
4		进给路线确定						
5		退刀点确定						
6	工序选择	程序开头部分设定						
7		刀具轨迹合理						
8		退刀及程序结束部分						
9	CAM 软件使用	正确生成数控加工程序						
10	程序验证	利用数控加工仿真软件验证数控加工程序						
综合评定								

学习笔记

任务 3　型腔类零件粗加工的软件编程

任务描述

图 6-64 所示为米奇头形零件，其结构组成：上表面一处平面，四处 *C*5 mm 倒角，*R*45 mm，ϕ48 mm 和 ϕ84 mm 五处圆柱面，*R*2 mm，ϕ48 mm 和 ϕ84 mm 五处圆弧面。如果按照平面铣削加工方法创建工序，只能加工上表面和五处圆柱面，这是因为平面铣削时仅加工与刀具垂直和平行的表面。因此，要采用新的方法加工与刀具不垂直和不平行的表面，本任务选用通用型腔铣削（CAVITY_MILL）方法进行零件粗加工的软件编程。

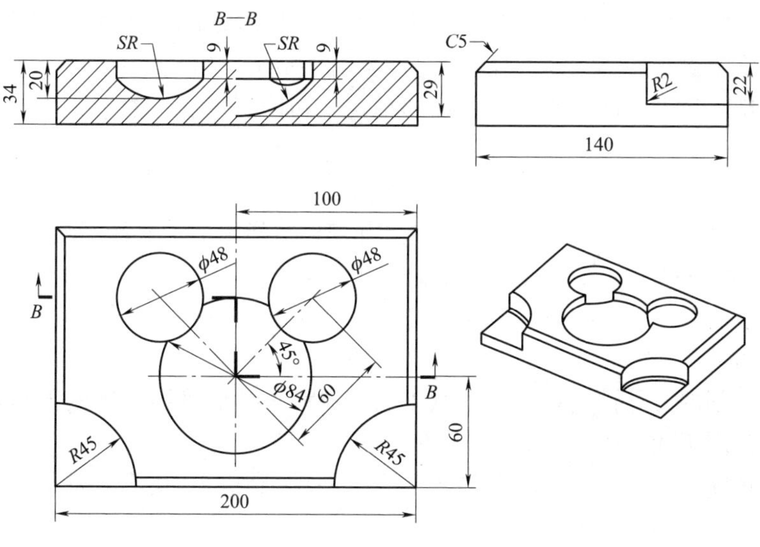

图 6-64　米奇头形零件

学前准备

（1）UG NX12.0 软件。

（2）数控加工仿真软件。

（3）量具的使用方法和技巧。

学习目标

（1）了解型腔铣削的特点。

（2）掌握型腔铣削刀轨设置的参数设置。

（3）通过实例学习掌握型腔铣削的运用。

素养目标

（1）树立质量意识、效率意识，以及精益求精的工匠精神。

（2）树立安全生产、文明生产的意识。

学习笔记

预备知识

1. 型腔铣削概述

1）型腔铣削加工概述

型腔铣削加工可以在某个面内切除曲面零件的材料，特别是平面铣削不能加工的型腔轮廓或区域内的材料，经常用于在精加工之前对某个零件进行粗加工。型腔铣削加工时刀具轴线方向相对工件不发生变化，但它垂直于切削层，因此可以加工侧壁与底面不垂直的零件和底面是平面的零件，而平面铣削加工不能加工侧壁与底面不垂直的零件。此外，型腔铣削加工还可以加工模具的型腔或型芯。

2）型腔铣削和平面铣削的比较

（1）相同点。

①型腔铣削和平面铣削的创建步骤基本相同，都需要在“创建工序”对话框中定义几何体、指定加工刀具、设置刀具轨迹参数和生成刀具轨迹。

②型腔铣削和平面铣削的刀具轴线都垂直于切削层平面，并且在该平面内生成刀具轨迹。

③型腔铣削和平面铣削的切削模式基本相同。

④在创建型腔铣削和平面铣削时，定义几何体，指定加工刀具，设置“步距”“切削参数”“非切削移动”等参数的方法基本相同。

⑤型腔铣削和平面铣削刀具轨迹生成方法和验证方法基本相同。

（2）不同点。

①型腔铣削的刀具轴线只需要垂直于切削层平面；而平面铣削的刀具轴线不仅需要垂直于切削层平面，还需要垂直于工件底面。

②型腔铣削一般用于零件的粗加工；而平面铣削既可以用于零件的粗加工，也可以用于零件的半精加工和精加工。

③型腔铣削可以通过任何几何对象，包括体、曲面区域和面等来定义几何体；而平面铣削操作只能通过边界来定义几何体，边界可以是曲线、点和平面上的边界。

④型腔铣削通过零件几何体和毛坯几何体来确定切削深度；而平面铣削由零件边界和底面之间的距离来确定切削深度。

⑤型腔铣削需要用户指定切削区域；而平面铣削需要用户指定部件底面，切削区域则通过边界确定。

2. 型腔铣削工序子类型简介

型腔铣削最常用的工序子类型包括 CAVITY_MILL（通用型腔铣削）、PLUNGE_MILLING（插铣削）、CORNER_ROUGH（拐角粗加工）、REST_MILLING（剩余铣削）、ZLEVEL_PROFILE（深度加工轮廓）、ZLEVEL_CORNER（深度加工拐角）和 FIXED_CONTOUR（固定轮廓铣削）等。其中，通用型腔铣削是最基本的工序子类型，可以满足一般的型腔铣削加工要求，其他的加工方法都是在此加工方法的基础上改进或演变而来的。

学习笔记

任务实施

1. 确定装夹方案

根据米奇头形零件的结构特点选用机用虎钳装夹，校正机用虎钳固定钳口与工作台 *X* 轴方向平行，将毛坯的 200 mm×34 mm 两侧面贴近固定钳口后，夹紧高度为 10 mm 左右，压紧并校正工件上表面的平行度。

2. 确定加工方法和刀具

根据工件各尺寸和加工精度选择合理的加工方法，确定加工工艺路线并选择相应的刀具，如表 6-7 所示。

表 6-7　加工方法与选用刀具

加工内容	加工方法	选用刀具
米奇头形零件	粗铣	ϕ20 mm *R*3 mm 铣刀

3. 确定切削用量

刀具切削参数与刀具长度补偿如表 6-8 所示。

表 6-8　刀具切削参数与刀具长度补偿

刀具参数	主轴转速/(r·min^{-1})	进给速度/(mm·min^{-1})	刀具长度补偿
ϕ20 mm *R*3 mm 铣刀	2 200	600	H1/T1

4. 创建加工操作

1）加工模块初始化

（1）进入加工模块。

在菜单栏中单击“应用模块”按钮，选择“加工”命令进入加工模块。

（2）加工环境设置。

进入加工模块时，系统会弹出“加工环境”对话框。在 3 轴数控铣床编程中，最常用的设置为“CAM 会话配置”列表框中选择“cam_general”命令，而“要创建的 CAM 组装”列表框中选择“mill_contour”命令（型腔铣削，刀具轴心线与加工表面可以不垂直或平行），如图 6-65 所示，进入加工环境。

2）创建几何体、刀具及程序

（1）编辑几何体 WORKPIECE。

在“工件”对话框中单击“几何体”选项组中的“指定部件”按钮，在绘图区中选中米奇头形零件；然后使毛坯块体可见，单击“指定毛坯”按钮，在绘图中区选中毛坯块体，如图 6-66 所示，单击“确定”按钮退出“工件”对话框。具体操作参考项目六任务 1。

（2）创建刀具 D20R3。

①单击“创建刀具”按钮 创建刀具，弹出“创建刀具”对话框，如图 6-67 所示。

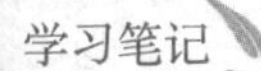
学习笔记

②在“名称”文本框中输入 D20R3，单击“确定”按钮，弹出“铣刀-5 参数”对话框，在“尺寸”选项组的“直径”文本框中输入 20，“下半径”文本框中输入 3，“刀具号”“补偿寄存器”和“刀具补偿寄存器”的文本框中均输入 1，单击“确定”按钮完成 D20R3 铣刀的创建。

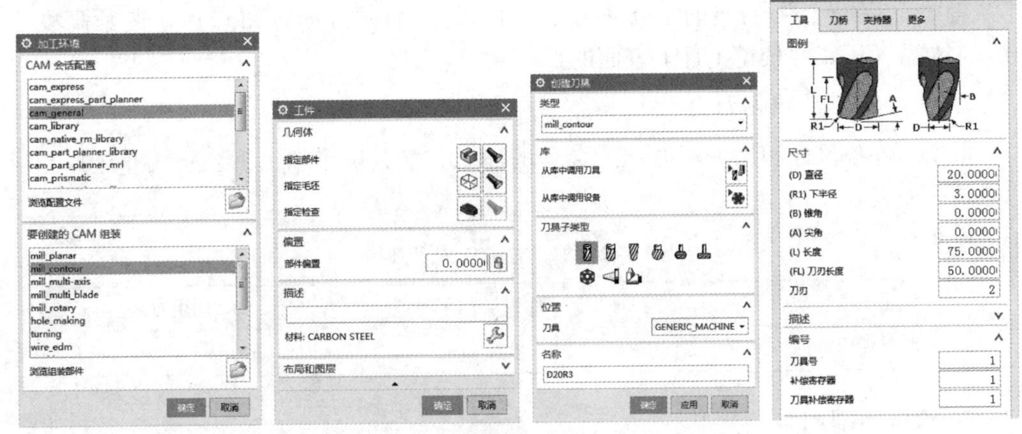

图 6-65 “加工环境”对话框　图 6-66 “工件”对话框　图 6-67 创建刀具

3）创建工序（型腔铣削）

（1）单击“创建工序”按钮 ，弹出“创建工序”对话框，如图 6-68 所示。

①在“类型”下拉列表框中选择 mill_contour 命令，单击“工序子类型”选项组中的相应按钮（见图 6-68）。

②在“刀具”下拉列表框中选择“D20R3（铣刀-5 参数）”命令。

③在“几何体”下拉列表框中选择 WORKPIECE 命令。

④在“方法”下拉列表框中选择“MILL_ROUGH”命令。

⑤在“名称”文本框中输入“C-1”，单击“确定”按钮，弹出“型腔铣-[C-1]”对话框，如图 6-69 所示。

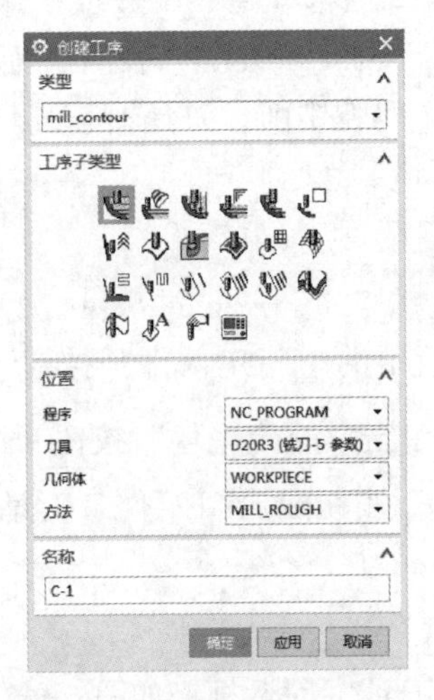

图 6-68 “创建工序”对话框

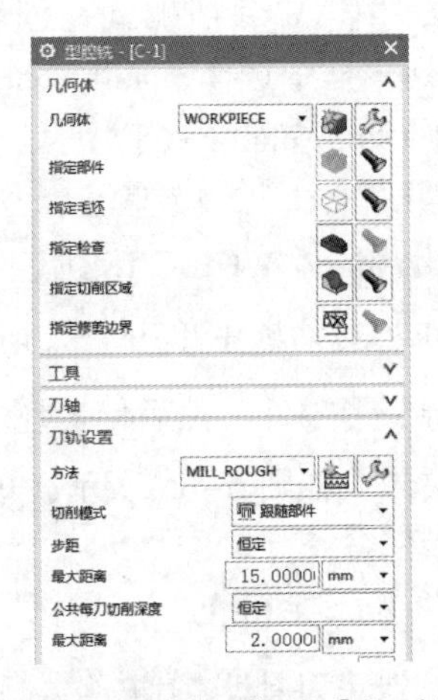

图 6-69 “型腔铣-[C-1]”对话框

（2）设置“型腔铣-[C-1]”对话框。

①设置“几何体”选项组。

a. 在“几何体”选项组的“几何体”下拉列表框中选择 WORKPIECE 命令。

b. 单击“几何体”选项组中的“指定切削区域”按钮，弹出“切削区域”对话框，在绘图区中选中米奇头形零件的 18 个对象（除了底面及四侧面外的对象），如图 6-70 所示。

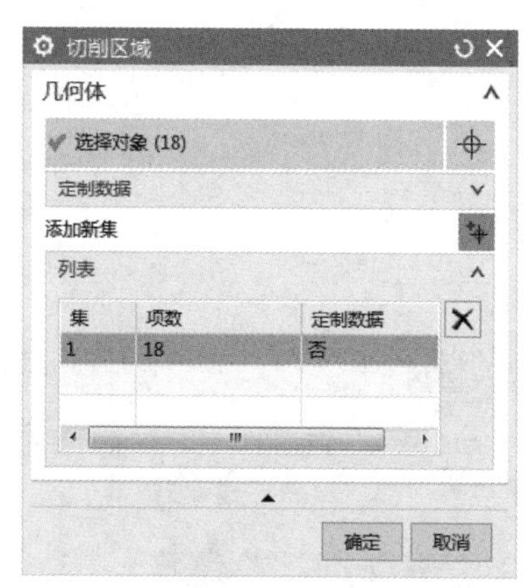

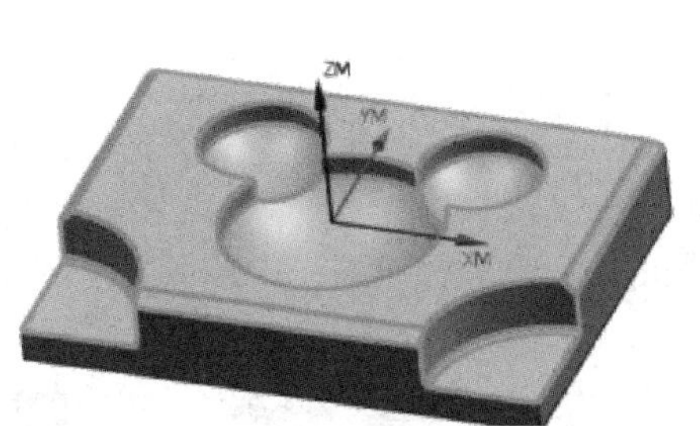

图 6-70 “切削区域”对话框

②设置“刀轨设置”选项组。

a. 在“刀轨设置”选项组的“方法”下拉列表框中选择 MILL_ROUGH 命令，在“切削模式”下拉列表框中选择“跟随周边”命令，在“步距”下拉列表框中选择“刀具平直”命令，在“平面直径百分比”文本框中输入 80，如图 6-71 所示。

b. 在“刀轨设置”选项组的“公共每刀切削深度”下拉列表框中选择“恒定”命令，在“最大距离”文本框中输入 1。

c. 单击“刀轨设置”选项组中的“切削参数”按钮，弹出“切削参数”对话框。单击“策略”标签进入“策略”选项卡，在“切削”选项组的“切削方向”下拉列表框中选择“顺铣”命令，在“切削顺序”下拉列表框中选择“深度优先”命令，在“刀路方向”下拉列表框中选择“向外”命令，如图 6-72 所示。单击“余量”标签进入“余量”选项卡，在“余量”选项组中，系统默认勾选“使底面余量与侧面余量一致”命令，“部件侧面余量”文本框中默认数值为 1，可以根据情况设置其他余量值，如图 6-73 所示。单击“确定”按钮，返回“型腔铣-[C-1]”对话框。

d. 单击“刀轨设置”选项组中的“非切削移动”按钮，弹出“非切削移动”对话框。单击“进刀”标签进入“进刀”选项卡，展开“封闭区域”选项组，在“斜坡角度”文本框中输入 3；展开“开放区域”选项组，在“进刀类型”下拉列表框中选择“圆弧”命令，如图 6-74 所示。单击“退刀”标签进入“退刀”选项卡，在“退刀”下拉列表框中选择“与进刀相同”命令，然后单击“确定”按钮，返回“型腔铣-[C-1]”对话框。

e. 单击“刀轨设置”选项组中的“进给率和速度”按钮，弹出“进给率和速度”对话框，设置主轴速度、进给率、进刀和退刀速度等，如图 6-75 所示。

f. 单击“确定”按钮，返回“型腔铣-[C-1]”对话框。

图 6-71 “刀轨设置”选项组

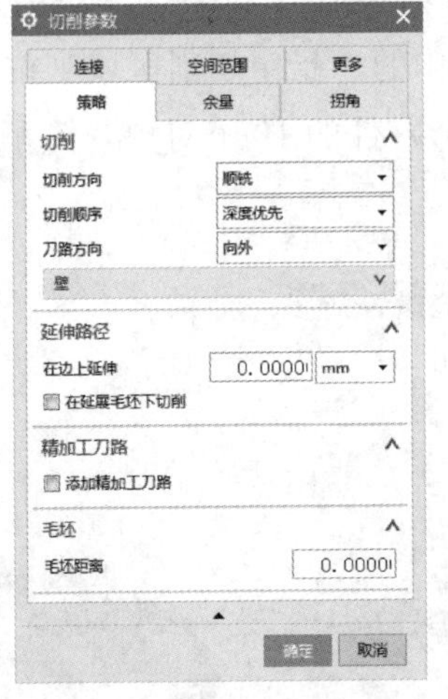

图 6-72 “策略”选项卡

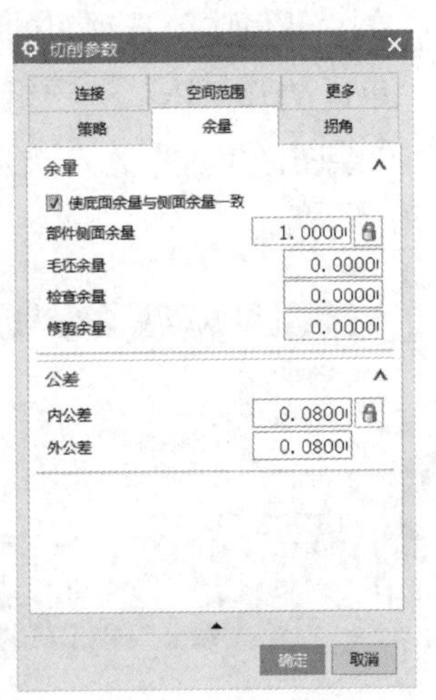

图 6-73 “余量”选项卡

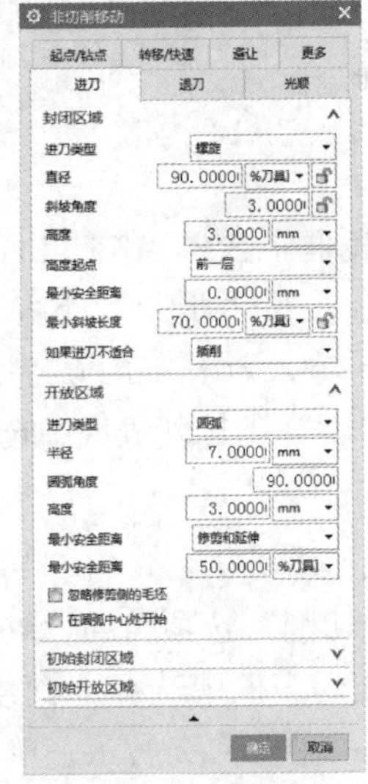

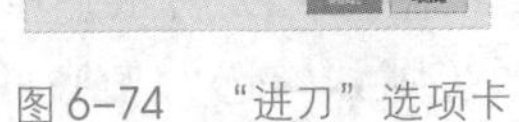

图 6-74 “进刀”选项卡

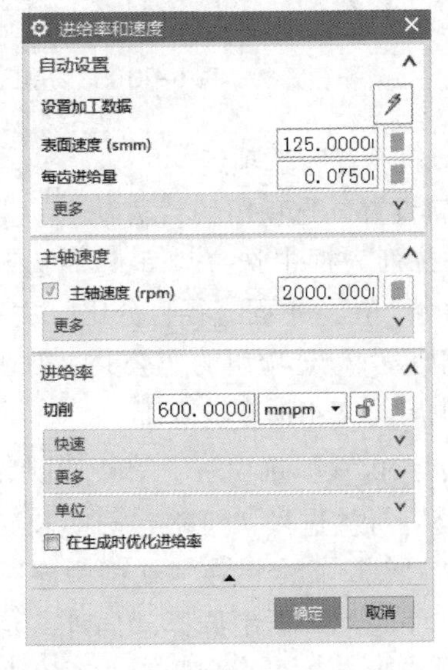

图 6-75 “进给率和速度”对话框

（3）生成刀具轨迹及相关操作。

完成型腔铣削工序的创建后，就可以生成刀具轨迹，并使用刀具轨迹管理工具对刀具轨迹进行编辑、重显、模拟、输出和编辑刀具位置源文件等操作。

①生成刀具轨迹。

单击菜单栏中的“主页”按钮，在“工序”选项组中单击“生成刀轨”按钮，系统会弹出“工序编辑”对话框，如图 6-76 所示，这是由于刀具直径过大引起的，直接关闭对话框即可，然后绘图区生成型腔铣削的刀具轨迹，如图 6-77 所示。

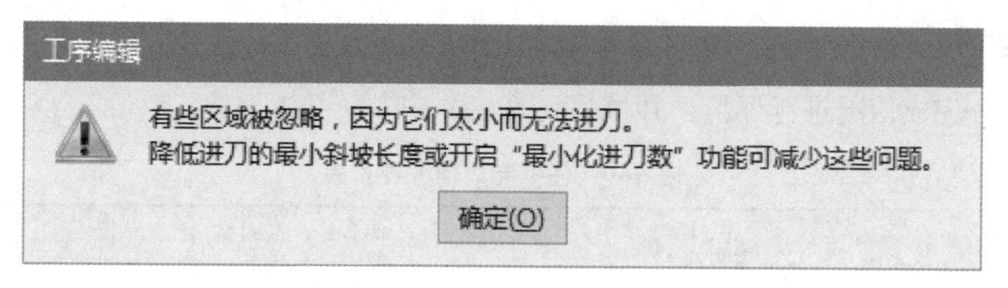

图 6-76 “工序编辑”对话框

②确认刀具轨迹。

生成刀具轨迹后，可以单击“确认刀轨”按钮，弹出“刀轨可视化”对话框，单击“3D 动态”按钮，并将动画速度调至合适，然后单击“播放”按钮。仿真加工完成后，粗加工后的结果如图 6-78 所示。本操作可以确认刀具轨迹的正确性。对于某些刀具轨迹，还可以用 UG NX12.0 软件的切削仿真功能进一步检查。

图 6-77 生成刀具轨迹

图 6-78 粗加工后的结果

5. 后处理及编辑程序

通过仿真加工，确认生成刀具轨迹正确后，接着进行后处理，生成符合机床标准格式的数控加工程序。具体操作参考项目六任务 1。生成的程序信息及编辑后的数控加工程序如图 6-79 和图 6-80 所示。

```
信息
文件(F) 编辑(E)
%
N0010 G40 G17 G90 G70
N0020 G91 G28 Z0.0
N0030 T01 M06
N0040 G0 G90 X78.368 Y-45.2045 S2200 M03
N0050 G43 Z10. H01
N0060 Z4.
N0070 G3 X89.0361 Y-38.8948 Z0.0 I3.4681 J6.
N0080 G1 Y-28.7535 M08
N0090 G3 X68.7535 Y-49.0361 I10.9639 J-31.24
N0100 G1 X66.6398 Y-48.2944
N0110 G3 X64.9442 Y-55.4162 I33.3602 J-11.70
N0120 G2 X60.5529 Y-63.059 I-10.608 J1.0121
N0130 X55.0672 Y-64.6458 I-6.047 J10.6294
N0140 G1 X-55.0673
```

图 6-79 程序信息

```
06007.txt - 记事本
文件(F) 编辑(E) 格式(O) 查看(V) 帮助(H)
O6007
N0010 G54 G40 G17 G90
N0020 G91 G28 Z0.0
N0040 G0 G90 X78.368 Y-45.2045 S2200 M03
N0050 G43 Z10. H01
N0060 Z4.
N0070 G3 X89.0361 Y-38.8948 Z0.0 I3.4681 J6.3097
K1.9292 F600.
N0080 G1 Y-28.7535 M08
N0090 G3 X68.7535 Y-49.0361 I10.9639 J-31.2465
N0100 G1 X66.6398 Y-48.2944
N0110 G3 X64.9442 Y-55.4162 I33.3602 J-11.7056
N0120 G2 X60.5529 Y-63.059 I-10.608 J1.0121
N0130 X55.0672 Y-64.6458 I-6.047 J10.6294
```

图 6-80 编辑后的程序

任务评价

对任务完成情况进行评价，并填写到表6-9中。

表6-9 任务完成情况评价表

序号	评价项目		自评			师评		
			A	B	C	A	B	C
1	工艺制订	刀具选择						
2		进刀点确定						
3		切削用量选择						
4		进给路线确定						
5		退刀点确定						
6	工序选择	程序开头部分设定						
7		刀具轨迹合理						
8		退刀及程序结束部分						
9	CAM 软件使用	正确生成数控加工程序						
10	程序验证	利用数控加工仿真软件验证数控加工程序						
综合评定								

任务4 固定轮廓铣削的软件编程

任务描述

运用 UG NX12.0 软件对米奇头形零件的圆弧面进行精加工，如图6-81所示的深颜色显示部分。要求运用固定轮廓铣削（FIXED_CONTOUR）方法进行自动编程与仿真加工。

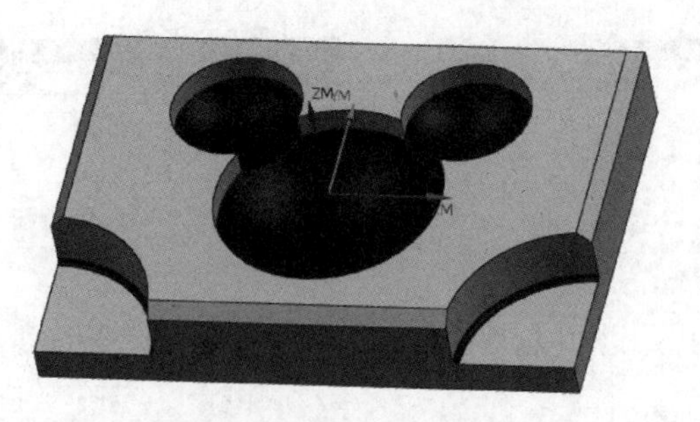

图6-81 米奇头形零件

学前准备

（1）UG NX12.0 软件。

（2）数控加工仿真软件。

学习目标

（1）了解固定轮廓铣削的特点。

（2）掌握固定轮廓铣削刀轨设置的参数设置。

（3）通过实例学习掌握固定轮廓铣削的运用。

素养目标

（1）尊重劳动、热爱劳动，具有较强的安全生产意识和实践能力。

（2）具有质量意识、成本意识，以及精益求精的工匠精神。

预备知识

1. 固定轮廓铣削概述

固定轮廓铣削加工属于 3 轴加工方式，因此可以用来加工形状较为复杂的曲面轮廓，主要用于半精加工和精加工。

在创建固定轮廓铣削时，用户需要指定零件几何、驱动几何、驱动方式和投影矢量，系统会沿着用户指定的投影矢量，将驱动几何上的驱动点投影到零件几何上，生成投影点。加工刀具从一个投影点移动到另一投影点，从而生成刀具轨迹。

2. 固定轮廓铣削的特点

（1）可设置灵活多样的驱动方式和驱动几何体，从而得到简洁而精准的刀具轨迹。

（2）非切削运动方式设置灵活。

（3）提供了智能化的清根操作。

（4）固定轮廓铣削的适用范围非常广，几乎可应用于所有曲面工件的半精加工和精加工。

3. 操作参数简介

与其他铣削加工不同的是，在创建固定轮廓铣削时，需要设置两个参数——驱动方式和投影矢量。

1）驱动方式

在“固定轮廓铣”对话框“驱动方法”选项组中的“方法”下拉列表框中，系统提供了 5 种驱动方法，分别是“边界”“区域铣削”“清根”“文本”和“用户定义”，如图 6-82 所示。单击“编辑”按钮，系统将弹出相应的驱动方法对话框。

（1）边界驱动方法。要求指定边界以定义切削区域，系统再根据指定的边界来生成驱动点；驱动点沿着指定的投影矢量方向投影到零件表面上生成投影点；最后系统根据这些投影点，在切削区域生成刀具轨迹。

在“边界驱动方法”对话框的“切削模式”下拉列表框中包括 15 个命令：“跟随周边”“配置文件”“标准驱动”“单向”“往复”“单向轮廓”“单向步进”“同心单向”“同心往复”“同心单向轮廓”“同心单向步进”“径向单向”“径向往复”“径向

学习笔记

单向轮廓”和“径向单向步进”，如图 6-83 所示。大部分切削模式的含义与平面铣削类似，此处不再一一介绍，创建工序时可改变命令，领会其中的变化规律，或参考其他 UG 数控加工类书籍。

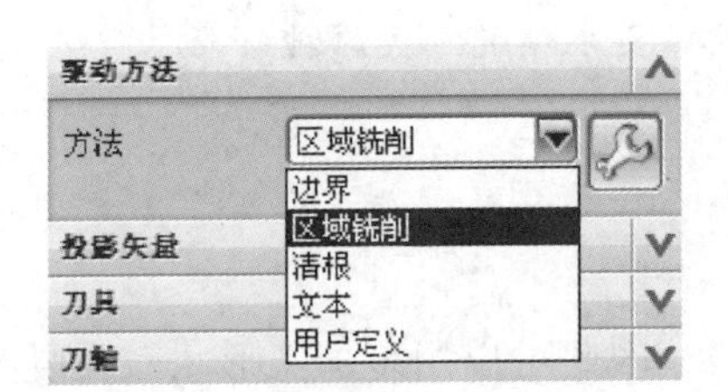

图 6-82 “驱动方法”选项组

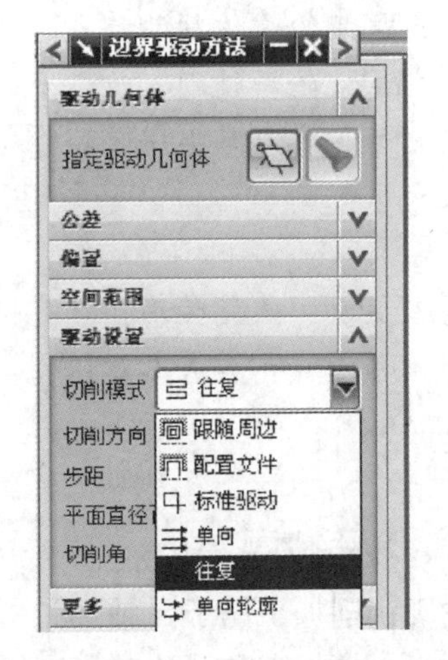

图 6-83 “切削模式”下拉列表框

（2）区域铣削驱动方法。要求指定一个切削区域来生成刀具轨迹，切削区域可以通过指定曲面区域、片体或面来定义。与边界驱动方法相比，区域铣削驱动方法不需要指定驱动几何体，它可以直接利用零件表面作为驱动几何体。此外，还可以指定陡峭约束和修剪边界约束，以便进一步限制切削区域。

（3）清根驱动方法。如果在粗加工时使用了较大直径的刀具进行切削，则在凹角、凹谷和沟槽等处通常会有较多的残余材料，可以选择清根驱动方法进行半精加工清除残料。

清根驱动方法要求指定工件的凹角、凹谷和沟槽作为驱动几何来生成驱动点，它可以清除工件凹角、凹谷和沟槽等处的残余材料。该方法可以指定最大的凹腔、清根类型（单刀路和多个偏置等）和切削方向（顺铣和逆铣）等。

（4）文本驱动方法。要求指定字符或其他符号，并将其雕刻在零件上。在“驱动方法”选项组“方法”下拉列表框中选择“文本”命令，系统将弹出“文本驱动方法”对话框，可以通过单击“显示”按钮在绘图区显示数字或指定字符等文本内容。

（5）用户定义驱动方法。要求指定自定义的设置。系统将根据用户自定义的设置，生成刀具轨迹的驱动路径。这种方法具有较大的灵活性。

2）投影矢量

在“固定轮廓铣”对话框“投影矢量”选项组的“矢量”下拉列表框中包括“指定矢量”“刀轴”“远离点”“朝向点”“远离直线”和“朝向直线”命令，如图 6-84 所示。下面简单介绍各命令含义。

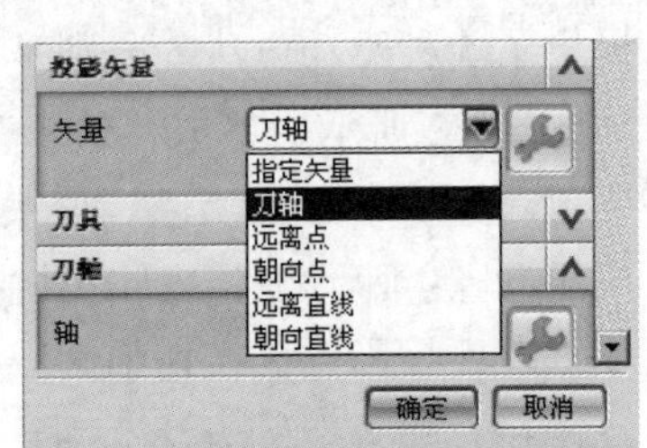

图 6-84 “矢量”下拉列表框

（1）指定矢量。在“矢量”下拉列表框中选择“指定矢量”命令，由用户指定一个矢量作为投影矢量。

此时，系统会弹出矢量构造器，用户可以在矢量构造器中选择一种方法指定某一矢量。

（2）刀轴。在“矢量”下拉列表框中选择“刀轴”命令，指定投影矢量为刀轴方向。刀轴方向是系统默认的投影矢量。

（3）远离点。在“矢量”下拉列表框中选择“远离点”命令，系统要求用户指定一个点作为焦点，投影矢量的方向以焦点为起点，指向零件几何表面。

（4）朝向点。在“矢量”下拉列表框中选择“朝向点”命令，系统要求用户指定一个点作为焦点，投影矢量的方向从零件几何表面指向焦点，即以焦点为终点。

（5）远离直线。在“矢量”下拉列表框中选择“远离直线”命令，系统要求用户指定一条直线作为中心线，投影矢量的方向以直线为起点，指向零件几何表面。

（6）朝向直线。在“矢量”下拉列表框中选择“朝向直线”命令，系统要求用户指定一条直线作为中心线，投影矢量的方向由零件几何表面指向直线的指定点。

任务实施

1. 进入加工环境

打开文件并进入加工环境。

（1）启动 UG NX12.0 软件。

（2）单击“打开”按钮，弹出“打开”对话框，找到所需文件的位置，选择所需的文件，打开模型文件。

（3）在菜单栏中选择“开始”|“加工”命令，弹出“加工环境”对话框。在“要创建的 CAM 组装”列表框中选择“mill_contour”命令。单击“确定”按钮进行加工环境的初始化设置，进入加工模块的工作界面。

2. 创建刀具

单击“创建刀具”按钮，弹出“创建刀具”对话框。创建 B12 球头铣刀，如图 6-85 所示。在“类型”下拉列表框中选择“mill_contour”命令，在“刀具子类型”选项组中单击相应按钮，在“名称”文本框中输入 B12，然后单击“应用”或“确定”按钮，系统弹出“球面铣刀”对话框。在“尺寸”选项组“（D）直径”文本框中输入 12，在“编号”选项组“刀具号”“补偿寄存器”和“刀具补偿寄存器”文本框中均输入 2，最后单击“确定”按钮完成 B12 球头铣刀的创建。

按以上操作创建 B3 球头铣刀，在“球面铣刀”对话框“编号”选项组的“刀具号”“补偿寄存器”和“刀具补偿寄存器”文本框中均输入 3。

3. 创建一次型腔精铣 J-1 工序（固定轮廓铣削）

1）创建固定轮廓铣削工序

（1）单击“创建工序”按钮，弹出“创建工序”对话框。在“类型”下拉列表框中选择“mill_contour”命令，单击“工序子类型”选项组中的相应按钮，如图 6-86 所示。

（2）“程序”下拉列表框按系统默认设置。

（3）在“刀具”下拉列表框中选择“B12（铣刀-球头铣）”命令。

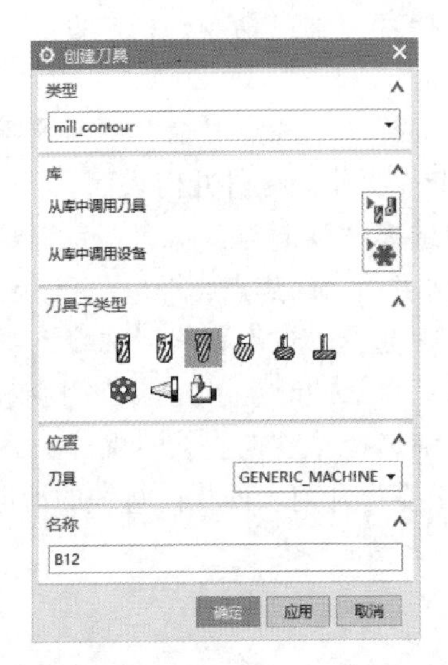

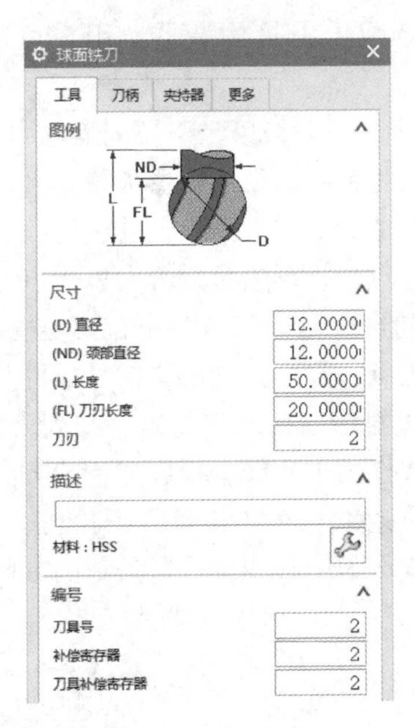

图 6-85　创建 B12 球头铣刀

（4）在“几何体”下拉列表框中选择 WORKPIECE 命令。

（5）在“方法”下拉列表框中选择“MILL_FINISH”命令。

（6）在“名称”文本框中输入“J-1”，或者直接用系统提供的“FIXED_CONTOUR”。单击“确定”按钮，弹出“固定轮廓铣-[J-1]”对话框，如图 6-87 所示。

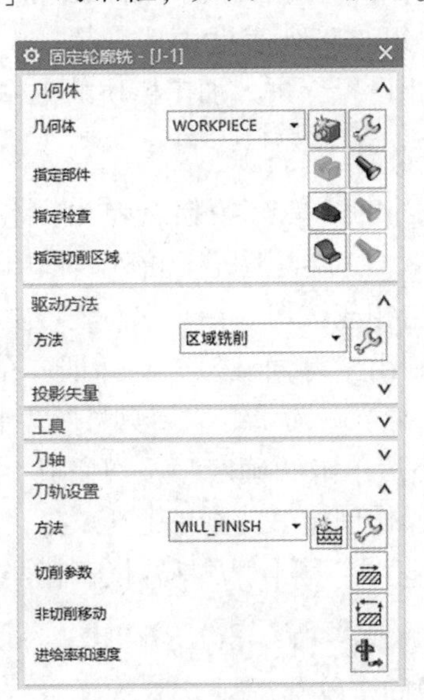

图 6-86　“创建工序”对话框　　图 6-87　“固定轮廓铣-[J-1]”对话框

2）设置切削区域

单击“几何体”选项组中的“指定切削区域”按钮，弹出“切削区域”对话框，选中 ϕ48 mm 和 ϕ84 mm 三处球面，单击“确定”按钮，如图 6-88 所示。

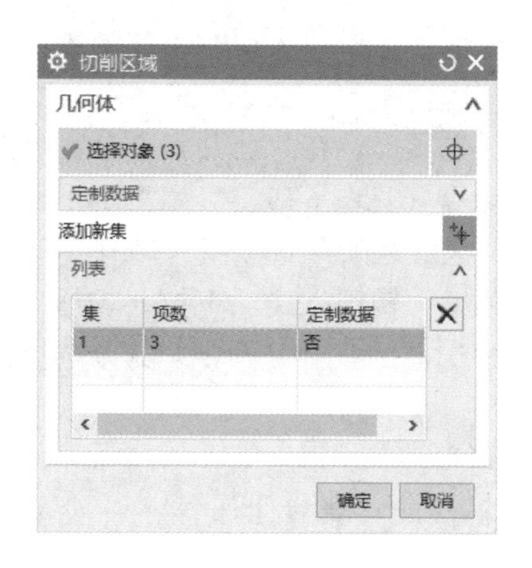

图 6-88　“切削区域”对话框

3）设置“驱动方法”选项组

（1）在“方法”下拉列表框中选择“区域铣削”命令。

（2）系统弹出“区域铣削驱动方法”对话框，在“非陡峭切削”选项组“非陡峭切削模式”下拉列表框中选择“跟随周边”命令，在“刀路方向”下拉列表框中选择“向外”命令，在“切削方向”下拉列表框中选择“顺铣”命令，在“步距”下拉列表框中选择“残余高度”命令，在“最大残余高度”文本框中输入0.01；“陡峭切削”选项组的参数按图6-89所示设定。单击“确定”按钮，返回“固定轮廓铣-[J-1]”对话框。

图 6-89　“区域铣削驱动方法”对话框

4）设置“刀轨设置”选项组

（1）在“刀轨设置”选项组“方法”下拉列表框中选择 METHOD 或“MILL_FINISH”命令。

（2）单击“刀轨设置”选项组中的“切削参数”按钮，弹出“切削参数”对话框。

①在“策略”选项卡“切削方向”下拉列表框中选择“顺铣”命令，在“刀路方向”下拉列表框中选择“向外”命令，如图6-90所示。

②其他命令按系统默认设置，特别是“余量”选项卡的“余量”选项组中，各文本框系统默认值应该为0，如图6-90所示。

（3）单击“刀轨设置”选项组中的“非切削移动”按钮，弹出“非切削移动”对话框。

①单击“进刀”标签进入“进刀”选项卡，在“开放区域”选项组“进刀类型”下拉列表框中选择“圆弧・平行于刀轴”命令，如图6-91所示。

②单击“退刀”标签进入“退刀”选项卡，在“退刀”选项组“退刀类型”下拉

列表框中选择“与进刀相同”命令，在“最终”选项组“退刀类型”下拉列表框中选择“圆弧”命令，其余选择按系统默认设置。

③单击“转移/快速”标签进入“转移/快速”选项卡，在“公共安全设置”选项组“安全设置选项”下拉列表框中选择“平面”命令（见图6-91），用指定平面方法设定零件上表面向上偏置10 mm为安全平面。在“区域之间”选项组“转移类型”下拉列表框中选择“间隙”命令。在“区域内”选项组“转移方式”下拉列表框中选择“进刀/退刀”命令，在“转移类型”下拉列表框中选择“直接”命令。其余选择按系统默认设置。

④单击“避让”标签进入“避让”选项卡，可以用“点构造器”指定“出发点”“起点”“返回点”和“回零点”，以防刀具与工件或夹具发生干涉，一般不进行设置。

单击“确定”按钮返回“固定轮廓铣-[J-1]”对话框。

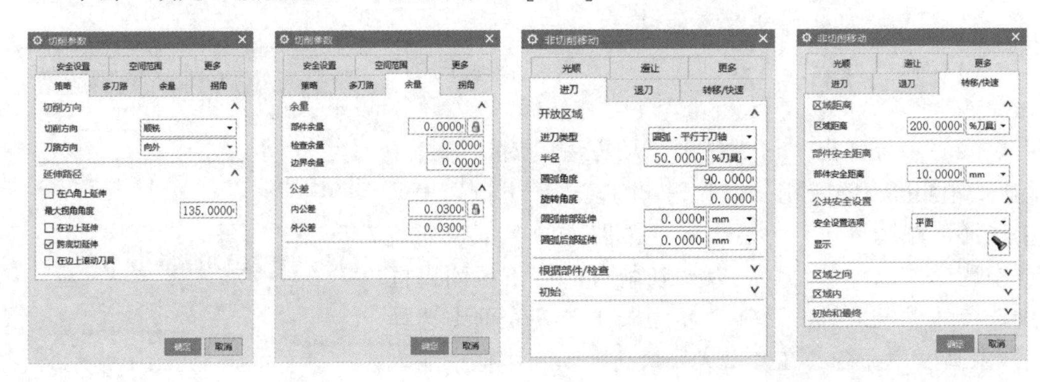

图6-90 “切削参数”对话框　　图6-91 “非切削移动”对话框

（4）单击“刀轨设置”选项组中的“进给率和速度”按钮，弹出“进给率和速度”对话框。

按照工件的材料、加工技术要求、使用刀具等参数选择合适的主轴速度和进给率。本任务在“主轴速度”文本框中输入3 000，在“进给率”选项组“切削”文本框中输入400。

设置完毕后单击菜单栏中的“主页”按钮，在“工序”选项组中单击“生成刀轨”按钮，在绘图区域生成刀具轨迹，如图6-92所示。至此完成了固定轮廓铣削工序的创建。

5）刀具轨迹可视化，确认刀具轨迹

（1）单击“固定轮廓铣-[J-1]”对话框“操作”选项组中的“确认”按钮，系统弹出“刀轨可视化”对话框。

（2）选择“3D动态”播放模式，在“刀轨可视化”对话框的下端调节动画速度，然后单击“播放”按钮，播放过程即仿真加工过程，与加工过程的顺序一样，有无过切和干涉一目了然。仿真加工瞬间如图6-93所示，仿真加工效果如图6-94所示。

图 6-92　生成刀具轨迹

图 6-93　仿真加工瞬间

图 6-94　仿真加工效果

注意：创建工序时，编者为了使刀具轨迹更清晰，人为地放大了步距数值。实际加工中的步距值越小，零件表面质量越高，一般取值为刀具直径的 10%～30%。

4. 创建二次精铣 J-2 工序（精铣四处倒角）

*C*5 mm 倒角与球面均可用 B12 球头铣刀，不用换刀，所以加工球面后，可以接着加工 *C*5 mm 倒角。

1）工序复制和重命名

（1）在“工序导航器-程序顺序”目录树中，右击“J-1”工序，在弹出的快捷菜单中选择“复制”命令，接着选择“粘贴”命令，如图 6-95 所示，即生成“J-1_COPY”工序。

（2）在“工序导航器-程序顺序”目录树中，右击“J-1_COPY”工序，在弹出的快捷菜单中选择“重命名”命令，输入“J-2”，即二次精铣工序，如图 6-96 所示。

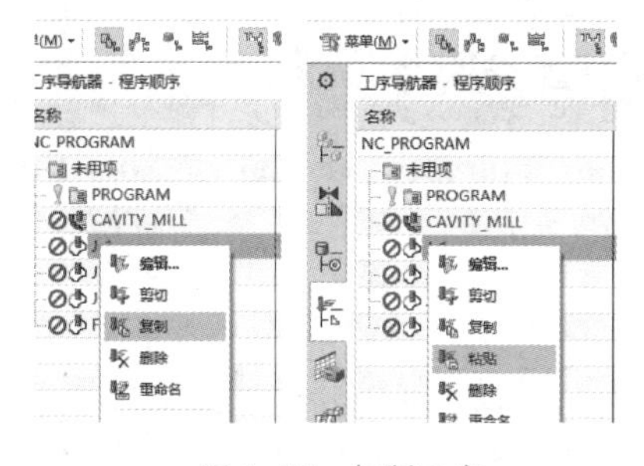

图 6-95　复制工序

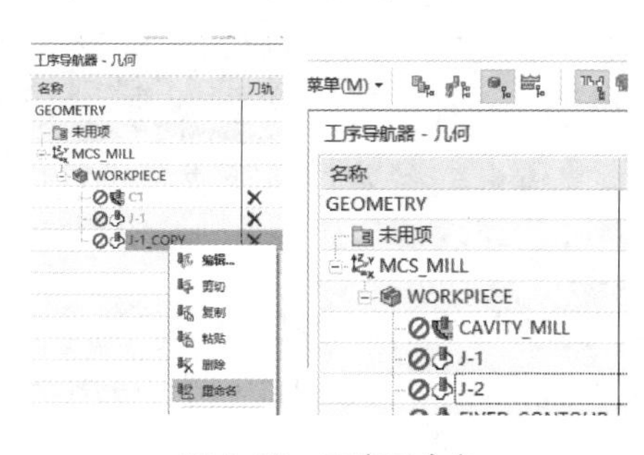

图 6-96　工序重命名

2）设置“固定轮廓铣-[J-2]”对话框

（1）在“工序导航器-程序顺序”目录树中双击或右击“J-2”工序，在弹出的快捷菜单中选择“编辑”命令，弹出“固定轮廓铣-[J-2]”对话框。

（2）设置切削区域。

单击“几何体”选项组中的“指定切削区域”按钮，弹出“切削区域”对话框，如图 6-97 所示。在“列表”中删除原来的三处球面，然后选中 *C*5 mm 四处倒角，如图 6-98 所示。

（3）在“方法”下拉列表框中的选择同 J-1 工序。

（4）在“刀具”下拉列表框中的选择同 J-1 工序。

（5）单击“刀轨设置”选项组中的“切削参数”按钮，弹出“切削参数”对话框。单击“策略”标签进入“策略”选项卡，在“切削方向”选项组“切削方向”下拉列表框中选择“顺铣”命令，为了保证加工表面的完整性，勾选“延伸路径”选项组中的“在边上延伸”命令，如图 6-99 所示。选中“在边上延伸”命令前后的刀具轨迹对比如图 6-100 所示，选中后比选中前刀具轨迹数量多。单击“余量”标签进入“余量”选项卡，在“余量”选项组“部件余量”文本框中输入 0，如图 6-101 所示。单击“确定”按钮，返回“固定轮廓铣-[J-2]”对话框。

图 6-97 “切削区域”对话框

图 6-98 重选切削区域

图 6-99 “策略”选项卡

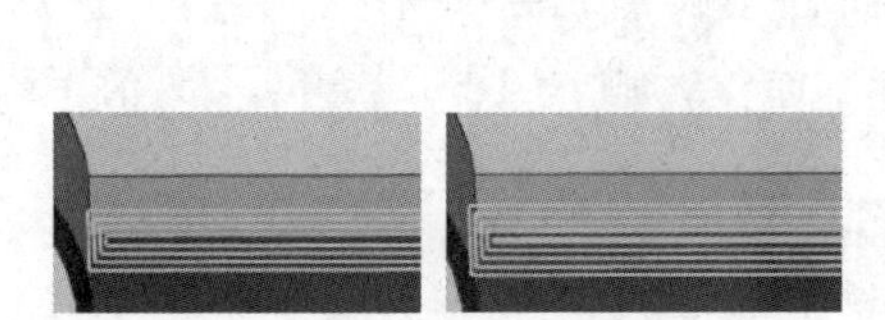

图 6-100 选中“在边上延伸”命令前后刀具轨迹效果对比

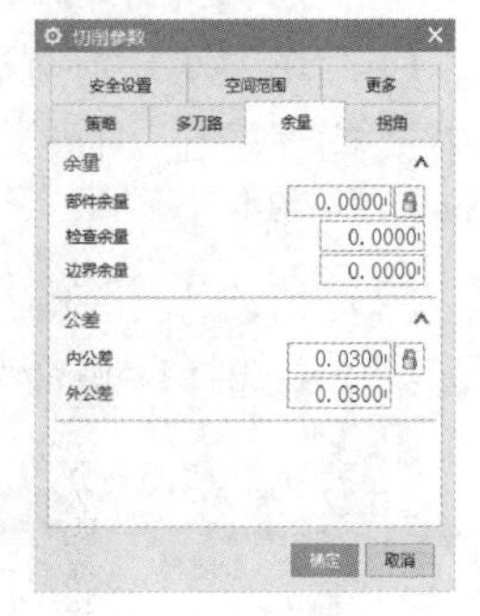

图 6-101 “余量”选项卡

（6）设置进给率和速度参数。

单击“刀轨设置”选项组中的“进给率和速度”按钮，弹出并设置“进给率和速度”对话框，如图 6-102 所示。单击“确定”按钮，返回“固定轮廓铣-[J-2]”对话框。

3）生成刀具轨迹及相关操作

完成二次精铣工序的创建后，生成刀具轨迹。生成刀具轨迹和确认刀具轨迹的操作参考 J-1 工序，刀具轨迹及仿真加工效果如图 6-103 和图 6-104 所示。

图 6-102 “进给率和速度”对话框

图 6-103 刀具轨迹

图 6-104 仿真加工效果

5. 创建三次精铣 J-3 工序（精铣 *R*2 mm 圆弧）

1）工序复制和重命名

工序复制及重命名方法参考 J-2 工序，重命名为 J-3。

2）设置“固定轮廓铣-[J-3]”对话框

（1）在“工序导航器-程序顺序”目录树中双击或右击“J-3”工序，在弹出的快捷菜单中选择“编辑”命令，弹出“固定轮廓铣-[J-3]”对话框。

（2）设置切削区域

单击“几何体”选项组中的“指定切削区域”按钮，弹出“切削区域”对话框，从“列表”中删除原来的四处倒角，然后选中 *R*2 mm 两处圆弧面，如图 6-105 所示。

图 6-105　重选切削区域

（3）在“方法”下拉列表框中的选择同 J-1 工序。

（4）在“刀具”下拉列表中选择“B3（铣刀-球头铣）”命令。

（5）单击“刀轨设置”选项组中的“切削参数”按钮，弹出“切削参数”对话框。单击“策略”标签进入“策略”选项卡，在“切削方向”选项组“切削方向”下拉列表框中选择“顺铣”命令，为了保证加工表面的完整性，勾选“延伸路径”选项组中的“在边上延伸”命令，如图 6-106 所示。单击“余量”标签进入“余量”选项卡，在“余量”选项组的“部件余量”文本框中输入 0。单击“确定”按钮，返回“固定轮廓铣-[J-3]”对话框。

（6）设置进给率和速度参数。

单击“刀轨设置”选项组中的“进给率和速度”按钮，弹出并设置“进给率和速度”对话框，如图 6-107 所示。单击“确定”按钮，返回“固定轮廓铣-[J-3]”对话框。

3）生成刀具轨迹及相关操作

完成三次精铣工序的创建后，生成刀具轨迹。生成刀具轨迹和确认刀具轨迹的操作参考 J-1 工序，刀具轨迹及仿真加工效果如图 6-108 和图 6-109 所示。

学习笔记

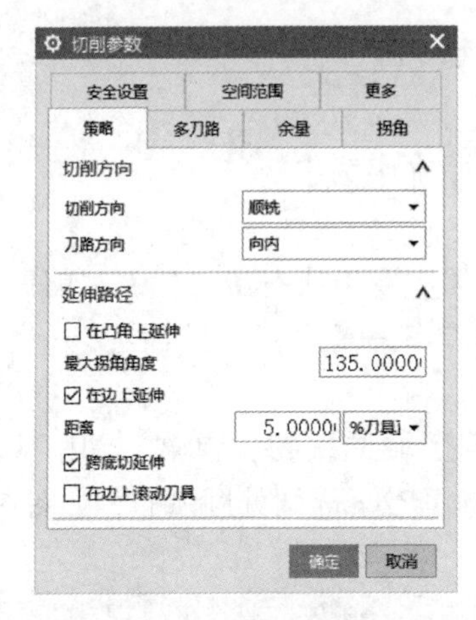

图 6-106 “策略”选项卡

图 6-107 “进给率和速度”对话框

图 6-108 刀具轨迹

图 6-109 仿真加工效果

6. 后处理

平面精铣部分选用 D20 平底铣刀进行加工，具体操作此处不再叙述。通过仿真加工，确认生成刀具轨迹正确后，进行后处理，生成数控加工程序，并进行适当的编辑，使其符合机床标准格式。

(1) 在“工序导航器-程序顺序”目录树中分别选中“J-1”“J-2”和“J-3”工序依次生成数控加工程序，或者按下键盘上的 Ctrl 键，然后依次选中“J-1”“J-2”和“J-3”工序（见图 6-110），生成集成程序（或称总程序）。精加工合成刀轨如图 6-111 所示。

(2) 在“工序”选项组中单击“后处理”按钮，或者在“工序导航器-程序顺序”目录树中右击所需工序，在弹出的快捷菜单中选择“后处理”命令，系统弹出“后处理”对话框。

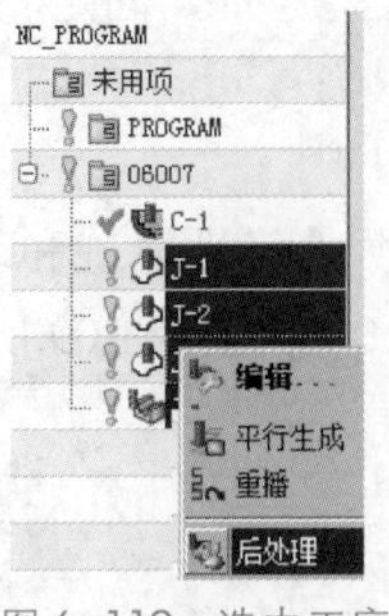

图 6-110 选中工序

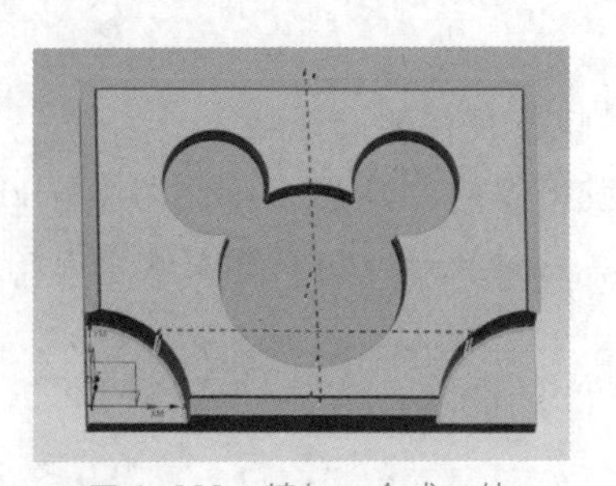

图 6-111 精加工合成刀轨

学习笔记

（3）参考项目六任务1，设置“后处理”对话框中的各参数，如果同时选择多个精加工操作，则会打开“多重选择警告”对话框，如图6-112所示，单击“确定”按钮，即可生成数控加工程序，如图6-113所示。

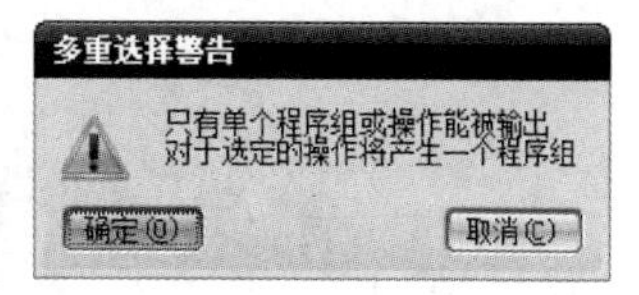

图6-112　“多重选择警告”对话框

7. 编辑程序

（1）将生成的数控加工程序另存在指定的位置，以O6027命名。

（2）关闭UG NX12.0软件绘图区中的程序对话框，从指定位置以“记事本”方式打开刚才生成的程序。

（3）程序详细编辑过程参考项目六任务1，修改后数控加工程序开始部分如图6-114所示。

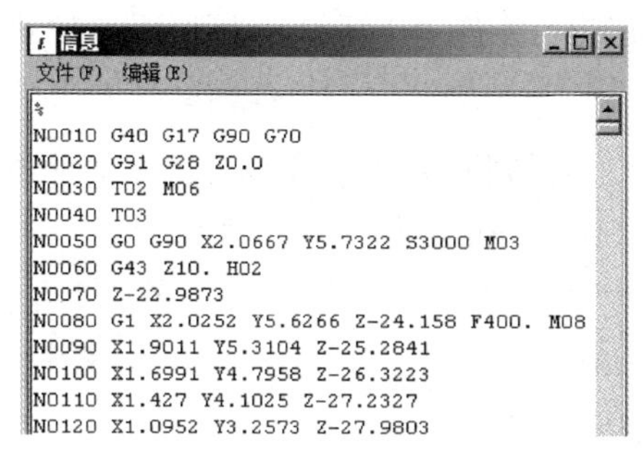

图6-113　数控加工程序信息

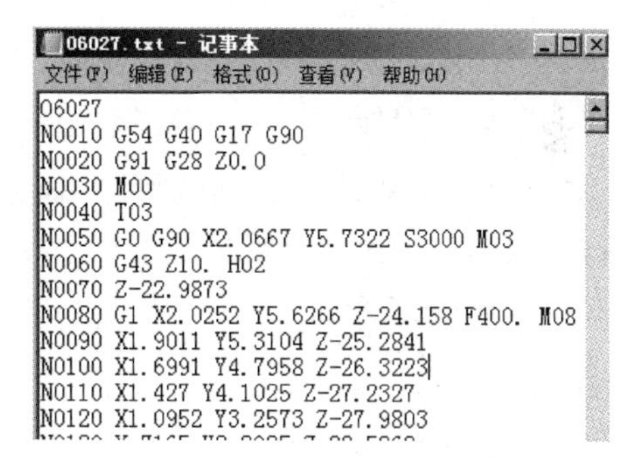

图6-114　数控加工程序开始部分

任务评价

对任务完成情况进行评价，并填写到表6-10中。

表6-10　任务完成情况评价表

序号	评价项目		自评			师评		
			A	B	C	A	B	C
1	工艺制订	刀具选择						
2		进刀点确定						
3		切削用量选择						
4		进给路线确定						
5		退刀点确定						
6	工序选择	程序开头部分设定						
7		刀具轨迹合理						
8		退刀及程序结束部分						
9	CAM软件使用	正确生成数控加工程序						
10	程序验证	利用数控加工仿真软件验证数控加工程序						
综合评定								

附录 A 加工中心操作工国家职业标准

1 职业概况

1.1 职业名称

加工中心操作工。

1.2 职业定义

从事编制数控加工程序，并操作加工中心机床进行零件多工序组合切削加工的人员。

1.3 职业等级

本职业共设四个等级，分别为：中级（国家职业资格四级）、高级（国家职业资格三级）、技师（国家职业资格二级）、高级技师（国家职业资格一级）。

1.4 职业环境

室内，常温。

1.5 职业能力特征

具有较强的计算能力和空间感，形体知觉及色觉正常；手指、手臂灵活，动作协调。

1.6 基本文化程度

高中毕业（或同等学历）。

1.7 培训要求

1.7.1 培训期限

全日制职业学校教育，根据其培养目标和教学计划确定。晋级培训期限：中级不少于400标准学时；高级不少于300标准学时；技师不少于300标准学时；高级技师不少于300标准学时。

1.7.2 培训教师

培训中级、高级的教师应具有本职业技师及以上职业资格证书或相关专业中级及以上专业技术职务任职资格；培训技师的教师应具有本职业高级技师职业资格证书或相关专业高级专业技术职务任职资格；培训高级技师的教师应具有本职业高级技师职业资格证书2年以上或取得相关专业高级专业技术职务任职资格。

1.7.3 培训场地设备

满足教学要求的标准教室、计算机机房；配套的软件、加工中心及必要的刀具、夹具、量具和辅助设备等。

1.8 鉴定要求

1.8.1 适用对象

从事或准备从事本职业的人员。

1.8.2　申报条件

1）中级（具备以下条件之一者）

（1）经本职业中级正规培训达规定标准学时数，并取得结业证书。

（2）连续从事本职业工作5年以上。

（3）取得经劳动保障行政部门审核认定的、以中级技能为培养目标的中等以上职业学校本职业（或相关专业）毕业证书。

（4）取得相关职业中级职业资格证书后，连续从事相关职业工作2年以上，经本职业中级正规培训达规定标准学时数并取得结业证书。

2）高级（具备以下条件之一者）

（1）取得本职业中级职业资格证书后，连续从事本职业工作2年以上，经本职业高级正规培训达规定标准学时数，并取得结业证书。

（2）取得本职业中级职业资格证书后，连续从事本职业工作4年以上。

（3）取得劳动保障行政部门审核认定的、以高级技能为培养目标的职业学校本职业（或相关专业）毕业证书。

（4）大专以上本专业或相关专业毕业生，经本职业高级正规培训达规定标准学时数，并取得结业证书。

3）技师（具备以下条件之一者）

（1）取得本职业高级职业资格证书后，连续从事本职业工作4年以上，经本职业技师正规培训达规定标准学时数，并取得结业证书。

（2）取得本职业高级职业资格证书的职业学校本职业（专业）毕业生，连续从事本职业工作2年以上，经本职业技师正规培训达规定标准学时数，并取得结业证书。

（3）取得本职业高级职业资格证书的本科（含本科）以上本专业或相关专业毕业生，连续从事本职业工作2年以上，经本职业技师正规培训达规定标准学时数，并取得结业证书。

4）高级技师

取得本职业技师职业资格证书后，连续从事本职业工作4年以上，经本职业高级技师正规培训达规定标准学时数，并取得结业证书。

1.8.3　鉴定方式

本标准考核分为理论知识考试和技能操作考核。理论知识考试采用闭卷方式，技能操作（含软件应用）考核采用现场实际操作和计算机软件操作方式。理论知识考试和技能操作（含软件应用）考核均实行百分制，成绩皆达60分及以上者为合格。技师、高级技师还须进行综合评审。

1.8.4　考评人员与考生配比

理论知识考试考评人员与考生配比为1∶15，每个标准教室不少于2名考评人员；技能操作（含软件应用）考核考评人员与考生配比为1∶2，且不少于3名考评人员；综合评审委员不少于5人。

1.8.5　鉴定时间

理论知识考试时间为120 min。技能操作考核中实操时间：中级、高级不少于240 min，技师和高级技师不少于300 min；技能操作考核中软件应用考试时间为不超过

120 min。技师和高级技师的综合评审时间不少于 45 min。

1.8.6 鉴定场所及设备

理论知识考试在标准教室里进行；软件应用考试在计算机机房进行；技能操作考核在配备必要的加工中心及必要的刀具、夹具、量具和辅助设备的场所进行。

2 基本要求

2.1 职业道德

2.1.1 职业道德基本知识

2.1.2 职业守则

（1）遵守有关法律、法规和规定。

（2）具有高度的责任心，爱岗敬业，团结协作。

（3）严格执行相关标准、工作程序与规范、工艺文件和安全操作规程。

（4）学习新知识、新技能，勇于开拓和创新。

（5）爱护设备、系统及工具、夹具、量具。

（6）着装整洁，符合规定；保持工作环境清洁有序，文明生产。

2.2 基础知识

2.2.1 基础理论知识

（1）机械制图。

（2）工程材料及金属热处理知识。

（3）机电控制知识。

（4）计算机基础知识。

（5）专业英语基础。

2.2.2 机械加工基础知识

（1）机械原理。

（2）常用设备知识（分类、用途、基本结构及维护保养方法）。

（3）常用金属切削刀具知识。

（4）典型零件加工工艺。

（5）设备润滑和冷却液的使用方法。

（6）工具、夹具、量具的使用与维护知识。

（7）铣工、镗工基本操作知识。

2.2.3 安全文明生产与环境保护知识

（1）安全操作与劳动保护知识。

（2）文明生产知识。

（3）环境保护知识。

2.2.4 质量管理知识

（1）企业的质量方针。

（2）岗位质量要求。

（3）岗位质量保证措施与责任。

学习笔记

2.2.5 相关法律、法规知识

(1) 劳动法的相关知识。

(2) 环境保护法的相关知识。

(3) 知识产权保护法的相关知识。

3 工作要求

3.1 中级

职业功能	工作内容	技能要求	相关知识
一、加工准备	(一) 读图与绘图	1. 能读懂中等复杂程度（如凸轮、箱体、多面体）的零件图 2. 能绘制有沟槽、台阶、斜面的简单零件图 3. 能读懂分度头尾架、弹簧夹头套筒、可转位铣刀结构等简单机构装配图	1. 复杂零件的表达方法 2. 简单零件图的画法 3. 零件三视图、局部视图和剖视图的画法
	(二) 制订加工工艺	1. 能读懂复杂零件的数控加工工艺文件 2. 能编制直线、圆弧面、孔系等简单零件的数控加工工艺文件	1. 数控加工工艺文件的制订方法 2. 数控加工工艺知识
	(三) 零件定位与装夹	1. 能使用加工中心常用夹具（如压板、台虎钳、平口钳等）装夹零件 2. 能选择定位基准，并找正零件	1. 加工中心常用夹具的使用方法 2. 定位、装夹的原理和方法 3. 零件找正的方法
	(四) 刀具准备	1. 能根据数控加工工艺卡选择、安装和调整加工中心常用刀具 2. 能根据加工中心特性、零件材料、加工精度和工作效率等选择刀具和刀具几何参数，并确定数控加工需要的切削参数和切削用量 3. 能使用刀具预调仪或者在机内测量工具的半径及长度 4. 能选择、安装、使用刀柄 5. 能刃磨常用刀具	1. 金属切削与刀具磨损知识 2. 加工中心常用刀具的种类、结构和特点 3. 加工中心、零件材料、加工精度和工作效率对刀具的要求 4. 刀具预调仪的使用方法 5. 刀具长度补偿、半径补偿与刀具参数的设置知识 6. 刀柄的分类和使用方法 7. 刀具刃磨的方法
二、数控编程	(一) 手工编程	1. 能编制钻、扩、铰、镗等孔类数控加工程序 2. 能编制平面铣削数控加工程序 3. 能编制含直线插补、圆弧插补二维轮廓的数控加工程序	1. 数控编程知识 2. 直线插补和圆弧插补的原理 3. 坐标点的计算方法 4. 刀具补偿的作用和计算方法
	(二) 计算机辅助编程	能利用 CAD/CAM 软件完成简单平面轮廓的铣削数控加工程序	1. CAD/CAM 软件的使用方法 2. 平面轮廓的绘图与数控加工程序生成方法

学习笔记

续表

职业功能	工作内容	技能要求	相关知识
三、加工中心操作	（一）操作面板	1. 能按照操作规程启动及停止机床 2. 能使用操作面板上的常用功能键（如回参考点、手动、MDI、修调等）	1. 加工中心操作说明书 2. 加工中心操作面板的使用方法
	（二）程序输入与编辑	1. 能通过各种途径（如 DNC、网络）输入数控加工程序 2. 能通过操作面板输入和编辑数控加工程序	1. 数控加工程序的输入方法 2. 数控加工程序的编辑方法
	（三）对刀	1. 能进行对刀并确定相关坐标系 2. 能设置刀具参数	1. 对刀的方法 2. 坐标系的知识 3. 建立刀具参数表或文件的方法
	（四）程序调试与运行	1. 能进行程序检验、单步执行、空运行并完成零件试切 2. 能使用交换工作台	1. 程序调试的方法 2. 工作台交换的方法
	（五）刀具管理	1. 能使用自动换刀装置 2. 能在刀库中设置和选择刀具 3. 能通过操作面板输入有关参数	1. 刀库的知识 2. 刀库的使用方法 3. 刀具信息的设置方法与刀具选择 4. 数控系统中加工参数的输入方法
四、零件加工	（一）平面加工	能运用数控加工程序进行平面、垂直面、斜面、阶梯面等的铣削加工，并达到以下要求： （1）尺寸公差等级达 IT7 级 （2）形位公差等级达 IT8 级 （3）表面粗糙度达 *Ra*3. 2 μm	1. 平面铣削的基础知识 2. 刀具端刃的切削特点
	（二）型腔加工	1. 能运用数控加工程序进行直线、圆弧组成的平面轮廓零件铣削加工，并达到以下要求： （1）尺寸公差等级达 IT8 级 （2）形位公差等级达 IT8 级 （3）表面粗糙度达 *Ra*3. 2 μm 2. 能运用数控加工程序进行复杂零件的型腔加工，并达到以下要求： （1）尺寸公差等级达 IT8 级 （2）形位公差等级达 IT8 级 （3）表面粗糙度达 *Ra*3. 2 μm	1. 平面轮廓铣削的基础知识 2. 刀具侧刃的切削特点
	（三）曲面加工	能运用数控加工程序铣削圆锥面、圆柱面等简单曲面，并达到以下要求： （1）尺寸公差等级达 IT8 级 （2）形位公差等级达 IT8 级 （3）表面粗糙度达 *Ra*3. 2 μm	1. 曲面铣削的基础知识 2. 球头刀具的切削特点

续表

职业功能	工作内容	技能要求	相关知识
四、零件加工	(四)孔系加工	能运用数控加工程序进行孔系加工，并达到以下要求： (1)尺寸公差等级达IT7级 (2)形位公差等级达IT8级 (3)表面粗糙度达 $Ra3.2\ \mu m$	麻花钻、扩孔钻、丝锥、镗刀及铰刀的加工方法
	(五)槽类加工	能运用数控加工程序进行槽、键槽的加工，并达到以下要求： (1)尺寸公差等级达IT8级 (2)形位公差等级达IT8级 (3)表面粗糙度达 $Ra3.2\ \mu m$	槽、键槽的加工方法
	(六)精度检验	能使用常用量具进行零件的精度检验	1. 常用量具的使用方法 2. 零件精度检验及测量方法
五、维护与故障诊断	(一)日常维护	能根据说明书完成加工中心的定期及不定期维护保养，包括机械、电、气、液压、数控系统检查和日常保养等	1. 加工中心说明书 2. 加工中心日常保养方法 3. 加工中心操作规程 4. 数控系统（进口、国产数控系统）说明书
	(二)故障诊断	1. 能读懂数控系统的报警信息 2. 能发现加工中心的一般故障	1. 数控系统的报警信息 2. 机床的故障诊断方法
	(三)机床精度检查	能进行机床水平的检查	1. 水平仪的使用方法 2. 机床垫铁的调整方法

3.2 高级

职业功能	工作内容	技能要求	相关知识
一、加工准备	(一)读图与绘图	1. 能读懂装配图并拆画零件图 2. 能测绘零件 3. 能读懂加工中心主轴系统、进给系统的机构装配图	1. 根据装配图拆画零件图的方法 2. 零件的测绘方法 3. 加工中心主轴与进给系统基本构造知识
	(二)制订加工工艺	能编制箱体类零件的加工中心数控加工工艺文件	箱体类零件数控加工工艺文件的制订
	(三)零件定位与装夹	1. 能根据零件的装夹要求正确选择和使用组合夹具和专用夹具 2. 能选择和使用专用夹具装夹异形零件 3. 能分析并计算加工中心夹具的定位误差 4. 能设计与自制装夹辅具（如轴套、定位件等）	1. 加工中心组合夹具和专用夹具的使用、调整方法 2. 专用夹具的使用方法 3. 夹具定位误差的分析与计算方法 4. 装夹辅具的设计与制造方法

续表

职业功能	工作内容	技能要求	相关知识
一、加工准备	（四）刀具准备	1. 能选用专用工具 2. 能根据难加工材料的特点，选择刀具的材料、结构和几何参数	1. 专用刀具的种类、用途、特点和刃磨方法 2. 切削难加工材料时的刀具材料和几何参数的确定方法
二、数控编程	（一）手工编程	1. 能编制较复杂的二维轮廓铣削加工程序 2. 能运用固定循环、子程序进行零件的数控加工程序编制 3. 能运用变量编程	1. 较复杂二维节点的计算方法 2. 球、锥、台等几何体外轮廓节点计算 3. 固定循环和子程序的编制方法 4. 变量编程的规则和方法
	（二）计算机辅助编程	1. 能利用 CAD/CAM 软件进行中等复杂程度的实体造型（含曲面造型） 2. 能生成平面轮廓、平面区域、三维曲面、曲面轮廓、曲面区域、曲线的刀具轨迹 3. 能进行刀具参数的设定 4. 能进行加工参数的设置 5. 能确定刀具的切入、切出位置与轨迹 6. 能编辑刀具轨迹 7. 能根据不同的数控系统生成 G 代码	1. 实体造型的方法 2. 曲面造型的方法 3. 刀具参数的设置方法 4. 刀具轨迹生成的方法 5. 各种材料切削用量的数据 6. 有关刀具切入、切出的方法对加工质量影响的知识 7. 刀具轨迹编辑的方法 8. 后处理程序的设置和使用方法
	（三）数控加工仿真	能利用数控加工仿真软件实施加工过程仿真、加工代码检查与干涉检查	数控加工仿真软件的使用方法
三、加工中心操作	（一）程序调试与运行	能在机床中断加工后正确恢复加工	加工中心的中断与恢复加工的方法
	（二）在线加工	能使用在线加工功能，运行大型数控加工程序	加工中心的在线加工方法
四、零件加工	（一）平面加工	能编制数控加工程序进行平面、垂直面、斜面、阶梯面等的铣削加工，并达到以下要求： （1）尺寸公差等级达 IT7 级 （2）形位公差等级达 IT8 级 （3）表面粗糙度达 $Ra3.2\ \mu m$	平面铣削的加工方法
	（二）型腔加工	能编制数控加工程序进行模具型腔加工，并达到以下要求： （1）尺寸公差等级达 IT8 级 （2）形位公差等级达 IT8 级 （3）表面粗糙度达 $Ra3.2\ \mu m$	模具型腔的加工方法

续表

职业功能	工作内容	技能要求	相关知识
四、零件加工	（三）曲面加工	能使用加工中心进行多轴铣削加工叶轮、叶片，并达到以下要求： （1）尺寸公差等级达 IT8 级 （2）形位公差等级达 IT8 级 （3）表面粗糙度达 $Ra3.2\ \mu m$	叶轮、叶片的加工方法
	（四）孔类加工	1. 能编制数控加工程序进行相贯孔加工，并达到以下要求： （1）尺寸公差等级达 IT8 级 （2）形位公差等级达 IT8 级 （3）表面粗糙度达 $Ra3.2\ \mu m$ 2. 能进行调头镗孔，并达到以下要求： （1）尺寸公差等级达 IT7 级 （2）形位公差等级达 IT8 级 （3）表面粗糙度达 $Ra3.2\ \mu m$ 3. 能编制数控加工程序进行刚性攻螺纹，并达到以下要求： （1）尺寸公差等级达 IT8 级 （2）形位公差等级达 IT8 级 （3）表面粗糙度达 $Ra3.2\ \mu m$	相贯孔加工、调头镗孔、刚性攻螺纹的方法
	（五）沟槽加工	1. 能编制数控加工程序进行深槽、特形沟槽的加工，并达到以下要求： （1）尺寸公差等级达 IT8 级 （2）形位公差等级达 IT8 级 （3）表面粗糙度达 $Ra3.2\ \mu m$ 2. 能编制数控加工程序进行螺旋槽、柱面凸轮的铣削加工，并达到以下要求： （1）尺寸公差等级达 IT8 级 （2）形位公差等级达 IT8 级 （3）表面粗糙度达 $Ra3.2\ \mu m$	深槽、特形沟槽、螺旋槽、柱面凸轮的加工方法
	（六）配合件加工	能编制数控加工程序进行配合件加工，尺寸配合公差等级达 IT8	1. 配合件的加工方法 2. 尺寸链换算的方法
	（七）精度检验	1. 能对复杂、异形零件进行精度检验 2. 能根据测量结果分析产生误差的原因 3. 能通过修正刀具补偿值和程序来减少加工误差	1. 复杂、异形零件的精度检验方法 2. 产生加工误差的主要原因及其消除方法

续表

职业功能	工作内容	技能要求	相关知识
五、维护与故障诊断	（一）日常维护	能完成加工中心的定期维护保养	加工中心的定期维护手册相关知识
	（二）故障诊断	能发现加工中心的一般机械故障	1. 加工中心机械故障和排除方法 2. 加工中心液压原理和常用液压元件
	（三）机床精度检验	能进行机床几何精度和切削精度检验	机床几何精度和切削精度检验内容及方法

3.3 技师

职业功能	工作内容	技能要求	相关知识
一、加工准备	（一）读图与绘图	1. 能绘制普通工装装配图 2. 能读懂常用加工中心的机械原理图及装配图 3. 能读懂加工中心自动换刀系统、旋转工作台分度机构的装配图 4. 能读懂高速铣床/加工中心电主轴系统的装配图	1. 工装装配图的画法 2. 常用加工中心的机械原理图及装配图的画法 3. 加工中心换刀系统、旋转工作台分度机构的基本构造知识 4. 高速铣床/加工中心电主轴结构与功能的基础知识
	（二）制订加工工艺	1. 能编制高难度、高精度箱体类、支架类等复杂零件、易变形零件的数控加工工艺文件 2. 能对零件的数控加工工艺进行合理性分析，并提出改进建议 3. 能确定高速加工的工艺文件	1. 精密与复杂零件的工艺分析方法 2. 数控加工工艺方案合理性的分析方法及改进措施 3. 高速加工的原理
	（三）零件定位与装夹	1. 能设计与制作高精度箱体类，叶片、螺旋桨等复杂零件的专用夹具 2. 能对加工中心夹具进行误差分析并提出改进建议	1. 专用夹具的设计与制造方法 2. 加工中心夹具的误差分析及消减方法
	（四）刀具准备	1. 能依据切削条件和刀具条件估算刀具的使用寿命，并设置相关参数 2. 能根据难加工材料合理选择刀具材料和切削参数 3. 能推广使用新知识、新技术、新工艺、新材料、新型刀具 4. 能进行刀具、刀柄的优化使用，提高生产效率，降低成本 5. 能选择和使用适合高速切削的工具系统	1. 切削刀具的选用原则 2. 延长刀具寿命的方法 3. 刀具新材料、新技术知识 4. 刀具使用寿命的参数设定方法 5. 难切削材料的加工方法 6. 高速加工的工具系统知识

续表

职业功能	工作内容	技能要求	相关知识
二、数控编程	（一）手工编程	能根据零件与加工要求编制具有指导性的变量编程程序	变量编程的概念及其编制方法
	（二）计算机辅助编程	1. 能利用计算机高级语言编制特殊曲线轮廓的铣削数控加工程序 2. 能利用计算机 CAD/CAM 软件对复杂零件进行实体或曲线曲面造型 3. 能编制复杂零件的三轴联动铣削数控加工程序 4. 能编制四轴或五轴联动铣削数控加工程序	1. 计算机高级语言知识 2. CAD/CAM 软件的使用方法 3. 加工中心四轴、五轴联动的加工方法
	（三）数控加工仿真	能利用数控加工仿真软件分析和优化数控加工程序	数控加工仿真软件的使用方法
三、加工中心操作	（一）程序调试与运行	能操作立式、卧式加工中心以及高速铣床/加工中心	立式、卧式加工中心以及高速铣床/加工中心的操作方法
	（二）刀具信息与参数设置	能针对机床现状调整数控系统相关参数	数控系统参数的调整方法
四、零件加工	（一）特殊材料加工	能进行特殊材料零件的铣削加工，并达到以下要求： （1）尺寸公差等级达 IT8 级 （2）形位公差等级达 IT8 级 （3）表面粗糙度达 *Ra*3.2 μm	1. 特殊材料的材料学知识 2. 特殊材料零件的铣削加工方法
	（二）箱体加工	能进行复杂箱体类零件加工，并达到以下要求： （1）尺寸公差等级达 IT8 级 （2）形位公差等级达 IT8 级 （3）表面粗糙度达 *Ra*3.2 μm	复杂箱体零件的加工方法
	（三）曲面加工	能使用四轴以上铣床与加工中心对叶片、螺旋桨等复杂零件进行多轴铣削加工，并达到以下要求： （1）尺寸公差等级达 IT8 级 （2）形位公差等级达 IT8 级 （3）表面粗糙度达 *Ra*3.2 μm	四轴以上铣床/加工中心的使用方法
	（四）孔系加工	能进行多角度孔加工，并达到以下要求： （1）尺寸公差等级达 IT7 级 （2）形位公差等级达 IT8 级 （3）表面粗糙度达 *Ra*3.2 μm	多角度孔的加工方法
	（五）精度检验	能进行大型、精密零件的精度检验	1. 精密量具的使用方法 2. 精密零件的精度检验方法

学习笔记

续表

职业功能	工作内容	技能要求	相关知识
五、维护与故障诊断	(一) 日常维护	能借助字典阅读数控设备的主要外文信息	加工中心专业外文知识
	(二) 故障诊断	能分析和排除机械故障	加工中心常见故障诊断及排除方法
	(三) 机床精度检验	能进行机床定位精度、重复定位精度的检验	机床定位精度检验、重复定位精度检验的内容及方法
六、培训与管理	(一) 操作指导	能指导本职业中级、高级进行实际操作	操作指导书的编制方法
	(二) 理论培训	能对本职业中级、高级进行理论培训	培训讲义的编写方法
	(三) 质量管理	能在本职工作中认真贯彻各项质量标准	相关质量标准
	(四) 生产管理	能协助部门领导进行生产计划、调度及人员的管理	生产管理基础知识
	(五) 技术改造与创新	能够进行加工工艺、夹具、刀具的改进	数控加工工艺综合知识

3.4 高级技师

职业功能	工作内容	技能要求	相关知识
一、工艺分析与设计	(一) 读图与绘图	1. 能绘制复杂工装装配图 2. 能读懂常用加工中心高速铣床/加工中心的电气、液压原理图 3. 能组织中级、高级和技师进行工装协同设计	1. 复杂工装设计方法 2. 常用加工中心电气、液压原理图的画法 3. 协同设计知识
	(二) 制订加工工艺	1. 能对高难度、高精密零件的数控加工工艺方案进行合理性分析，提出改进意见，并参与实施 2. 能确定高速加工的工艺方案 3. 能确定细微加工的工艺方案	1. 复杂、精密零件机械加工工艺的系统知识 2. 高速加工机床的知识 3. 高速加工的工艺知识 4. 细微加工的工艺知识
	(三) 零件定位与装夹	1. 能独立设计加工中心的复杂夹具 2. 能在四轴和五轴数控加工中对由夹具精度引起的零件加工误差进行分析，提出改进方案，并组织实施	1. 复杂加工中心夹具的设计及使用知识 2. 复杂夹具的误差分析及消减方法 3. 多轴数控加工的方法
	(四) 刀具准备	能根据零件要求设计专用刀具，并提出制造方法	专用刀具的设计与制造知识

续表

职业功能	工作内容	技能要求	相关知识
二、零件加工	(一) 异形零件加工	能解决高难度、异形零件加工的技术问题，并制订工艺措施	高难度零件的加工方法
	(二) 精度检验	能设计专用检具，检验高难度、异形零件	检具设计知识
三、机床维护与精度检验	(一) 数控铣床维护	1. 能借助字典看懂数控设备的主要外文技术资料 2. 能针对机床运行现状合理调整数控系统相关参数	数控铣床专业外文知识
	(二) 机床精度检验	能进行机床定位精度、重复定位精度的检验	机床定位精度、重复定位精度的检验和补偿方法
	(三) 数控设备网络化	能借助网络设备和软件系统实现数控设备的网络化管理	数控设备网络接口及相关技术
四、培训与管理	(一) 操作指导	能指导本职业中级、高级和技师进行实际操作	操作指导书的编制方法
	(二) 理论培训	1. 能对本职业中级、高级工和技师进行理论培训 2. 能系统地讲授各种切削刀具的特点和使用方法	1. 培训讲义的编制方法 2. 切削刀具的特点和使用方法
	(三) 质量管理	能应用全面质量管理知识，实现操作过程的质量分析与控制	质量分析与控制方法
	(四) 技术改造与创新	能组织实施技术改造和创新，并撰写相应的论文	科技论文的撰写方法

4 比重表

4.1 理论知识

项目		中级（%）	高级（%）	技师（%）	高级技师（%）
基本要求	职业道德	5	5	5	5
	基础知识	20	20	15	15
相关知识	工艺分析与设计	—	—	—	40
	加工准备	15	15	25	—
	数控编程	20	20	10	—
	加工中心操作	5	5	5	—
	零件加工	30	30	20	15

续表

项目		中级（%）	高级（%）	技师（%）	高级技师（%）
相关知识	维护与故障诊断	5	5	10	—
	机床维护与精度检验	—	—	—	10
	培训与管理	—	—	10	15
合计		100	100	100	100

4.2 技能操作

项目		中级（%）	高级（%）	技师（%）	高级技师（%）
基本要求	工艺分析与设计	—	—	—	35
	加工准备	10	10	10	—
	数控编程	30	30	30	—
技能要求	加工中心操作	5	5	5	—
	零件加工	50	50	45	45
	维护与故障诊断	5	5	5	—
	机床维护与精度检验	—	—	—	10
	培训与管理	—	—	5	10
合计		100	100	100	100

附录 B　中级职业技能鉴定实训题

任务 1　中级职业技能鉴定实训题 1

1. 任务描述

试在加工中心上完成图 B-1 所示零件的编程与加工，已知毛坯尺寸为 100 mm×120 mm×25 mm。

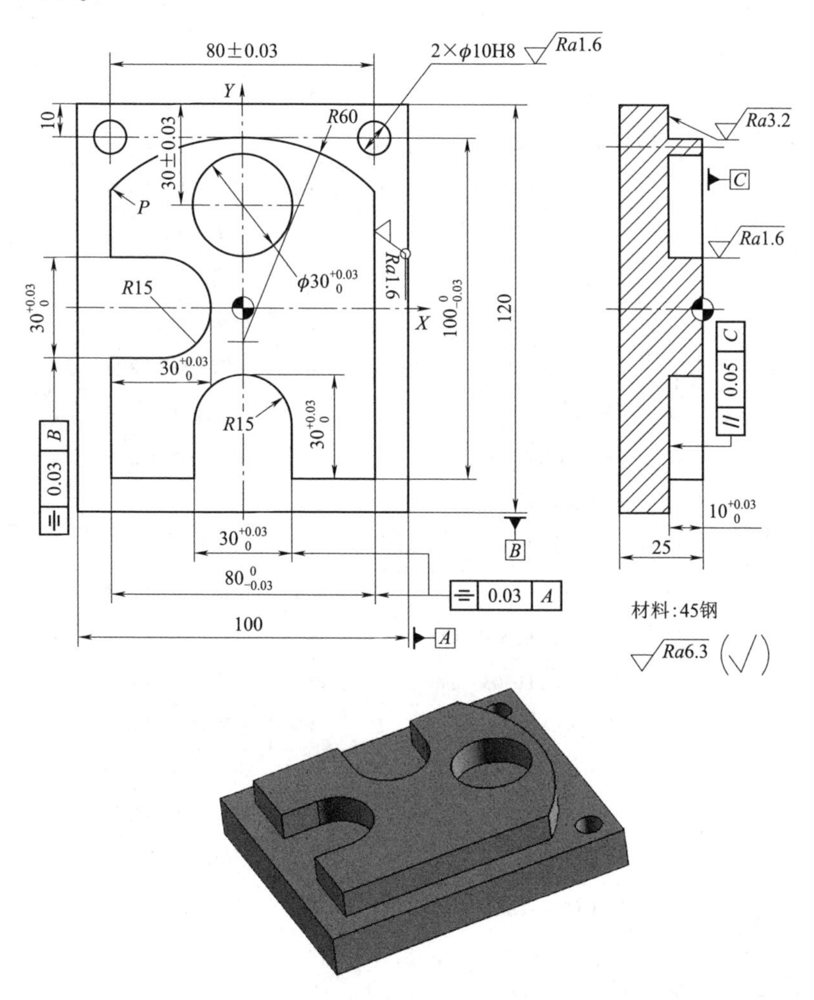

图 B-1　中级职业技能鉴定实训题 1 图

2. 知识点与技能点

（1）基点坐标的计算方法。

（2）轮廓铣削刀具的选用。

（3）轮廓加工切入与切出方法的选择。

3. 加工准备与加工要求

1）加工准备

本任务使用 FANUC 0i 数控系统加工中心，采用手动换刀方式。

2）任务评分表

本任务的工时定额（包括编程与程序手动输入）为 4 h，其加工要求见任务评分表 B-1。

表 B-1　任务评分表

工件编号				总得分			
项目与配分		序号	技术要求	配分	评分标准	检测记录	得分
工件加工评分（80%）	外形轮廓	1	凸台宽 $80_{-0.03}^{0}$ mm	5	超差全扣		
		2	凸台长 $100_{-0.03}^{0}$ mm	5	超差全扣		
		3	凸台高 $10_{0}^{+0.03}$ mm	4	超差全扣		
		4	对称度 0.03 mm	3×2	每错一处扣 3 分		
		5	平行度 0.05 mm	6	每错一处扣 3 分		
		6	侧面 *Ra*1.6 μm	5	每错一处扣 1 分		
		7	底面 *Ra*3.2 μm	3	每错一处扣 1 分		
		8	*R*15 mm，*R*60 mm，$30_{0}^{+0.03}$ mm	6	每错一处扣 2 分		
	内轮廓与孔	9	$\phi 30_{0}^{+0.03}$ mm	5	超差全扣		
		10	侧面 *Ra*1.6 μm	2	每错一处扣 2 分		
		11	*R*15 mm 槽宽 $30_{0}^{+0.03}$ mm	2×2	超差全扣		
		12	底面 *Ra*3.2 μm	2	超差全扣		
		13	孔径 ϕ10H8	2×3	每错一处扣 2 分		
		14	ϕ10H8 内孔 *Ra*1.6 μm	2×3	每错一处扣 2 分		
		15	孔距（80±0.03）mm	4×2	每错一处扣 4 分		
	其他	16	工件按时完成	4	未按时完成全扣		
		17	工件无缺陷	3	缺陷一处扣 3 分		
程序与工艺（10%）		18	程序正确合理	5	每错一处扣 2 分		
		19	加工工序卡	5	不合理每处扣 2 分		
机床操作（10%）		20	机床操作规范	5	出错一次扣 2 分		
		21	工件、刀具装夹	5	出错一次扣 2 分		
安全文明生产（倒扣分）		22	安全操作	倒扣	安全事故停止操作酌扣 5~30 分		
		23	机床整理	倒扣			

学习笔记

4. 工艺分析与知识积累

本任务既有外轮廓加工，又有内轮廓加工，因此，在加工过程中应注意选择不同的刀具来加工内、外轮廓。此外，还应注意在加工过程中刀具进退刀路线的选择，以防止在进退刀过程中产生过切现象。

1）加工刀具的选择

加工外轮廓时，选用立铣刀进行加工。立铣刀的圆柱表面和端面上都有切削刃，圆柱表面的切削刃为主切削刃，端面上的切削刃为副切削刃，它们可同时进行切削，也可单独进行切削。立铣刀的主切削刃一般为螺旋齿，这样可以增加切削平稳性，提高加工精度。由于普通立铣刀端面中心处无切削刃，因此立铣刀不能做轴向进给。立铣刀的端面刃主要用于加工与侧面相垂直的底面。

加工内轮廓时，选用键槽铣刀进行加工。键槽铣刀一般只有两个刀齿，圆柱面和端面都有切削刃，端面刃延伸至中心，既像立铣刀，又像钻头。加工时先轴向进给达到槽深，然后沿轮廓方向进行切削。键槽铣刀直径的精度要求较高，其偏差有 e8 和 d8 两种。重磨键槽铣刀时，只需刃磨端面切削刃，重磨后铣刀直径不变。

2）进退刀路线的确定

在工件加工过程中，当采用法线方式进刀时，由于机床的惯性作用，常会在工件轮廓表面产生过切，形成凹坑，因此，本任务采用切向切入方式进刀。加工外轮廓时，在轮廓的延长线上进刀和退刀；加工内轮廓时，由于无法在轮廓的延长线上进退刀，因此采用过渡圆的方式进刀，采用法向方式退刀。

3）数控编程中的数值计算

常用的基点计算方法有列方程求解法、三角函数法、计算机绘图求解法等。采用 CAD 绘图分析法可以避免大量复杂的人工计算，具有操作方便、基点分析精度高、出错概率小的优点。因此，这种找点方法是近几年的数控加工中应用最为广泛的基点与节点分析方法。当前在国内常用于 CAD 绘图求基点的软件有 AutoCAD 软件、UG 系列软件、CAXA 电子图板软件和 CAXA 制造工程师软件等。

本任务采用三角函数法求得的 P 点坐标为（-40，34.72）。

5. 参考程序

略。

6. 任务小结

在数控编程过程中，针对不同的数控系统，其数控加工程序的程序开始和程序结束是相对固定的，包括一些机床信息，如机床回参考点、工件坐标系原点设定、主轴启动、切削液开等功能。因此，在实际编程过程中，通常将数控加工程序的程序开始和程序结束编制成相对固定的格式，从而减少编程工作量。

在实际编程过程中，若程序段号设定有效，那么在手工输入过程中会自动生成。

由于加工中心操作工考试是单件生产，所以建议将各部分加工内容编制成单独的程序，以便于程序调试和修改。

7. 扩展任务

试编制图 B-2 所示零件的数控加工程序，已知毛坯尺寸为 75 mm×75 mm×20 mm。

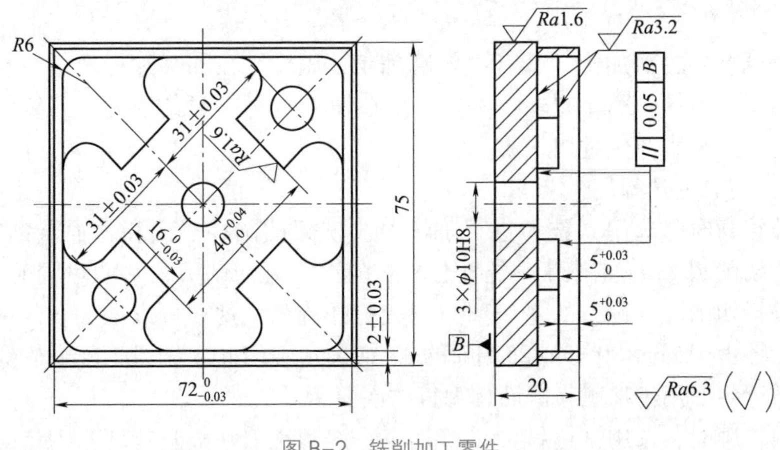

图 B-2　铣削加工零件

任务 2　中级职业技能鉴定实训题 2

1. 任务描述

试在加工中心上完成图 B-3 所示零件的编程与加工，已知毛坯尺寸为 80 mm×80 mm×25 mm。

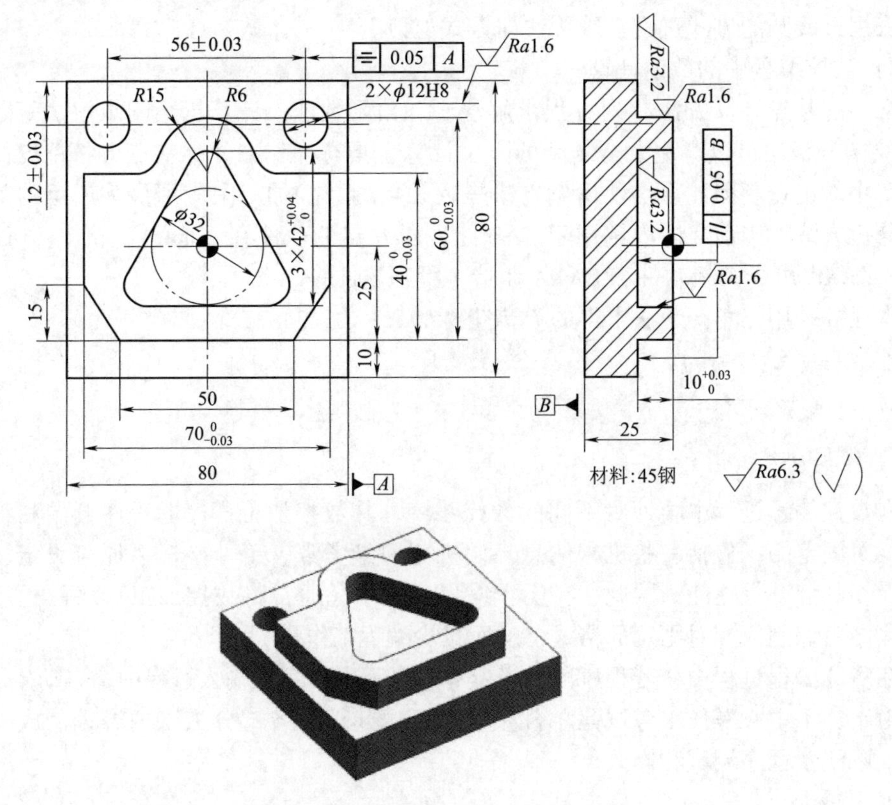

图 B-3　中级职业技能鉴定实训题 2 图

学习笔记

2. 知识点与技能点

（1）顺铣与逆铣的选择。

（2）精加工余量的确定。

（3）内、外轮廓的加工方法。

3. 加工准备与加工要求

1）加工准备

选用机床：FANUC 0i 数控系统加工中心。

选用夹具：精密机用虎钳。

使用毛坯：80 mm×80 mm×25 mm 的 45 钢长方体，六面为已加工表面。

刀具、量具与工具参照要求进行配备。

2）任务评分表

本任务的工时定额（包括编程与程序手动输入）为 4 h，并填写任务评分表，参考表 B-1。

4. 工艺分析与知识积累

1）顺铣与逆铣的选择

根据刀具旋转方向和工件进给方向间的相互关系，数控铣削分为顺铣和逆铣两种。在刀具顺时针旋转的情况下，刀具的切削速度方向与工件的移动方向一致为顺铣，采用刀具半径左补偿铣削；如果刀具的切削速度方向与工件的移动速度方向相反，则为逆铣，采用刀具半径右补偿铣削。

采用顺铣时，其切削力及切削变形小，但容易产生崩刃现象，因此，通常采用顺铣的加工方法进行精加工。采用逆铣可以提高加工效率，但由于逆铣切削力大，会导致切削变形增加、刀具磨损加快，因此，通常采用逆铣的加工方法进行粗加工。

2）精加工余量的确定

确定精加工余量的方法主要有经验估算法、查表修正法、分析计算法等。加工中心上通常采用经验估算法或查表修正法确定精加工余量。

5. 参考程序

略。

6. 任务小结

轮廓加工的粗加工和精加工同为一个程序。粗加工时，设定的刀具半径补偿值为 R（刀具半径）+0.2 mm（精加工余量）；而在精加工时，设定的刀具半径补偿值通常为 R，有时，为了保证实际尺寸精度，刀具半径补偿值可根据加工后实测的轮廓尺寸取略小于 R 的值（小于 0.01~0.03 mm）。

在编制多个孔的数控加工程序时，应注意刀具退刀位置的选择。当工件表面有台阶面时，退刀位置应取在初始平面；而当工件表面为平坦面时，退刀位置可选在 R 平面。本任务选择的退刀位置为初始平面。

7. 扩展任务

试编制图 B-4 所示零件的数控加工程序，已知毛坯尺寸为 100 mm×100 mm×25 mm。

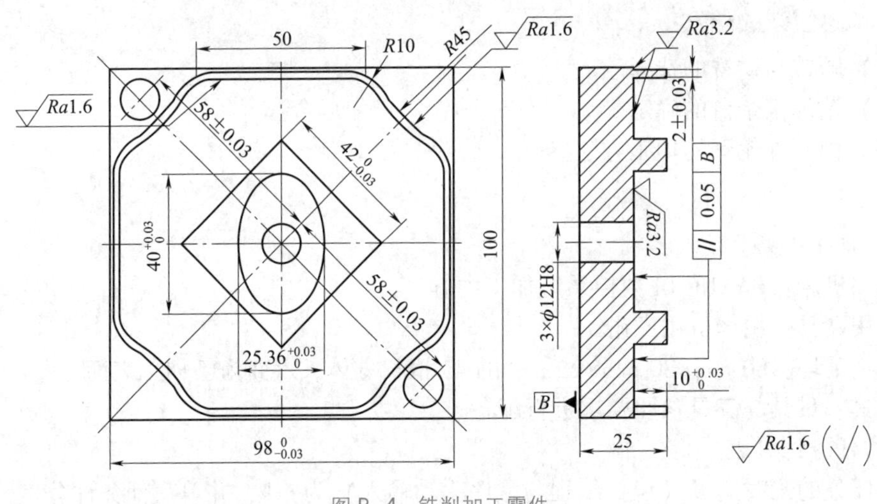

图 B-4　铣削加工零件

任务 3　中级职业技能鉴定实训题 3

1. 任务描述

试在加工中心上完成如图 B-5 所示零件的编程与加工，已知毛坯尺寸为 100 mm×80 mm×25 mm。

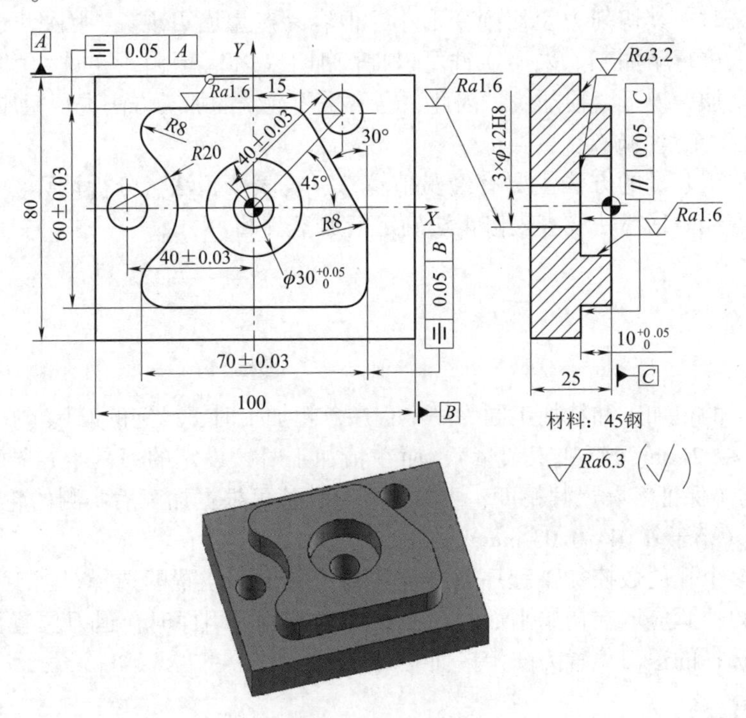

图 B-5　中级职业技能鉴定实训题 3 图

2. 知识点与技能点

(1) 切削用量的选择。

(2) 切削液的选择。

(3) 内、外轮廓的编程方法。

3. 加工准备与加工要求

1) 加工准备

选用机床：FANUC 0i 数控系统加工中心。

选用夹具：精密机用虎钳。

使用毛坯：100 mm×80 mm×25 mm 的 45 钢长方体，六面为已加工表面。

2) 任务评分表

本任务的工时定额（包括编程与程序手动输入）为 4 h，并填写任务评分表，参考表 B-1。

4. 工艺分析与知识积累

1) 切削用量的选择

切削用量包括切削速度（v_c）、进给量（f）、切削背吃刀量（a_p）与切削宽度（a_e）等。合理选择切削用量，对提高生产效率、表面质量和加工精度，都有着密切的关系。

在工厂的实际生产过程中，切削用量一般根据经验或通过查表的方式来选取。

2) 切削液的选择

切削液主要分为水基切削液和油基切削液。水基切削液的主要成分是水、化学合成水和乳化液，冷却能力强；油基切削液的主要成分是各种矿物质油、动物油、植物油或由它们组成的复合油，并可添加各种添加剂，因此其润滑性能突出。

粗加工或半精加工时，切削热量大，因此，切削液的选用应以冷却散热为主。精加工时，为了获得良好的已加工表面质量，切削液的选用应以润滑为主。

硬质合金刀具的耐热性能好，一般可不用切削液。如果要使用切削液，则必须采用连续冷却的方法进行。

5. 参考程序

略。

6. 任务小结

对于本任务这类内轮廓中有孔的工件，在加工内轮廓时，可先加工出预孔（ϕ8 mm）后直接用立铣刀进行加工。这样做一方面可以减少换刀次数，缩短加工时间；另一方面，采用立铣刀加工时，还可增加刀具的强度，提高加工精度。

7. 扩展任务

试编制图 B-6 所示零件的数控加工程序，已知毛坯尺寸为 100 mm×80 mm×25 mm。

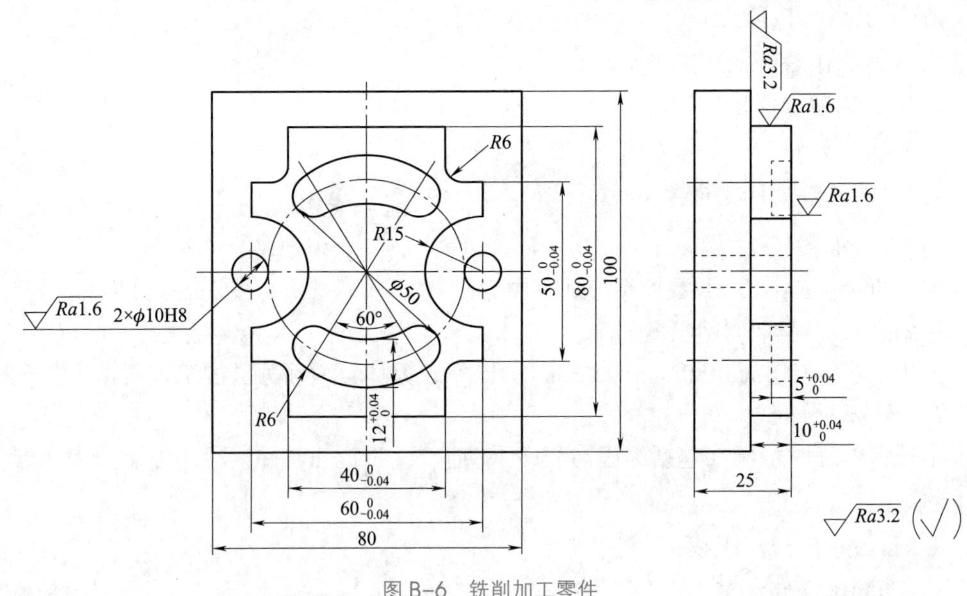

图 B-6 铣削加工零件

任务 4 中级职业技能鉴定实训题 4

1. 任务描述

试编制图 B-7 所示零件（已知毛坯尺寸为 ϕ80 mm×35 mm）的数控加工程序，并在加工中心上进行加工。

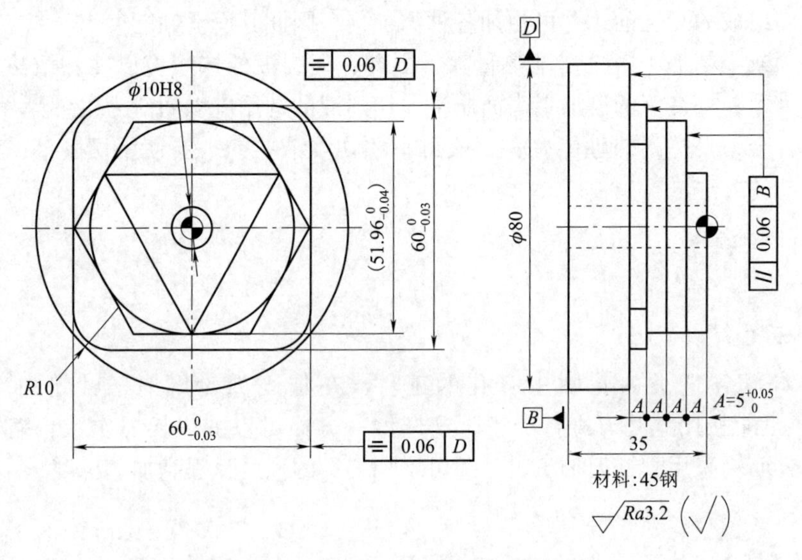

图 B-7 中级职业技能鉴定实训题 4 图

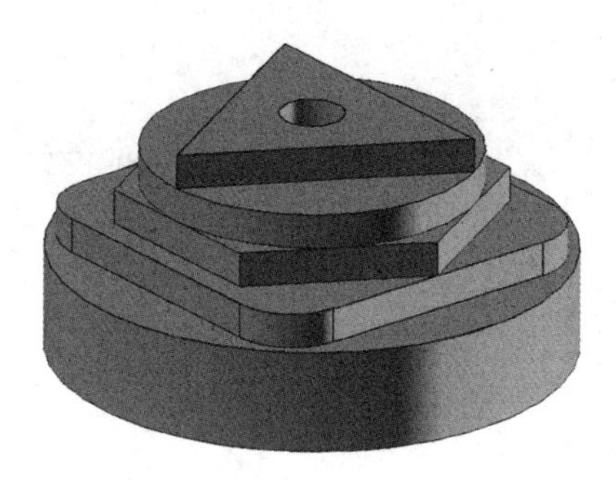

技术要求
1.工件表面去毛刺倒棱。
2.加工表面粗糙度侧平面及孔位*Ra*1.6 μm，底平面为*Ra*3.2 μm。
3.工时定额为4 h。

图 B-7　中级职业技能鉴定实训题 4 图（续）

学习笔记

2. 知识点与技能点

（1）子程序的运用。

（2）三爪自定心卡盘的装夹与校正。

（3）分层切削的编程方法。

3. 加工准备与加工要求

1）加工准备

选用机床：FANUC 0i 数控系统加工中心。

选用夹具：三爪自定心卡盘。

使用毛坯：ϕ80 mm×35 mm 的 45 钢圆柱体，上下表面与圆周面为已加工表面。

2）任务评分表

本任务的工时定额（包括编程与程序手动输入）为 4 h，并填写任务评分表，参考表 B-1。

4. 工艺分析与知识积累

1）子程序的调用格式

FANUC 0i 数控系统中的调用格式为“M98 P××××;”。

2）三爪自定心卡盘的找正

三爪自定心卡盘装夹圆柱形工件找正时，先将百分表固定在主轴上，触头接触外圆侧母线，上下移动主轴，根据百分表的读数用铜棒轻敲工件进行调整，当主轴上下移动过程中百分表读数不变时，表示工件母线平行于 *Z* 轴。

当找正工件外圆圆心时，可手动旋转主轴，根据百分表的读数值在 *XOY* 平面内手动移动工件，直至手动旋转主轴时百分表读数值不变，此时，工件中心与主轴轴心同轴，记下此时机床坐标系 *X*，*Y* 的坐标值，可将该点（圆柱中心）设为工件坐标系 *XOY* 平面的工件坐标系原点。内孔中心的找正方法与外圆圆心的找正方法相同，但找正内孔时通常使用杠杆式百分表。

3）坐标计算

利用三角函数求基点的方法计算出本任务的基点坐标，如图 B-8 所示。

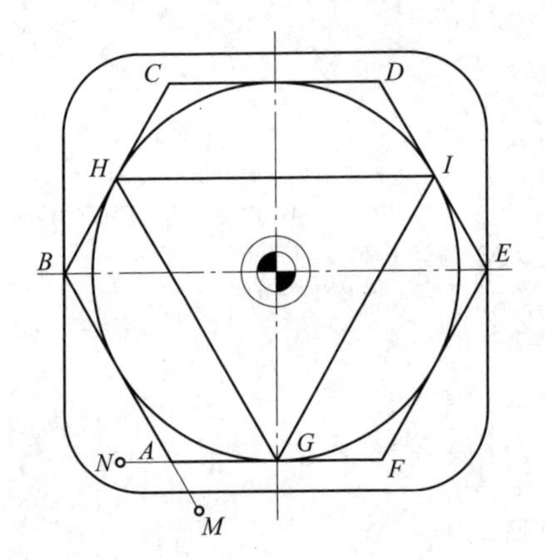

A(−15.0,−25.98)；B(−30.0,0)；
C(−15.0,25.98)；D(−15.0,25.98)；
E(30.0,0)；F(−15.0,−25.98)；
G(0,−25.98)；H(−22.5,12.99)；
I(22.5,12.99)；M(−50,−43.30)；
N(−25.0,−25.98)

图 B-8　基点坐标计算

5. 参考程序

略。

6. 任务小结

由于轮廓 Z 轴方向切削深度较大，因此，轮廓 Z 轴方向采用子程序分层切削的方法进行，每次切深为 5 mm。方形凸台总切深为 20 mm，Z 轴方向分四层切削；六边形、圆、三角形凸台的分层切削次数依次为 3 次、2 次和 1 次。

分层切削时，为了避免出现分层切削的接刀痕迹，可通过修改刀具半径补偿值的办法留出精加工余量，参照经验公式选取精加工余量为单边 0. 2 mm，待分层切削完成后，再在深度方向进行一次精加工。精加工前，需对刀具半径补偿值、主程序中调用子程序的次数（改成 1 次）和子程序 Z 轴方向切深量（改成等于总切深）进行修改。

7. 扩展任务

试编制图 B-9 所示零件的数控加工程序，已知毛坯尺寸为 100 mm×100 mm×20 mm。

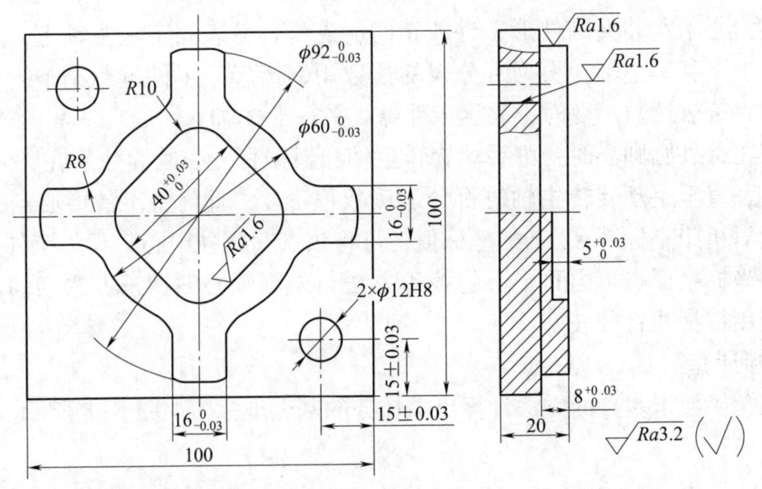

图 B-9　铣削加工零件

任务5　中级职业技能鉴定实训题5

1. 任务描述

试编制图B-10所示零件（已知毛坯尺寸为100 mm×100 mm×25 mm）的数控加工程序，并在加工中心上进行加工。

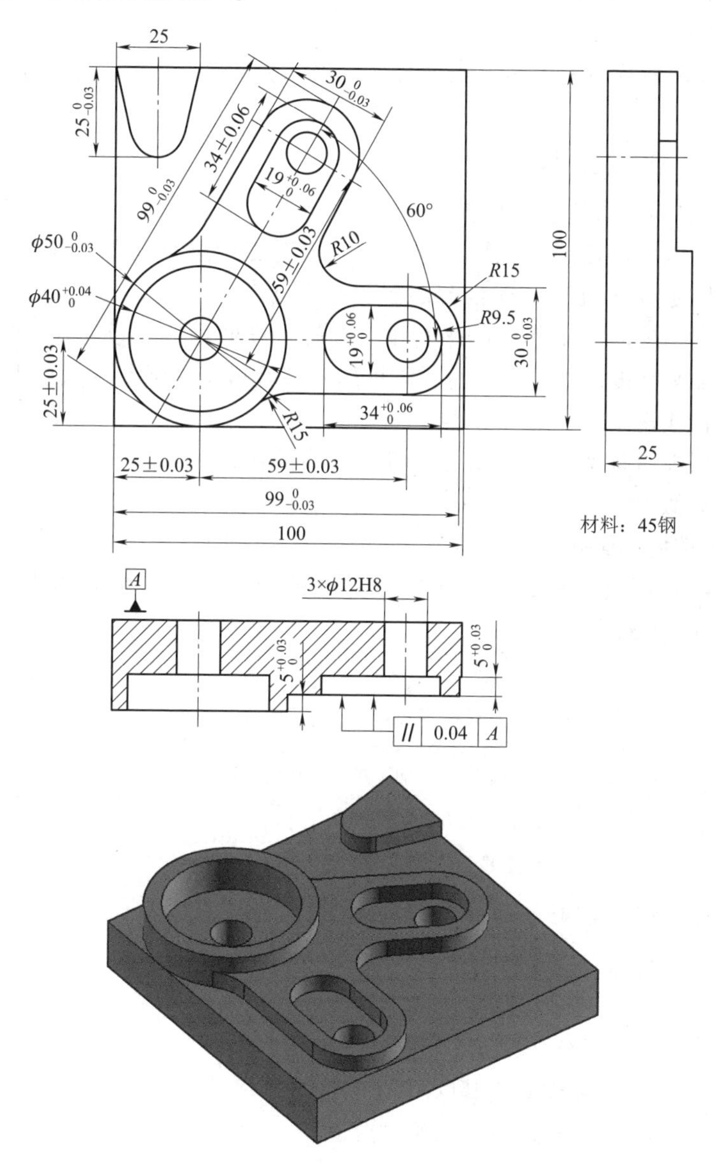

图B-10　中级职业技能鉴定实训题5图

2. 知识点与技能点

（1）压板或机用虎钳的装夹与校正。

（2）轮廓表面粗糙度分析。

学习笔记

（3）内、外轮廓的编程方法。

3. 加工准备与加工要求

1）加工准备

选用机床：FANUC 0i 数控系统加工中心。

选用夹具：精密机用虎钳。

使用毛坯：100 mm×100 mm×25 mm 的 45 钢长方体，六面为已加工表面。

2）任务评分表

本任务的工时定额（包括编程与程序手动输入）为 4 h，并填写任务评分表，参考表 B-1。

4. 工艺分析与知识积累

1）压板或机用虎钳的装夹与校正

工件在使用机用虎钳或压板装夹过程中，应对工件进行找正。找正时，先将百分表用磁性表座固定在主轴上，使百分表触头接触工件，在前后或左右方向移动主轴，从而找正工件上下平面与工作台的平行度。同样，在侧面内移动主轴，找正工件侧面与轴进给方向的平行度。如果不平行，则可用铜棒轻敲工件或垫塞尺的办法进行纠正，然后再重新进行找正。

当使用机用虎钳装夹时，首先要对机用虎钳的钳口进行找正，找正方法和工件侧面的找正方法类似。

2）表面粗糙度的影响因素

零件在实际加工过程中，影响表面粗糙度的因素很多，常见的影响因素主要有表 B-2 所示的几个方面。

表 B-2　表面粗糙度的影响因素

影响因素	序号	产生原因
装夹与校正	1	工件装夹不牢固，加工过程中产生振动
刀具	2	刀具磨损后没有及时修磨
	3	刀具刚性差，刀具加工过程中产生振动
	4	主偏角、副偏角及刀尖圆弧半径选择不当
加工	5	进给量选择过大，残留面积高度增高
	6	切削速度选择不合理，产生积屑瘤
	7	背吃刀量（精加工余量）选择过大或过小
	8	Z 轴方向分层切削后没有进行精加工，留有接刀痕迹
	9	切削液选择不当或使用不当
	10	加工过程中刀具停顿
加工工艺	11	工件材料热处理不当或热处理工艺安排不合理
	12	采用不适当的进给路线，精加工采用逆铣

5. 参考程序

略。

6. 任务小结

在工件校正方面，有时为了校正一个工件，要反复多次才能完成。因此，工件的装夹与校正一定要耐心细致地进行，否则达不到理想的校正效果。

在提高表面质量方面，导致表面粗糙度增大的因素大多可通过操作人员的精细操作来避免或减少。因此，数控操作人员的操作水平将对表面粗糙度产生直接影响。

7. 扩展任务

试编制图 B-11 所示零件的数控加工程序，已知半成品尺寸为 80 mm×80 mm×30 mm，材料为 45 钢。$80_{-0.03}^{0}$ mm 处已加工。

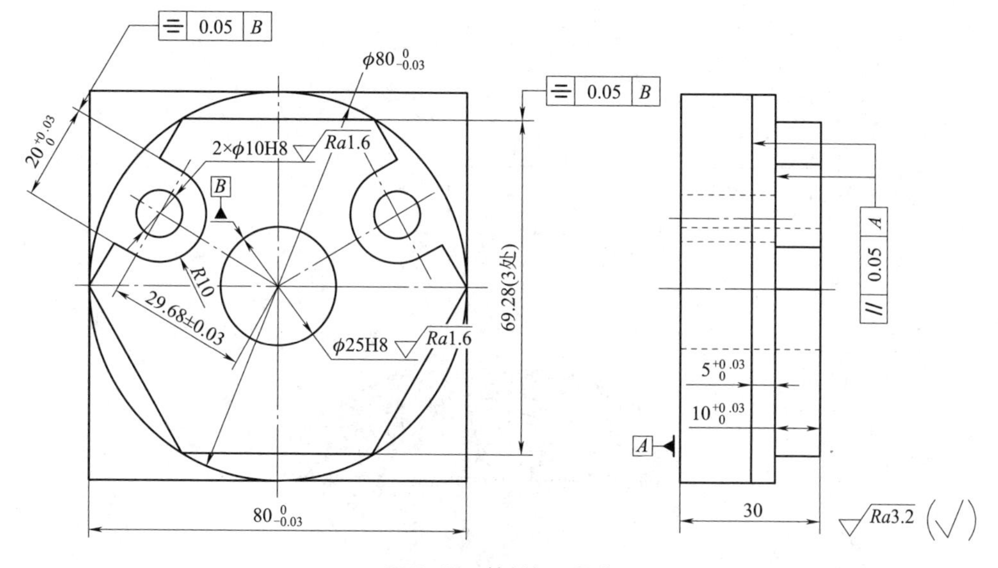

图 B-11　铣削加工零件

任务 6　中级职业技能鉴定实训题 6

1. 任务描述

试在加工中心上完成图 B-12 所示零件的编程与加工，已知毛坯尺寸为 120 mm×100 mm×25 mm。

2. 知识点与技能点

（1）参数编辑。

（2）镗孔加工。

（3）工艺分析。

学习笔记

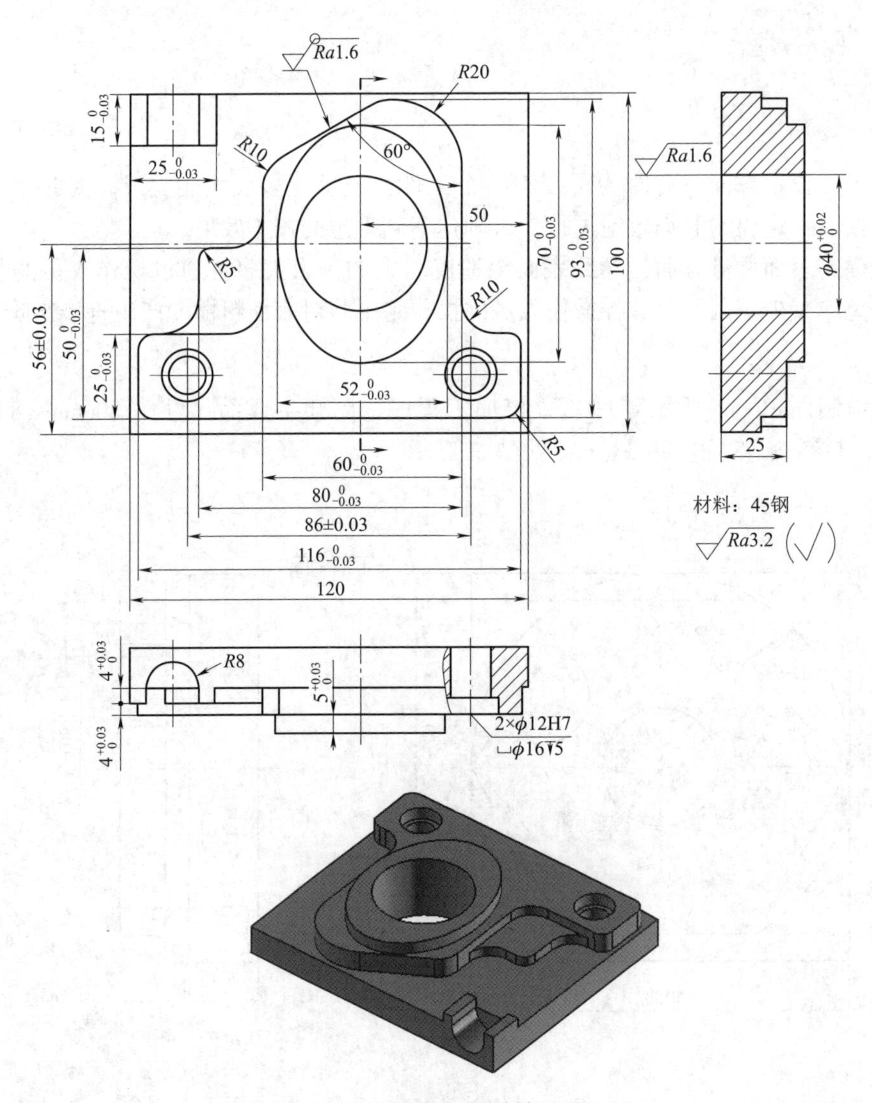

图 B-12　中级职业技能鉴定实训题 6 图

3. 加工准备与加工要求

1）加工准备

本任务使用 FANUC 0i 数控系统加工中心，采用手动换刀方式加工。

2）任务评分表

本任务的工时定额（包括编程与程序手动输入）为 4 h，并填写任务评分表，参考表 B-1。

4. 工艺分析与知识积累

零件的复杂程度一般，包含平面、圆弧表面、椭圆面、内外轮廓、钻孔、镗孔、铰孔的加工。选用机用虎钳装夹工件时，工件被加工部分要高出钳口，避免刀具与钳口发生干涉。

学习笔记

1）参数编程

在数控编程加工中，遇到由非圆曲线组成的工件轮廓或三维曲面轮廓时，可以用宏程序或使用参数编程的方法来完成。

当工件的切削轮廓是非圆曲线时，不能直接用圆弧插补指令来编程。应将这一段非圆曲线轮廓分成若干微小的线段，在每一段微小的线段上做直线插补或圆弧插补来近似表示这一非圆曲线。只要分成的线段足够小，这个近似曲线就完全能满足该曲线轮廓的精度要求。

本任务所要加工的是椭圆外形，可以将椭圆的中心设为工件坐标系原点，椭圆轮廓上点的坐标值可以用多种方法表示。

椭圆标准方程为 $$\frac{x^2}{a^2}+\frac{y^2}{b^2}=1$$

椭圆参数方程为 $$x=a\cos\theta,\ y=b\sin\theta$$

选用何种方式表示椭圆轮廓曲线上点的位置，取决于对椭圆方程理解和熟悉的情况。

编程加工时，根据椭圆曲线精度要求，通过选择极角 θ 的增量将椭圆分成若干线段或圆弧，利用上述公式分别计算轮廓上点的坐标。本任务从 $\theta=90°$ 开始，将椭圆分成 180 条线段（每条线段对应的 θ 角增加 2°），每个循环切削一段，当 $\theta<-270°$ 时切削结束。

使用宏程序指令或参数编程指令编制数控加工程序时，通过设定不同的循环判断条件，可以生成不同的数控加工程序指令。

2）镗孔加工

镗孔是利用镗刀对工件上已有的孔进行加工。镗削加工适合加工机座、箱体、支架等外形复杂的大型零件上孔径较大、尺寸精度较高、有位置精度要求的孔系。编制孔系数控加工程序要求能够使用固定循环和子程序两种方法。固定循环是指数控系统的生产厂家为了方便编程人员编程、简化程序而特别设计的，利用一条指令即可由数控系统自动完成一系列固定加工循环动作的功能。

3）加工工艺安排

对于图 B-12 中 *ZX* 平面中的圆柱面，在手工编程时可采用下列三种方法。

（1）宏程序的编制。

（2）在 *ZX* 平面内采用 G02，G03 指令，并调用子程序。

（3）工件竖直安装加工。

本任务 *R*8 mm 圆弧的加工采用竖直安装加工方式，程序的编制相对简单，使用刀具少，加工效果好。

5. 参考程序

略。

6. 任务小结

通过对图样的消化，在工艺分析的基础上，从实际出发，制订工艺方案，是按时完成工件加工的前提。

学习笔记

宏程序和参数编程可应用于多种零件加工中，变量的正确使用可实现非圆曲线组成的工件轮廓或三维曲面轮廓的加工，并可使数控加工程序的长度大幅缩短，提高了加工效率。因此，只要用好参数编程就可以起到事半功倍的效果。

任务 7　中级职业技能鉴定实训题 7

1. 任务描述

加工图 B-13 所示零件，试制订其加工工艺文件并编制数控加工程序。

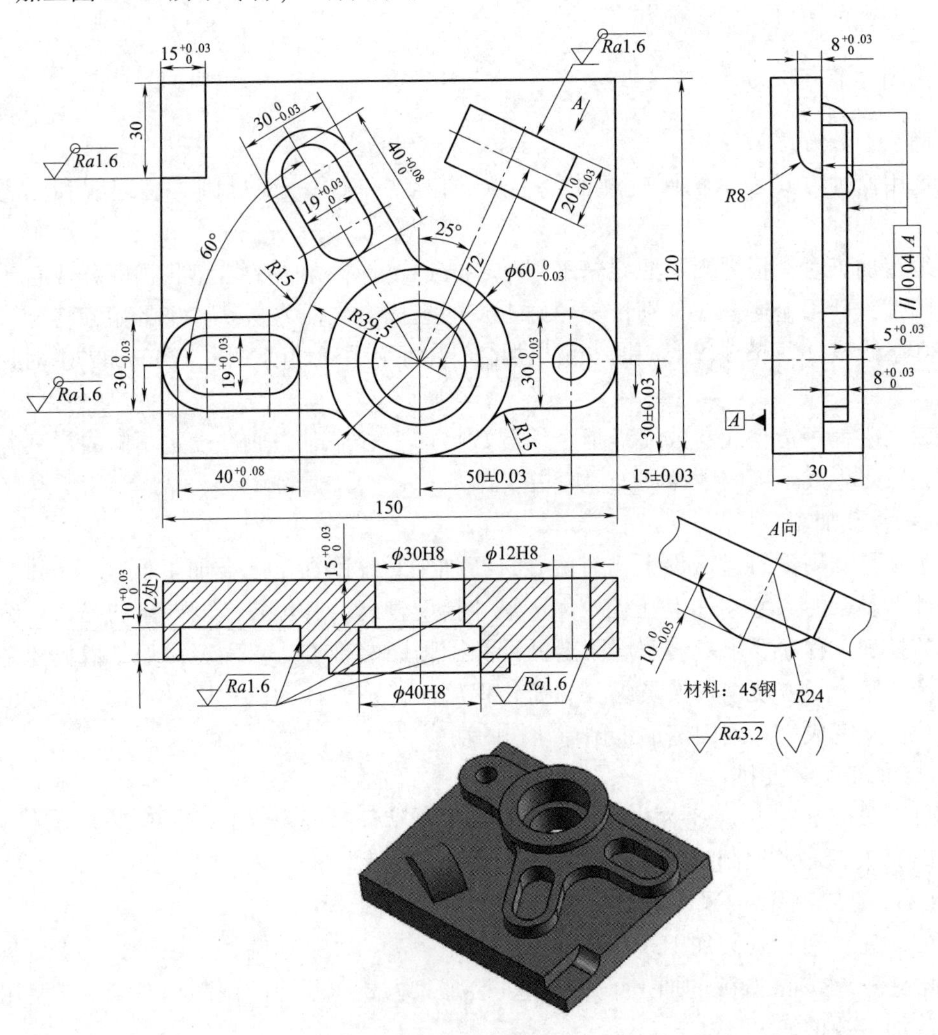

图 B-13　中级职业技能鉴定实训题 7 图

2. 知识点与技能点

（1）宏变量。

（2）坐标转换指令。

（3）工艺分析。

学习笔记

3. 加工准备与加工要求

1）加工准备

本任务使用 FANUC 0i 数控系统加工中心，采用手动换刀方式加工。

2）任务评分表

本任务的工时定额（包括编程与程序手动输入）为 4 h，并填写任务评分表，参考表 B-1。

4. 工艺分析与知识积累

1）宏变量

三维曲面手工编程较复杂，因为节点的计算很困难，所以在复杂的曲面加工中很少用到手工编程。手工编程也只是用于规则三维曲面，即可以用方程式表达的曲线轨迹，如圆球面、椭圆球面、二次抛物线曲面等。由于手工编程中没有曲线插补，因此需利用曲线方程把复杂曲线细分成很细小的直线段来逼近轮廓曲线。在程序中可采用分支和循环操作的方式改变控制执行顺序。

2）坐标转换指令

当一个轮廓由若干个相同的图形围绕一个中心旋转而成时，将其中一个图形编成子程序，用坐标系旋转的指令调用若干次子程序，就可以简化程序编辑。而作为旋转单元的子程序，必须包括全部基本要素。

3）工艺分析

实际加工中应该用最少的时间对加工内容进行分析。分析加工难点，制订加工方案，以保证工件加工质量。

在不允许采用成型刀具的情况下，完成倒角或三维曲面的加工是很困难的。只有使用宏程序才能解决这类问题。整个圆弧凸台的加工采用立铣刀走四方的形式来完成。工件的四面为已加工表面，所以前后两表面在加工过程中可以适当偏出一段距离，以不接触工件为准。

对于图 B-13 中 *YZ* 平面内的轮廓，需要对工件进行二次装夹，装夹过程中的定位或找正基准要符合基准的选用原则，以确保工件的平行度要求。

5. 参考程序

略。

6. 任务小结

程序编制的好坏取决于编程人员对程序结构、数控系统性能、编程格式掌握的程度。好的程序结构清晰、语句简单、运行正确。如果编程人员不了解坐标系旋转功能，则本任务程序的编制会更加复杂。

为了提高槽宽的加工精度、减少铣刀的种类，加工时可采用直径比槽宽小的铣刀，先铣槽的中间部分，然后用刀具半径补偿功能铣槽的两边。

任务 8　中级职业技能鉴定实训题 8

1. 任务描述

试在加工中心上完成图 B-14 所示零件的编程与加工，已知毛坯尺寸为 120 mm×100 mm×25 mm。

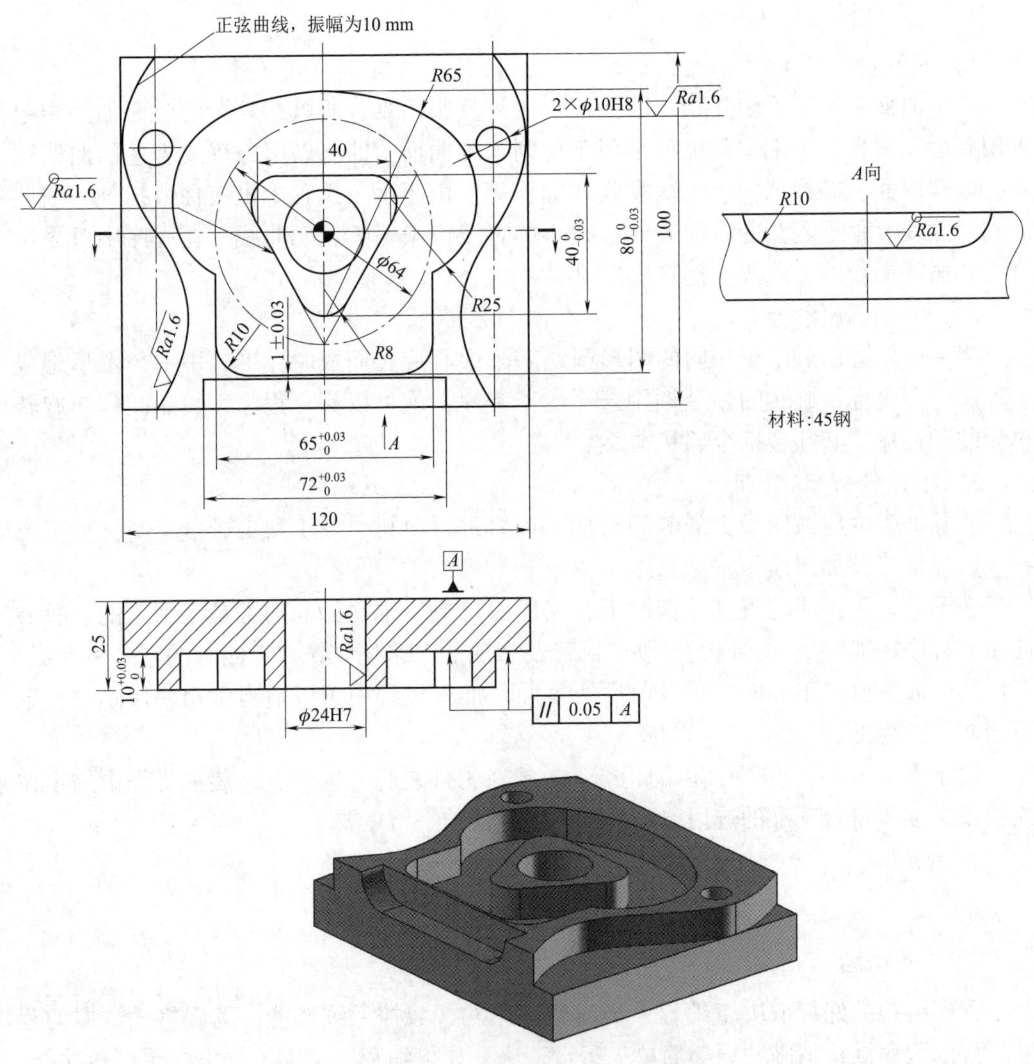

图 B-14　中级职业技能鉴定实训题 8 图

2. 知识点与技能点

（1）宏程序。

（2）坐标转换指令。

（3）加工工艺的安排。

学习笔记

3. 加工准备与加工要求

1）加工准备

本任务使用 FANUC 0i 数控系统加工中心，采用手动换刀方式加工。

2）任务评分表

本任务的工时定额（包括编程与程序手动输入）为 4 h，并填写任务评分表，参考表 B-1。

4. 工艺分析与知识积累

1）宏程序

在编辑宏程序时首先要建立数学模型，而建立数学模型的基础是选好变量与自变量。本任务正弦曲线程序的编程思路：将曲线分成 1 000 条线段，用直线段拟合该曲线，每条直线在 Y 轴方向的间距为 0. 1 mm，相对应正弦曲线的角度增加 360°/1 000，根据正弦曲线公式 $X=50.0+10\sin\alpha$ 计算出每条线段终点的 X 坐标值。

2）坐标转换指令

用编程镜像指令可实现坐标轴的对称加工，在同时使用镜像、缩放及旋转时应注意：CNC 的数据处理顺序依次是镜像、比例缩放和坐标系旋转，应该按该顺序指定指令；取消时，按相反顺序指定指令。

3）薄壁厚度的保证

保证该零件的尺寸精度需要在完成精加工内轮廓后、精加工方槽前测量零件前侧面到内轮廓的厚度，在实际测量尺寸的基础上确定刀具半径补偿值，并在加工过程中通过测量计算来改变刀具半径补偿值，逐步达到尺寸精度要求。

5. 参考程序

略。

6. 任务小结

保证曲线的轮廓精度，实际上是轮廓铣削时刀具半径补偿值的合理调整，同一轮廓的粗、精加工可以使用同一程序，只是在粗加工时，将刀具半径补偿值设为刀具半径与轮廓精加工余量之和，在精加工时将刀具半径补偿值设为刀具半径甚至更小些。加工过程中应根据刀具半径补偿值和实际工件测量值的关系，合理输入有效的刀具半径补偿值以保证轮廓精度。

任务 9　中级职业技能鉴定实训题 9

1. 任务描述

试编制图 B-15 所示零件的数控加工程序，并在加工中心上完成加工，已知毛坯尺寸为 160 mm×118 mm×40 mm。

2. 知识点与技能点

（1）球头铣刀的使用。

（2）坐标转换的使用。

（3）加工工艺分析。

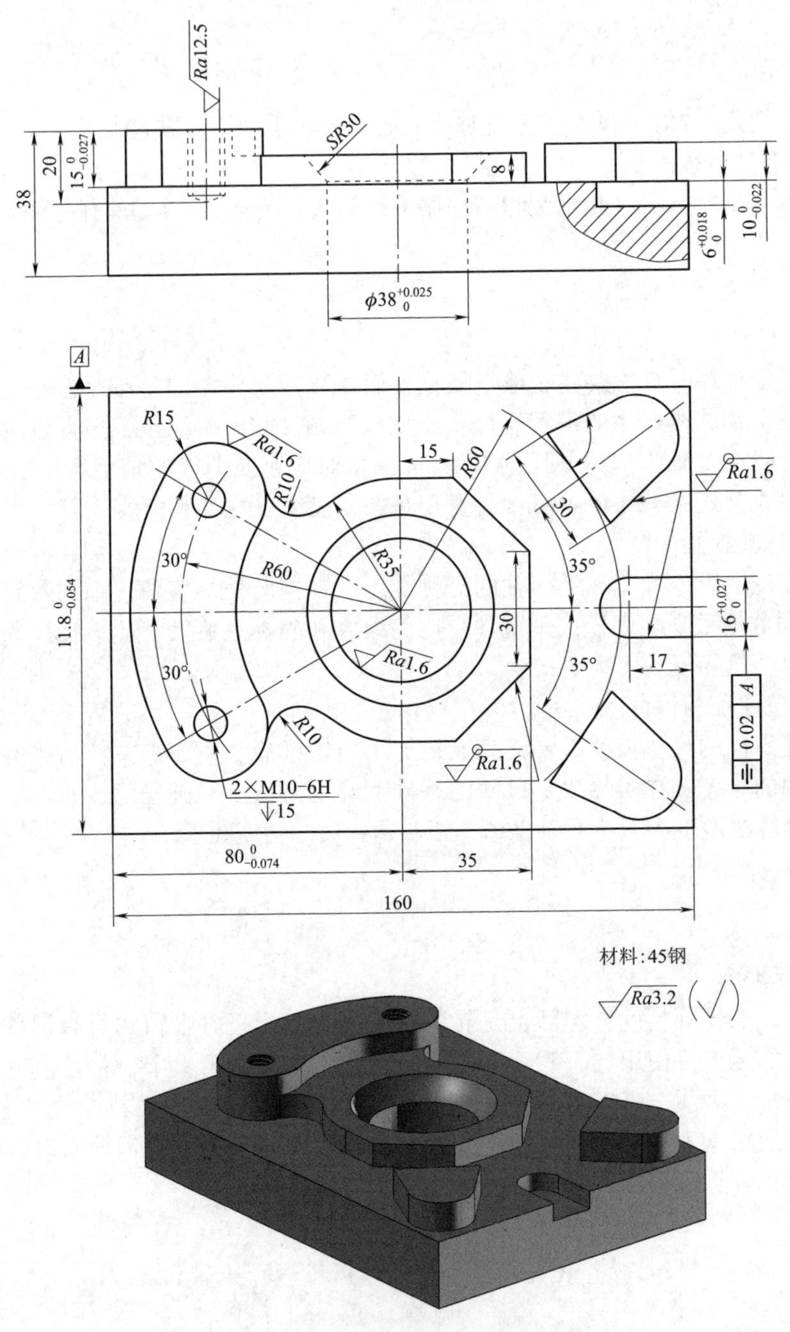

图 B-15 中级职业技能鉴定实训题 9 图

3. 加工准备与加工要求

1）加工准备

本任务使用 FANUC 0i 数控系统加工中心，采用手动换刀方式加工。

2）任务评分表

本任务的工时定额（包括编程与程序手动输入）为 4 h，并填写任务评分表，参考表 B-1。

4. 工艺分析与知识积累

1）球铣刀的使用

加工三维曲面轮廓（特别是凹轮廓）时，一般用球头铣刀进行切削。在切削过程中，当刀具在曲面轮廓的不同位置时，可用刀具球头表面的不同点切削工件的曲面轮廓，所以用球头中心坐标来编程很方便。

2）坐标转换指令的使用

对称几何形状，可采用坐标转换指令，如旋转坐标系指令、镜像指令等。在实际图形中具体采用何种指令要遵循 CNC 数据处理的顺序，总的要求是程序结构清晰、语句简单、运行正确。熟练掌握复杂程序的编制，能使编程简单化，大幅缩短准备时间。

3）加工工艺分析

将工件坐标系 G54 建立在工件上表面，零件的对称中心处。

5. 参考程序

略。

6. 任务小结

按铣刀的形状和用途可分为圆柱铣刀、端铣刀、立铣刀、键槽铣刀、球头铣刀等。在实际的加工中选用何种刀具要遵循长度越短越好、直径越大越好、铣削效率越高越好的原则。

由于一般以刀具为单位进行程序调试，并且在大规模生产中，工件的加工节拍非常短，而换刀的时间在辅助时间中又占有相当大的比例，因此编制程序时应尽可能保证在每次换刀后加工完成全部相关内容，且加工过程中换刀次数尽量少、刀具轨迹尽量短，从而减少辅助时间，提高加工效率。

任务 10　中级职业技能鉴定实训题 10

1. 任务描述

试编制图 B-16 所示零件的数控加工程序，并在加工中心上进行加工，已知毛坯尺寸为 150 mm×120 mm×35 mm。

2. 知识点与技能点

（1）加工工艺分析。

（2）内、外轮廓的编程方法。

3. 加工准备与加工要求

1）加工准备

本任务使用 FANUC 0i 数控系统加工中心，采用手动换刀方式加工。

2）任务评分表

本任务的工时定额（包括编程与程序手动输入）为 4 h，并填写任务评分表，参考表 B-1。

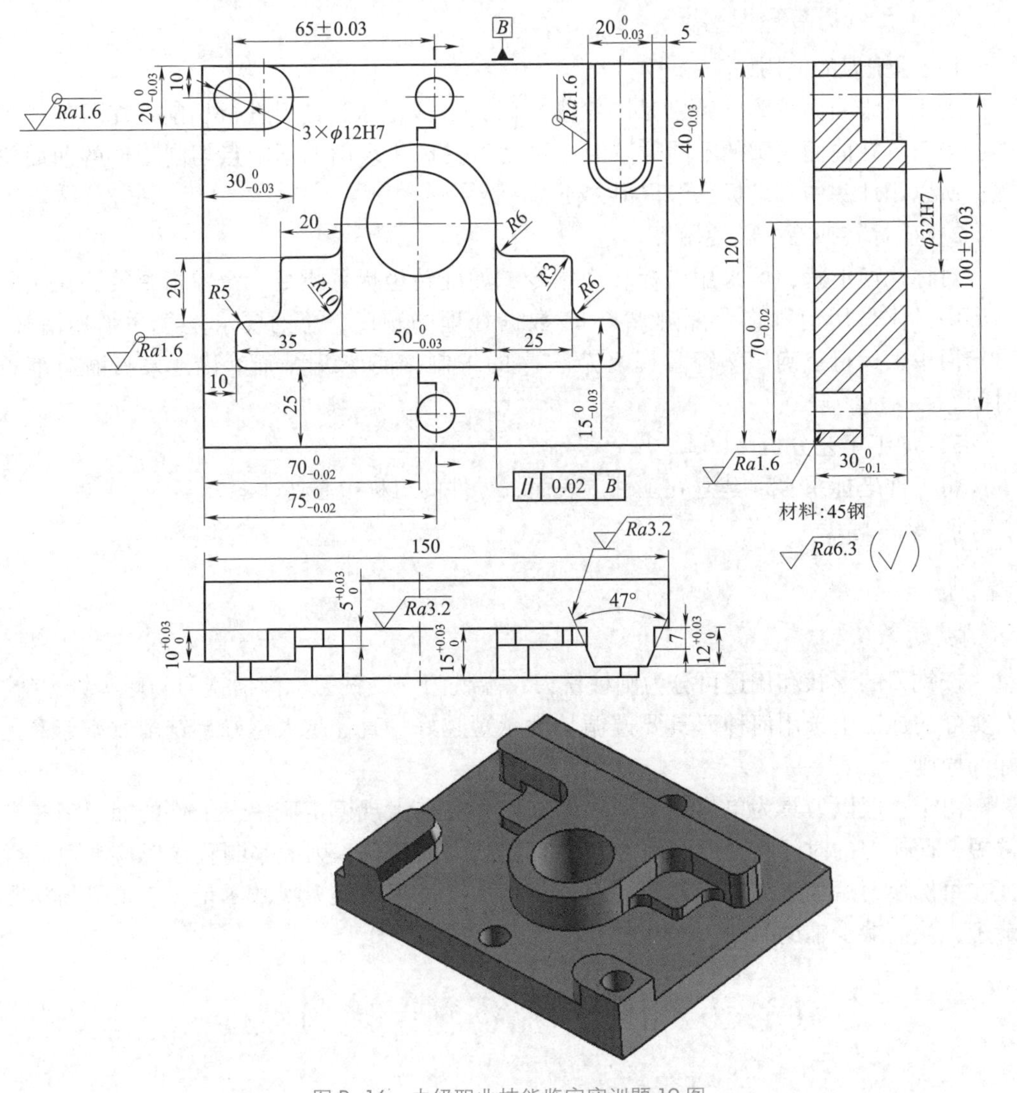

图 B-16　中级职业技能鉴定实训题 10 图

4. 工艺分析与知识积累

每个工件的加工工艺方案，都是根据工件的类型、具体加工内容以及给定的加工约束条件进行分析后确定的。在明确了加工内容后，结合机床类型和夹具类型，制订工艺路线，确定每道工序所使用的刀具。具体的加工工艺分析如下。

（1）确定工艺基准。从图 B-16 分析可知，该零件主要结构为单面结构，四周为四方形，适合采用机用虎钳装夹。为保证四边相互垂直，在实际加工前，必须对固定钳口进行调整；为保证工件的上下平面的平行度要求，必须对机用虎钳导轨以及垫铁进行调整。

（2）加工难点分析。从图 B-16 分析可知，该零件结构较简单，难点主要是 φ32H7 与凸键的倒角加工。

（3）加工余量的去除。在加工条件允许的情况下，尽量采用较大的刀具进行加工，可以有效提高加工效率。

（4）基点计算问题。基点坐标可以采用 CAXA 电子图板软件进行计算。

（5）特殊指令的掌握。倒角的加工在没有成型刀具的情况下，采用宏程序以及 G10 指令可较好地完成编程操作。

5. 参考程序

略。

6. 任务小结

本任务倒角时，刀具中心轨迹和曲线轮廓的相对位置是不断变化的，如果按照曲线轮廓进行编程，则刀具半径补偿值也需要随之变化，因此使用 G10 指令的目的就是为了满足在程序中改变刀具半径补偿值的要求。

学习笔记

附录 C 零件质量检测、小组互评考核及零件考核结果报告

零件质量检测、小组互评考核及零件考核结果报告如表 C-1~表 C-3 所示。

表 C-1 零件质量检测结果报告

单位名称					班级学号		姓名	成绩
零件图号			零件名称					
项目	序号	考核内容		配分	评分标准	检测结果		得分
						学生	教师	
	1		IT	16	超差 0.01 扣 2 分			
			Ra	8	降一级扣 2 分			
	2		IT	20	超差 0.01 扣 2 分			
			Ra	8	降一级扣 2 分			
	3		IT	20	超差 0.01 扣 2 分			
			Ra	8	降一级扣 2 分			
注：学生和教师共同填写表 C-1 零件质量检测结果报告。								

表 C-2 小组互评考核结果报告

单位名称		零件名称	零件图号	小组编号
班级学号	姓名	表现	零件质量	排名
注：小组成员共同填写表 C-2 小组互评考核结果报告。				

表 C-3　零件考核结果报告

<table>
<tr><td rowspan="2">班级</td><td rowspan="2"></td><td>学号</td><td></td><td>组号</td><td></td><td>成绩</td><td></td></tr>
<tr><td>零件图号</td><td></td><td>零件名称</td><td colspan="3"></td></tr>
</table>

<table>
<tr><td>序号</td><td>项目</td><td>考核内容</td><td>配分标准</td><td>配分</td><td>得分</td><td>项目成绩</td></tr>
<tr><td rowspan="3">1</td><td rowspan="3">零件质量
（40 分）</td><td></td><td>35%</td><td>14</td><td></td><td rowspan="3"></td></tr>
<tr><td></td><td>35%</td><td>14</td><td></td></tr>
<tr><td></td><td>30%</td><td>12</td><td></td></tr>
<tr><td rowspan="5">2</td><td rowspan="5">工艺方案制定
（20 分）</td><td>分析零件图工艺</td><td>30%</td><td>6</td><td></td><td rowspan="5"></td></tr>
<tr><td>确定加工顺序</td><td>30%</td><td>6</td><td></td></tr>
<tr><td>选择刀具</td><td>15%</td><td>3</td><td></td></tr>
<tr><td>选择切削用量</td><td>15%</td><td>3</td><td></td></tr>
<tr><td>确定工件零点，绘制刀具轨迹图</td><td>10%</td><td>2</td><td></td></tr>
<tr><td rowspan="2">3</td><td rowspan="2">编程仿真
（15 分）</td><td>学习环节数控加工程序编制</td><td>40%</td><td>6</td><td></td><td rowspan="2"></td></tr>
<tr><td>学习环节仿真加工</td><td>60%</td><td>9</td><td></td></tr>
<tr><td rowspan="3">4</td><td rowspan="3">刀具、夹具、
量具使用
（10 分）</td><td>游标卡尺使用</td><td>30%</td><td>3</td><td></td><td rowspan="3"></td></tr>
<tr><td>刀具的安装</td><td>40%</td><td>4</td><td></td></tr>
<tr><td>工件的安装</td><td>30%</td><td>3</td><td></td></tr>
<tr><td rowspan="3">5</td><td rowspan="3">安全文明生产
（10 分）</td><td>按要求着装</td><td>20%</td><td>2</td><td></td><td rowspan="3"></td></tr>
<tr><td>操作规范，无操作失误</td><td>50%</td><td>5</td><td></td></tr>
<tr><td>认真维护机床</td><td>30%</td><td>3</td><td></td></tr>
<tr><td>6</td><td>团队协作
（5 分）</td><td>能与小组成员和谐相处，互相学习，互相帮助，互相协作</td><td>100%</td><td>5</td><td></td><td></td></tr>
<tr><td colspan="7">注：教师填写表 C-3 零件考核结果报告。</td></tr>
</table>

学习笔记

参 考 文 献

[1] 郭勋德，李莉芳. 数控编程与加工实训教程 [M]. 北京：清华大学出版社，2009.

[2] 钱东东. 实用数控编程与操作 [M]. 北京：北京大学出版社，2007.

[3] 吴占军. 浅析宏程序在 FANUC 0i 数控系统中的应用 [J]. 林业机械与木工设备，2010，38 (3)：50-51.

[4] 吴明友. 数控铣床（FANUC）考工实训教程 [M]. 北京：化学工业出版社,2016.

[5] 王双林，牟志华，张华忠. 数控加工编程与操作 [M]. 天津：天津大学出版社，2009.

[6] 张美荣，常明. 数控机床操作与编程 [M]. 北京：北京交通大学出版社，2010.

[7] 王爱玲. 数控机床加工工艺 [M]. 北京：机械工业出版社，2013.

[8] 宋凤敏，时培刚，宋祥玲. 数控铣床编程与操作 [M]. 2 版. 北京：清华大学出版社，2017.

[9] 郭晓霞，周建安，洪建明，等. UG NX12.0 全实例教程 [M]. 北京：机械工业出版社，2020.

[10] 杜军，李贞惠，唐万军. 数控编程与加工从入门到精通 [M]. 北京：化学工业出版社，2021.

[11] 江健. UG NX12.0 实例教程 [M]. 北京：机械工业出版社，2023.

[12] 王荣兴. 加工中心培训教程 [M]. 北京：机械工业出版社，2021.